Zahnräder

Zweiter Band

Zahnräder

Zweiter Band

Stirn- und Kegelräder mit schrägen Zähnen
Schraubgetriebe

Früher bearbeitet von Professor Dr. A. Schiebel
und Professor Dr. R. Königer

Vierte, völlig neubearbeitete Auflage

Von

Oberbaurat Dr.-Ing. W. Lindner
Hagen/Westf.

Mit 206 Abbildungen

Springer-Verlag Berlin Heidelberg GmbH
1957

ISBN 978-3-540-02214-5   ISBN 978-3-662-13458-0 (eBook)
DOI 10.1007/978-3-662-13458-0

Vorwort zur vierten Auflage.

Nach dem Tode von Herrn Professor SCHIEBEL im Jahre 1931 war der II. Band der dritten Auflage von Herrn Professor KÖNIGER, 1957 in Gießen verstorben, im Jahre 1934 neu bearbeitet worden.

Bei der nunmehr vorliegenden Bearbeitung des II. Bandes in der 4. Auflage wurden die Erkenntnisse der letzten 20 Jahre berücksichtigt und die inzwischen eingeführten weiteren Normbezeichnungen verwendet. Die Berechnung der Schrägzahnräder wurde in Anlehnung an den I. Band durchgeführt. Es wurde dabei beachtet, daß durch Ungenauigkeiten in der Herstellung die Voraussetzungen für eine streng mathematische Berechnung nur beschränkt gegeben sind. Der Aufwand für die Aufstellung der Gleichungen bei den statisch unbestimmten Systemen steht daher in keinem Verhältnis zu den erzielbaren Ergebnissen. Es erscheinen daher für den praktischen Gebrauch Vereinfachungen, wie sie der Anschauung entsprechen, statthaft.

Bei den Spiralkegelrädern wurden die heute eingeführten Verfahren entsprechend ihrer Bedeutung eingehend dargestellt. Das gilt auch für die Getriebe mit Achsversetzung, die als Hypoidgetriebe im Kraftfahrzeug weite Verbreitung gefunden haben.

Die grafischen Verfahren von SCHIEBEL zur Untersuchung der Schneckengetriebe wurden beibehalten, und es wurde versucht, zur Erleichterung des Lesers die Darstellung deutlicher zu gestalten. Ein Abschnitt über Hohlflächenschnecken wurde neu aufgenommen.

Neu angegliedert wurde ein kurzer Abschnitt mit den Grundzügen der Meßverfahren für Zahnräder.

Getriebebeispiele mit verschiedenen Verzahnungsarten wurden im letzten Abschnitt zusammengestellt. Den Firmen, die neuzeitliche Beispiele ihrer Getriebe zur Verfügung stellten, sei besonders gedankt.

Auch in diesem Bande sollen die angefügten Tafeln mit Berechnungsbeispielen dem Praktiker die Benutzung des Buches ohne umfangreiches Suchen erleichtern.

Hagen, März 1957.

W. Lindner.

Inhaltsverzeichnis.

Teil III.

Stirn- und Kegelräder mit schrägen Zähnen.

Teil IV.

Schraubgetriebe.

Teil V.
Messung der Verzahnungsgrößen.

Teil VI.
Beispiele von Getrieben.

Teil VII.
Tafelanhang.

Berichtigung.

S. 1, 14. Zeile von unten: **statt** Schraubenzähne
                       lies Schrägzähne.

S. 88: das zweite und das fünfte Bild von oben in der ersten Reihe sind umzukehren.

Aufbau der Bezeichnungen.

Kleine lateinische Buchstaben.

Buch- stabe	Bedeutung
a	Achsabstand. Große Halbachse, Formziffer
b	Breite. Kleine Halbachse
d	Durchmesser
e	Eingriffsstrecke
f	Fehler, Deformation
g	Relative Gleitung
h	Zahnhöhe
i	Übersetzungsverhältnis
k	Anteil der Belastung
m	Modul
n	Umlaufzahl
o	Oberflächenziffer
p	Flächendruck
q	Geometrischer Zahnstärkefaktor
r	Halbmesser
s	Gleitstrecke, Zahnspiel, Zahnstärke
t	Teilung
u	Unterschneidung
v	Umfangsgeschwindigkeit
x	Abszisse, Koeffizient der Profilverschiebung
y	Ordinate
z	Zähnezahl

Große lateinische Buchstaben.

Buch- stabe	Bedeutung
C	Federkonstante
E	Elastizitätsmodul
F	Fläche, Festigkeit
G	Gleitmodul
L	Leistung. System geringster Abnutzung
M_d	Drehmoment
N	Normalkraft, Leistung [PS]
S	System günstiger Schmierung im Wälzpunkt
T	Zeit
U	Umfangskraft
V	Verlustleistung
W	Wärmewert

Griechische Buchstaben.

Buch- stabe	Bedeutung
α	Pressungswinkel
$\varkappa'$	Freiwinkel am Schneidwerkzeug
β	Kerbziffer, Schrägungswinkel
γ	Steigungswinkel
δ	Kegelwinkel
ε	Eingriffsdauer
ζ	Versetzungswinkel (Hypoid)
η	Wirkungsgrad, Kerbempfindlichkeits- ziffer (η_k)
ϑ	Wälzwinkel der Evolvente
μ	Reibungszahl
ν	Sicherheitsgrad, Frequenz

Buch- stabe	Bedeutung
ξ	Zahnhöhenkoeffizient
ϱ	Krümmungshalbmesser, insbesondere mitt- lere Krümmung. Erzeugungskreishalb- messer der Zykloide
σ	Normalspannung, Zahndickenwinkel
τ	Schubspannung, Teilungswinkel, Wälzwinkel der Zykloide
φ	Phasenwinkel
ψ	Kreuzungswinkel
ω	Winkelgeschwindigkeit
Ω	Resultierende Winkelgeschwindigkeit

Index-Werte.

Buchstaben

Buch- stabe	Bedeutung
a	außen, im Achsschnitt
b	Betriebswälzkreis (im 1. Bd. w)
d	dynamisch
D	Dauerbeanspruchung
e	Eingriff, Eingriffswechselpunkt
f	Fuß
g	Grundkreis, Größtwert, Grenzwert, gesamt
i	innen, insbesondere innerster Eingriffspunkt
k	Kopf, Kegelrad
m	Mittelwert
n	Nennspannung im Normalschnitt
p	Planrad
r, R	Reibung, resultierend
s	statisch, Schwingung im Stirnschnitt
v	Verschiebung
w	Wälzkreis. Die neuerlich vorgeschlagene Tren- nung zwischen Betriebs- und Erzeugungs- wälzkreis ist im 1. Bd. nicht durchgeführt
zul	zulässig

Zahlen

Zahl	Bedeutung
0	Teilkreis
1	Ritzel
2	Rad

Das Zeichen $'$ bezieht sich auf die Werte der Ergänzungskegel.

Teil III

Stirn- und Kegelräder mit schrägen Zähnen.

A. Schrägzahn-Stirnräder.

Allgemeines. Es wurde frühzeitig angestrebt, das schlagartige Einsetzen und den ebenso plötzlichen Austritt des geraden Zahnes zu vermeiden. Hierzu gibt es zwei Möglichkeiten: nämlich die Anwendung von *Stufen*- oder Staffelzähnen und die Anwendung von *schrägen* Zähnen.

Stufenzähne. Der gerade Zahn wird der Breite nach in k gleiche Teile zerlegt; die einzelnen Zahnteile werden am Radumfang

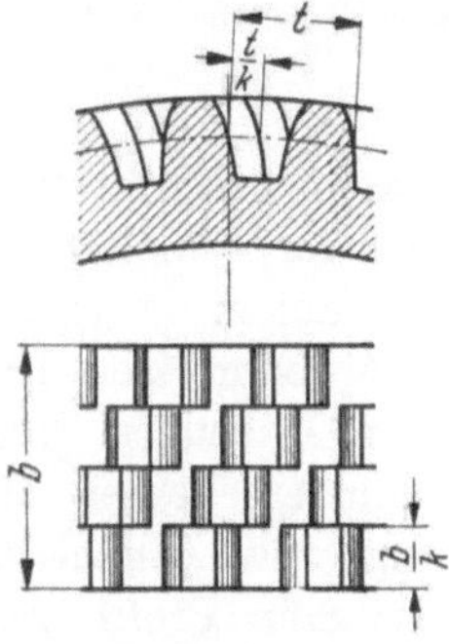

Abb. 3.00. Stufenzähne.

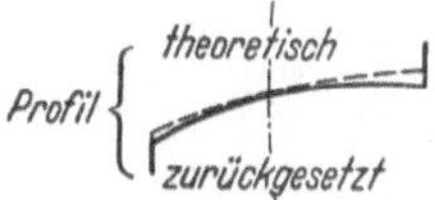

Abb. 3.01. Höhenballen der Stufenzähne.

um t/k versetzt (Abb. 3.00). Der „Höhenballen" (Abb. 3.01) sichert auch bei unbearbeiteten Zähnen einen gleichmäßigeren Gang gegenüber den Rädern mit geraden Zähnen. Solche Stufenzähne können gegossen werden oder es müssen zwischen den einzelnen Stufen ausreichend breite Nuten zum Auslauf des Werkzeuges bleiben, die allerdings eine große Breite des Rades ergeben, oder das Rad muß aus k einzelnen Scheiben mit versetzten Keilnuten zusammengesetzt werden. Infolge dieser umständlichen Herstellung führt man nur noch Stirnräder mit zwei um die halbe Kreisteilung versetzten Zahnkränzen aus.

I. Die geometrischen Größen starrer Schraubenzähne.

1. Die Schrägzahnstange als Planverzahnung.

Die Verzahnung der Schrägzahnräder wird durch die zugehörige Planverzahnung festgelegt. Die Planverzahnung ist durch das *Bezugsprofil* bestimmt. Diese ist die Verzahnung einer wirklich vorhandenen oder nur gedachten Zahnstange für Räder mit zylindrischem Wälzkörper bzw. die Verzahnung eines Planrades bei Rädern mit kegeligem Wälzkörper. Die Verzahnung dieses Bezugsprofils wird in das zu erzeugende Rad eingewälzt.

In der Wälzebene (Abb. 3.02) kann der Zahnstangenzahn eine beliebige Flankenlinie L, die stets eine ebene Linie ist, aufweisen; ihre Aufwicklung auf dem Wälzzylinder liefert die räumliche Flankenlinie L_1 vom Schraubenzahn des Rades, die als Schnittlinie der Zahnflanke mit dem Wälzzylinder entsteht. Eine gekrümmte Flankenlinie L ergibt Räder mit *Bogenzähnen.*

Die einfachste und gebräuchlichste Flankenlinie in der Planverzahnung ist eine Gerade CC'' (Abb. 3.03), die unter dem *Schrägungswinkel* β_0 schräg gegen die Richtung CC' der Wälzachse steht; die Aufwicklung am Wälzzylinder ergibt dann eine zylindrische Schraubenlinie mit dem unveränderlichen „Schrägungswinkel" β_0 [Steigungswinkel $(90-\beta_0)$]. Damit ist ein einfacher Bewegungsvorgang für das Schneidwerkzeug gegeben.

Eine weitere Vereinfachung bringt die Evolventengestaltung der Zahnfläche. Die Zahnstange erhält schräge Zähne mit ebenen Zahnflächen (Abb. 3.04). Die *Bezugszahnstange* weist verschiedene Zahnprofile in den verschiedenen Schnittebenen auf. Alle Zahnprofile sind gerad-

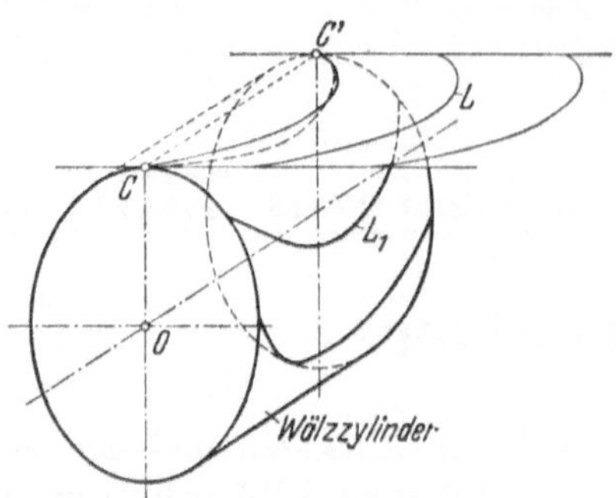

Abb. 3.02. Allgemeine Form der Flankenlinien, L für die Erzeugungszahnstange, L_1 für den Radzahn. Die Flankenlinien sind Schnittlinien der Zahnflanken mit den Wälzlinien.

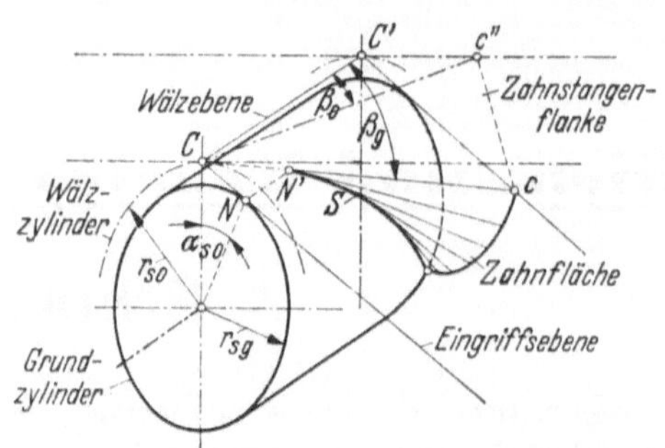

Abb. 3.03.   Zahnstange mit gerader Flankenlinie CC'', Schraubenfläche des Zahnes.

linig, da die ebenen Zahnflächen mit den Schnittebenen in Geraden geschnitten werden. Für die Erzeugung maßgebend ist der *Normalschnitt*, also der Schnitt, der senkrecht zur Flankenlinie geführt wird. Seine Werte tragen den Index n, soweit sie von denen der anderen Schnitte unterschieden werden müssen. Die Spanfläche des Erzeugungswerkzeuges liegt in seiner Richtung, in ihm erscheinen also Eingriffswinkel, Teilung und Zähnstärke des Erzeugungszahnes. Sein Profil trägt bei DIN-Verzahnung die Größen von Abb. 1.43 (Band I). Also $\alpha_n = \alpha_0 = 20°$, $t_n = m_n \pi = t$, $s_{n0} = 0{,}5\,t$.

Der *Stirnschnitt* ist der Schnitt in der Radebene, seine Größen mit dem Index s sind für die Abmessungen des Rades maßgebend. Nach Abb. 3.04 bestehen zwischen den Größen des Normal und des Stirnschnittes folgende Beziehungen:

$$t_s = t_n/\cos\beta_0 \quad \text{bzw.} \quad m_s = m_n/\cos\beta_0; \quad (3.00\,\text{a})$$

$$t_a = t_n/\sin\beta_0 \quad\quad\quad\quad\quad\quad (3.00\,\text{b})$$

$$\operatorname{tg}\alpha_{s0} = \operatorname{tg}\alpha_n/\cos\beta_0; \quad\quad\quad (3.01\,\text{a})$$

$$\operatorname{tg}\alpha_{a0} = \operatorname{tg}\alpha_n/\sin\beta_0 . \quad\quad\quad (3.01\,\text{b})$$

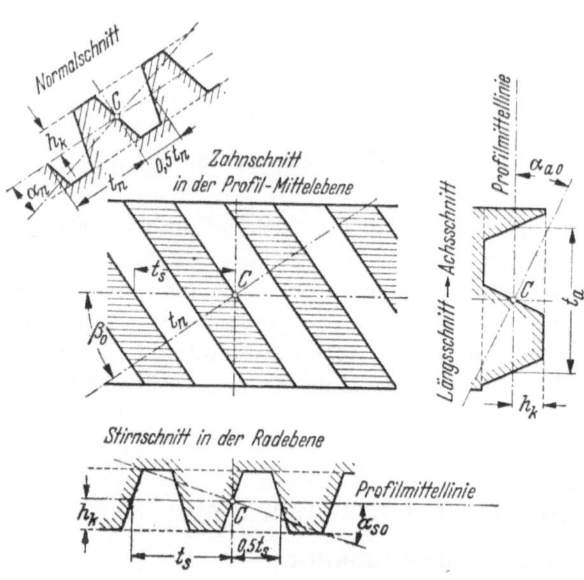

Abb. 3.04. Bezugszahnstange der Schrauben- oder Schrägzähne. Grundriß als Schnitt der Profilmittelebene, Normalschnitt, Längsschnitt, der dem Achsschnitt des Rades entspricht. $\operatorname{tg}\alpha_{n0} = x_n/h_k$; $\operatorname{tg}\alpha_{s0} = x_s/h_k$; $\operatorname{tg}\alpha_{a0} = x_a/h_k$; $x_s = x_n/\cos\beta_0$; $x_a = x_n/\sin\beta_0$.

Für die Zahnhöhen sind die Werte in allen Schnitten gleich und entsprechen denjenigen der Geradverzahnung.

Der *Längsschnitt* der Zahnstange ist der Schnitt senkrecht zum Stirnschnitt, der Längsschnitt am Rad als der Schnitt durch die Radachse, ist also dessen „Achsschnitt"; er spielt bei schrägverzahnten Rädern mit geringer Zähnezahl und großem Schrägungswinkel, die als *Schnecken* bezeichnet werden, eine Rolle.

2. Das Schrägzahnrad.

Senkrecht zur Zahnflanke der Zahnstange steht die Eingriffsebene, geneigt unter dem Winkel α_{s0} gegen die Tangente, des Rades an C (Abb. 3.03). Die Eingriffsebene berührt längs

NN' den Grundzylinder des Rades vom Halbmesser r_{sg}:

$$r_{sg} = r_{s0} \cos\alpha_{s0} = \frac{m_n z}{2 \cdot \cos\beta_0} \cos\alpha_{s0}. \qquad (3.02)$$

Die schräge Zahnfläche der *Zahnstange* schneidet die Eingriffsebene in einer Geraden CC'', die als die Erzeugende der Schraubenzahnfläche angesehen werden kann. Sie durchläuft bei der Abwicklung der Eingriffsebene vom Grundzylinder die Schraubenzahnfläche, die somit eine „Geradenfläche" — d. h. eine aus geraden Linien zusammengesetzte Fläche — ist. Bei der Aufwicklung legt sich die Erzeugende als Schraubenlinie vom Schrägungswinkel β_g am Grundzylinder an und bildet die Fußlinie S der Zahnfläche. Zwischen den Schrägungswinkeln β_g und β_0 am Grund- und Wälzzylinder und dem Eingriffswinkel α_{s0} im Stirnschnitt besteht die Beziehung:

$$\operatorname{ctg}\beta_g = \operatorname{ctg}\beta_0/\cos\alpha_{s0}. \qquad (3.03\,\text{a})$$

An einem beliebigen Halbmesser r_s mit dem Pressungswinkel α_s entsteht allgemein der Schrägungswinkel β, dementsprechend

$$\operatorname{ctg}\beta_g = \operatorname{ctg}\beta/\cos\alpha_s. \qquad (3.03\,\text{b})$$

Die Zahnflanken sind nur im Stirnschnitt Evolventen. Sie sind durch den Eingriffswinkel α_{s0} und die Stirnteilung t_s bestimmt. Es gilt:

$$t_s = m_n \pi/\cos\beta_0 = m_s \pi. \qquad (3.04)$$

Durch Einsetzen dieser Größen in die Gleichungen der Geradverzahnung erhält man die entsprechenden Werte für den Stirnschnitt der Schrägverzahnung.

Für die *Durchmesser* gehen daher die Gln. (1.16) und (1.34) über in

$$d_{s0} = m_s z_1 = m_n z_1/\cos\beta_0, \qquad (3.05)$$
$$d_{sg} = d_{s0} \cos\alpha_{s0}. \qquad (3.06)$$

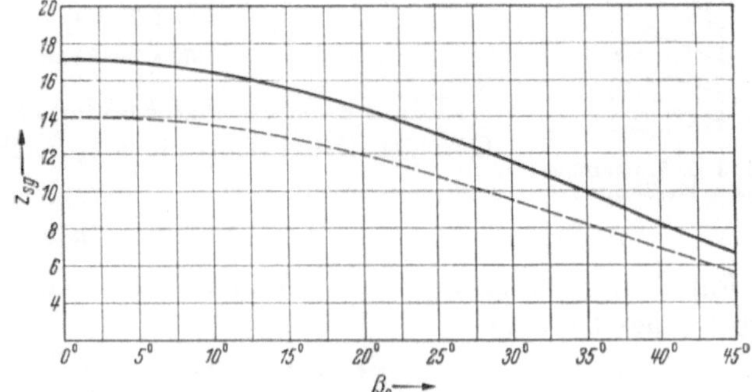

Abb. 3.05. Grenzzähnezahl z_{sg} für $\alpha_n = \alpha_0 = 20°$ in Abhängigkeit vom Schrägungswinkel β_0. Ausgezogen Linie für unterschnittfreie Zähne [Gl. (3.08b)]; gestrichelt Linie für zugelassenen geringen Unterschnitt nach DIN.

Auch in Gl. (1.55) für die *Grenzzähnezahl* ist α_0 durch α_{s0} und die Zahnhöhe $\xi\, m_n$ durch $\xi_s\, m_s$ zu ersetzen; das ergibt

$$\xi_s = \xi\, m_n/m_s = \xi \cos\beta_0. \qquad (3.07)$$

Unter Verwendung der Gln. (3.01) und (3.07) und der allgemeinen Beziehung $1/\sin^2\alpha = 1 + \operatorname{ctg}^2\alpha$ erhält man für die Grenzzähnezahl

$$z_{sg} = 2\,(\xi_s - x_s)/\sin^2\alpha_{s0} = 2\,(\xi - x) \cos\beta_0 \left(1 + (\cos\beta_0/\operatorname{tg}\alpha_n)^2\right). \qquad (3.08\,\text{a})$$

Mit $\xi = 1$ für $h_k = m_n$, $x = 0$ und $\alpha_0 = 20°$ (Eingriffswinkel der DIN-Erzeugungszahnstange):

$$z_{sg} = 2 \cos\beta_0/\sin^2\alpha_{s0} = 2 \cos\beta_0(1 + 7{,}5 \cos^2\beta_0). \qquad (3.08\,\text{b})$$

Nach DIN wird mit $\xi = 5/6$ ein geringer Unterschnitt zugelassen. Die „praktische" Grenzzähnezahl z'_{sg} ist dann noch entsprechend geringer. In Abb. 3.05 sind beide Werte eingezeichnet. Man ersieht daraus, daß ein größerer Schrägungswinkel β_0 auch schon ohne Profilverschiebung kleine Zähnezahlen unterschnittfrei entstehen läßt.

3. Das Schrägzahngetriebe.

a) Getriebearten.

. Der Schraubenverlauf der Zähne eines Getriebes hat in dem einen Rade rechtsgängigen Steigungssinn und im Gegenrade linksgängigen (Abb. 3.06).

Bei *O- und VO-Getrieben* geht Gl. (1.59) für den *Achsabstand* über in:

$$a_{s0} = (z_1 + z_2)\, m_s/2 = (z_1 + z_2)\, m_n/2 \cos\beta_0 = (1 + i)\, z_1 m_n/2 \cos\beta_0. \qquad (3.09)$$

Die Profilverschiebung x_s im Stirnschnitt ist auf den Stirnmodul m_s bezogen — ähnlich wie Faktor ξ in Gl. (3.07). Sie ist aus der für die Erzeugung maßgebenden Profilverschiebung x im Normalschnitt zu bestimmen.

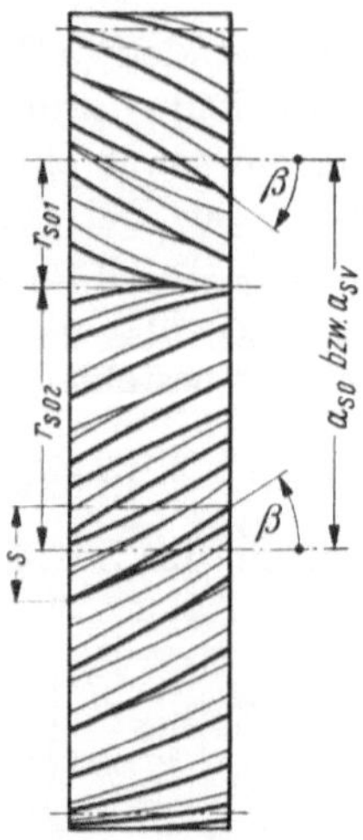

$$x_s = x \cos\beta_0 \,. \tag{3.10}$$

Für *V-Getriebe* erhält Gl. (1.60) zur Bestimmung des *Wälzwinkels* α_{sb} die Form mit α_{s0} nach Gl. (3.01):

$$\operatorname{ev}\alpha_{sb} = 2(x_{s1} + x_{s2})\,\mathrm{tg}\,\alpha_{s0}/(z_1 + z_2) + \operatorname{ev}\alpha_{s0}$$
$$= 2(x_1 + x_2)\,\mathrm{tg}\,\alpha_n/(z_1 + z_2) + \operatorname{ev}\alpha_{s0}\,. \tag{3.11}$$

Für den *Achsabstand* a_{sv} des *V*-Getriebes erhält man:

$$a_{sv} = a_{s0}\cos\alpha_{s0}/\cos\alpha_{sb} = (z_1 + z_2)\,m_n\cos\alpha_{s0}/2\cos\beta_0\cos\alpha_{sb}\,. \tag{3.12}$$

Für die Zahnfußhöhen h_{f1} und h_{f2} des *V*-Getriebes bleibt die Gl. (1.62a) bestehen. Für die Kopfhöhen h_k ergibt sich im Sinne der Gln. (1.62b) und (1.62c):

$$h_{k1} = a_{sv} - a_{s0} + m_n(1 - x_2)\,, \tag{3.13a}$$
$$h_{k2} = a_{sv} - a_{s0} + m_n(1 - x_1)\,. \tag{3.13b}$$

Für die *Kopf- und Fußdurchmesser* wird aus den Gln. (1.63) für alle Getriebe [bei *V*-Getrieben h_k nach Gl. (3.13), sonst $h_k = m_n$]:

$$d_{sk} = d_{s0} + 2 h_k\,, \tag{3.14a}$$
$$d_{sf} = d_{s0} - 2 h_f\,. \tag{3.14b}$$

Für die *Gegenwinkel* gepaarter Räder erhält man entsprechend Gl. (1.65) unabhängig von der Art des Getriebes:

$$\mathrm{tg}\,\alpha_{s2} = \mathrm{tg}\,\alpha_{sb}(1 + 1/i) - 1/i \cdot \mathrm{tg}\,\alpha_{s1}\,, \tag{3.15a}$$
$$\mathrm{tg}\,\alpha_{s1} = \mathrm{tg}\,\alpha_{sb}(i + 1) - i \cdot \mathrm{tg}\,\alpha_{s2}\,. \tag{3.15b}$$

Für Innenverzahnungen wird i negativ, also

$$\mathrm{tg}\,\alpha_{s2} = \mathrm{tg}\,\alpha_{sw}(1 - 1/i) + 1/i \cdot \mathrm{tg}\,\alpha_{s1}\,. \tag{3.15c}$$

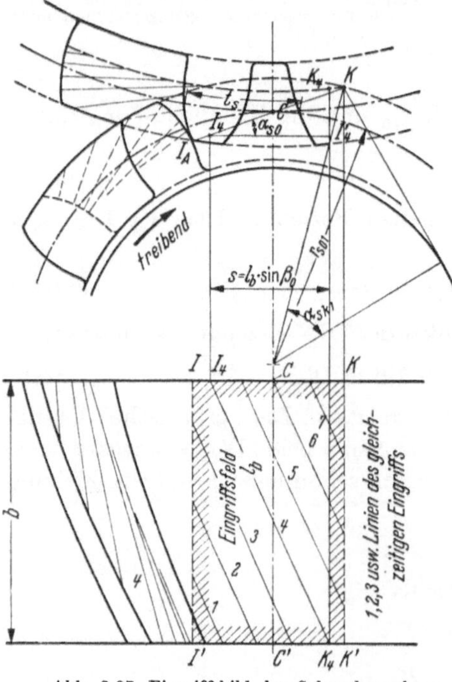

Abb. 3.06. Schrägzahnräder im Eingriff.

Abb. 3.07. Eingriffsbild des Schraubenzahnes.

b) Der Zahneingriff.

α) **Überdeckung.** Für den Zahneingriff genügt hier nicht die Betrachtung in einer Ebene, sondern sie muß räumlich verfolgt werden, nämlich in der Profilhöhe und in der Zahnbreite.

Der Eingriff in der Höhe, „der Profileingriff", spielt sich im Stirnschnitt ab und entspricht dem Eingriff der Geradverzahnung. Im inneren Punkt I_A des Ritzelfußes, der als Gegenpunkt des Radkopfes bestimmt ist, beginnt der Eingriff und verläuft über den Wälzpunkt C bis zum Zahnkopf K des Ritzels (Abb. 3.07). Demnach gilt für die „Profilüberdeckung" ε_p im Sinne von Gl. (1.66), wenn α_{sk1} und α_{si1} die zu den Punkten K und I_A im Stirnschnitt des Ritzels gehörigen Pressungswinkel sind:

$$\varepsilon_p = (\mathrm{tg}\,\alpha_{sk1} - \mathrm{tg}\,\alpha_{si1})\,z_1/2\,\pi\,. \tag{3.16}$$

Diese Gleichung gilt wie bei Geradzahnrädern auch für *Innenverzahnung.*

Für *Zahnstangeneingriff* ergibt sich im Sinne von Gl. (1.67):

$$\varepsilon_{pz} = (\mathrm{tg}\,\alpha_{sk1} - \mathrm{tg}\,\alpha_{s0})\,z_1/2\,\pi + \xi/\pi \sin\alpha_{s0}\cos\alpha_{s0}\,. \tag{3.17}$$

Hierzu kommt nun als charakteristische Erscheinung der Schrägverzahnung die „Sprungüberdeckung" ε_s. Um diesen Eingriff der Zähne in der Zahnbreite zu verfolgen, wird zu der Eingriffsebene IK der Grundriß (genauer die Abwicklung im Teilzylinder) gezeichnet (Abb. 3.07). Die Projektionen I und I' des Eingriffspunktes I als Eintritt und die Projektionen K und K' des Eingriffspunktes K als Austritt begrenzen das „Eingriffsfeld". Der Zahn mit der Schräge β_0 tritt bei I mit der vorangehenden Spitze ein und erreicht allmählich seine volle Eintrittsbreite (Linie 4 der Abb. 3.07), um nach der Kopfseite entsprechend allmählich wieder auszutreten. Das stoßweise Eintreten der Geradverzahnung gleichzeitig auf der ganzen Breite wird hier also vermieden, und darin liegt der grundlegende Vorzug der Schrägzähne. Die im Teilkreis gemessene gegenseitige Verdrehung des Stirnprofils IK gegen $I'K'$ be

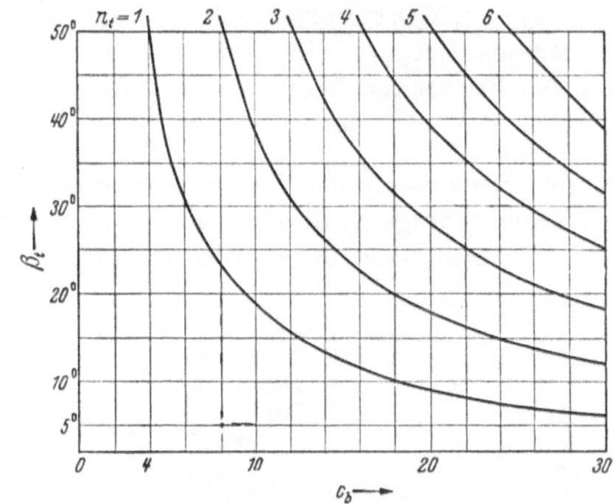

Abb. 3.08. Schrägungswinkel β_t bei ganzzahliger Sprungüberdeckung ε_s für gleichbleibende Berührungslänge [n_t entsprechend Gl. (3.20)].

zeichnet man als Sprung s. Für den höchstmöglichen Wert von s gilt nach Abb. 3.07

$$s = b\,\mathrm{tg}\,\beta_0 . \tag{3.18a}$$

Hierdurch wird die größte Sprungüberdeckung ε_s als Verhältnis von Sprung zur Stirnteilung hervorgerufen.

$$\varepsilon_s = s/t_s = b\sin\beta_0/m_n\,\pi . \tag{3.18b}$$

Der gesamte Überdeckungsgrad ε_g eines Schrägzahngetriebes erreicht somit die Größe:

$\varepsilon_g = \varepsilon_p + \varepsilon_s$ [ε_p und ε_s sinngemäß nach Gln. (3.16), (3.17) bzw. (3.18b)] (3.19)

Die Verringerung des Überdeckungsgrades ε_p gegenüber Geradverzahnung durch die Vergrößerung von α_{s0} im Vergleich zu $\alpha_0 = \alpha_n$ wird durch das Hinzukommen von ε_s mehr als ausgeglichen. Der Gesamtüberdeckungsgrad ε_g ist also größer als bei Geradverzahnung. Der gleichzeitige Eingriff von mehr Zähnen ist als weiterer Vorteil der Schrägverzahnung anzusehen.

Der besondere Grenzfall der Sprungüberdeckung von unveränderlicher Größe während des Zahndurchganges liegt nach Abb. 3.09a dann vor, wenn s ein ganzes Vielfaches von t_s ist, wo also

$$s = n_t\,t_s \quad (n_t \text{ eine ganze Zahl}), \tag{3.20}$$

weil dann die aus- und die eintretenden Stücke sich ausgleichen.

Wird die Zahnbreite b durch den Normalmodul ausgedrückt und nach Gl. (3.18a)

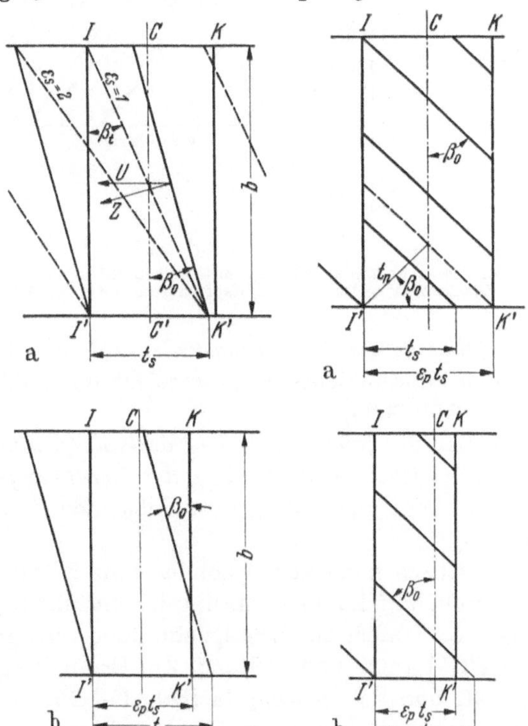

Abb. 3.09. Begrenzung der Berührungslänge durch die Stirnseiten „Feldgrenze".

Abb. 3.10. Begrenzung der Berührungslänge durch das Eingriffsfeld „Stirngrenze".

Winkel β_t für den Fall der ganzzahligen Sprungüberdeckung ausgedrückt, so erhält man:

$$b = c_b\,m_n; \tag{3.21} \qquad\qquad \sin\beta_t = m_n\,\pi\,n_t/b = n_t\,\pi/c_b . \tag{3.22}$$

Die sich daraus ergebenden Werte sind in Abb. 3.08 dargestellt. Danach muß der Schrägungswinkel β_t um so größer werden, je schmaler das Rad ist.

β) **Berührungslänge.** Entsprechend dem Charakter der Evolventenzahnfläche als „Geraden-fläche" erfolgt die Berührung kämmender Zähne in einer geraden Linie. Aus der Grundriß-länge $l_b = I_4 K_4$ ist geometrisch auch ihre Höhenlage im Aufriß bestimmt. Es ist in Abb. 3.07 die Strecke $I_4 K_4 = l_b \sin\beta_0 \cos\alpha_{s0}$, demnach wäre die wahre Länge l_b' für eine im Grundriß von den Stirnseiten begrenzte Berührungslänge:

$$l_b' = l_b \sqrt{1 + \sin^2\beta_0 \cos^2\alpha_{s0}} \,. \tag{3.23}$$

Für die Berechnung der Grundrißlänge l_b, die ein Zahn erreichen kann, wenn seine Breite b und seine Schräge β_0 gegeben sind, liegen zwei Fälle vor:

1. Berührungsstirngrenze. Wie bei Geradverzahnung ist in diesem Falle die Berührungslänge durch die Stirnseiten begrenzt; dies tritt bei kleinem Winkel β_0 auf. Abb. 3.09 zeigt:

$$l_b = b/\cos\beta_0 \quad \text{für} \quad \varepsilon_p > 1; \tag{3.24a}$$
$$l_b = \varepsilon_p \, b/\cos\beta_0 \quad \text{für} \quad \varepsilon_p < 1 \,. \tag{3.24b}$$

2. Berührungsfeldgrenze. Die Länge l_b ist durch die Seiten II' und KK' des Eingriffsfeldes begrenzt. Dies tritt bei größeren Winkeln β_0 auf. Der Zahn ist vom Fuß bis zum Kopf im Eingriff. Es gilt nach Abb. 3.10 für die größte Be-rührungslänge eines Zahnes:

$$l_b = \varepsilon_p \, t_s/\sin\beta_0 = \varepsilon_p \, m_n \, \pi/\sin\beta_0 \cos\beta_0$$
$$= 2 \, \varepsilon_p \, m_n \, \pi/\sin 2\,\beta_0 \,. \tag{3.25}$$

Das Wesentliche ist hierbei, daß l_b nicht mehr abhängig von der Zahnbreite b ist.

Die Verschiedenartigkeit dieser beiden Fälle zeigt, daß die Eigenschaften der Schrägverzahnung nach zwei verschie-denen Gesetzen verlaufen und nicht als einfache Funktion von β_0 ausgedrückt werden können.

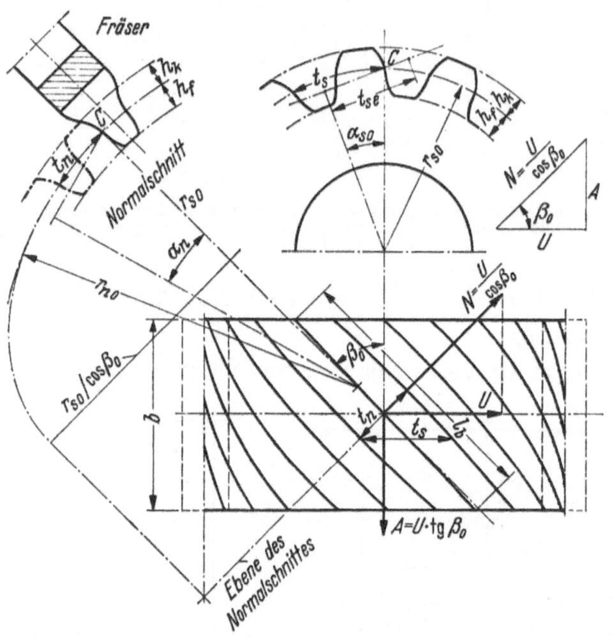

Abb. 3.11. Schrägverzahntes Stirnrad im Grundriß, Stirn- und Normal-schnitt. Zahnkraft N zerlegt nach Umfangskraft U und Axialschub A.

Die Summe der Berührungslinien $\Sigma\, l_b$ gleichzeitig eingreifender Zähne ändert sich im all-gemeinen Falle periodisch. Sie erreicht ihren Kleinstwert kurz vor Eintrittsbeginn eines neuen Zahnes (Abb. 3.09).

Der Fall des *ganzzahligen Überdeckungsgrades* Gl. (3.22), in Abb. 3.09a gestrichelt gezeichnet, *gibt eine gleichbleibende Summe der Berührungslängen*, da die beim vorgehenden Zahn aus-tretende Länge gleichzeitig beim folgenden Zahn eintritt. Das ist für die Laufruhe zweifellos günstig.

Theoretisch kann ausreichender Eingriff durch die Zahnschräge allein erreicht werden und in der Höhe auf Punktberührung beschränkt bleiben. Die Erfahrung aber hat gezeigt, daß für ruhigen Lauf auch bei Schrägzahnrädern ein gutes „Höhentragen" erforderlich ist.

γ) ***EW*-Punkte und Gleitung.** Zur Ermittlung der *EW-Punkte*, die natürlich nur bei $\varepsilon_p \gtreqqless 1$ Sinn hat, und der *Gleitung* bleiben die Gln. (1.68) bis (1.78) gültig, wenn für die Pressungs-winkel α die Stirnpressungswinkel α_s sinngemäß eingesetzt werden. Man ermittelt so den Wert der Gleitung für jeden Flankenpunkt nach seiner Lage zum Wälzkreis. Da jedoch auf einer Berührungslinie verschiedene Höhenlagen des Zahnes auftreten — sie durchläuft in Abb. 3.10 z. B. den ganzen Höhenbereich vom Fuß bis zum Kopf —, sind gleichzeitig verschiedene Größen und Richtungen der Gleitung vorhanden. Die Verhältnisse sind für die dabei auftretenden Reibungskräfte ausführlich beschrieben.

δ) **Normalschnitt zur Bestimmung der Zahnstärke und Krümmung.** Der *Normalschnitt* senk-recht zu den Flankenlinien (Abb. 3.11) schneidet den Wälzzylinder mit dem Halbmesser r_{s0}

in einer Ellipse, deren große Halbachse $r_{s0}/\cos\beta_0$ und deren kleine Halbachse r_{s0} ist. Der Normalschnitt wird für die Betrachtung der Herstellung und Wirkungen der Zahnkraft, die ja in ihrer Ebene liegt, gebraucht; im letzteren Fall sind die Zahnstärken für die Festigkeit und die Krümmungshalbmesser für die Walzenpressung im Normalschnitt zu bestimmen.

Näherungsweise kann im Normalschnitt die Verzahnung als die Verzahnung eines Stirnrades angesehen werden, dessen Wälzkreisradius r_{n0} dem großen Krümmungshalbmesser der Ellipse entspricht. Für diesen ergibt sich aus den Halbachsen mathematisch:

$$r_{n0} = (r_{s0}/\cos\beta_0)^2/r_{s0} = r_{s0}/\cos^2\beta_0 . \tag{3.26}$$

Mit der Stirnteilung $t_n = m_n\,\pi$ erhält man für die Zähnezahl z_n dieses gedachten Ersatzrades, ausgedrückt durch die Zähnezahl z des tatsächlich vorhandenen Rades:

$$z_n = 2\,r_{n0}\,\pi/t_n = 2\,r_{s0}\,\pi/t_s\cos^3\beta_0 = z/\cos^3\beta_0 . \tag{3.27}$$

Die Übertragung der Evolventenflanke des geraden Zahnes auf den Normalschnitt des Schraubenzahnes ist nur angenähert richtig. Vollkommen genau ist hierbei nur die Tangentenlage und die Krümmung in der Flankenlinie. Dadurch erhält man trotz der Annäherung doch genaue Eingriffsverhältnisse in der Wälzbahn des Zahnes. Die Annäherung ist um so unvollkommener, je kleiner die Zähnezahl ist.

Um die *Zahnstärken im Normalschnitt* zu bestimmen, können die Gln. (1.53), (1.54) und (1.45) für die Werte des gedachten Zahnrades mit z_n Zähnen benutzt werden. Die genannten Gleichungen erhalten dann die Form:

$$s_{n0} = m_n(\pi/2 + 2\,x\,\mathrm{tg}\,\alpha_0) , \tag{3.28}$$

$$\mathrm{ev}\,\alpha_{ng} = 2\,x\,\mathrm{tg}\,\alpha_0/z_n + \pi/2\,z_n + \mathrm{ev}\,\alpha_0 . \tag{3.29}$$

Für die Zahnstärke s_n an beliebiger Stelle des Normalschnittes mit Pressungswinkel α_n ergibt sich schließlich:

$$s_n = (\mathrm{ev}\,\alpha_{ng} - \mathrm{ev}\,\alpha_n)\cos\alpha_0\,m_n\,z_n/\cos\alpha_n . \tag{3.30}$$

Der Pressungswinkel α_n muß auf den Grundkreis r_{ng} und den Halbmesser r_n des gedachten Rades im Normalschnitt bezogen werden:

$$r_{ng} = m_n\cos\alpha_0\,z_n/2 , \tag{3.31a}$$

$$\cos\alpha_n = r_{ng}/r_n = m_n\cos\alpha_0\,z_n/2\,r_n . \tag{3.31b}$$

Gl. (3.30) kann also auch geschrieben werden:

$$s_n = 2\,r_n(\mathrm{ev}\,\alpha_{ng} - \mathrm{ev}\,\alpha_n) . \tag{3.32}$$

Für die Berechnung der Krümmung in einem Punkte des Normalschnittes können in ausreichender Annäherung die Werte des gedachten Rades mit z_n Zähnen zugrunde gelegt werden. Man rechnet aber bequemer mit den für den Stirnschnitt bereits vorliegenden Größen die Krümmung ϱ_s im Stirnschnitt aus und bestimmt die Krümmung ϱ_n im Normalschnitt als deren Projektion. Es gilt also im Stirnschnitt bei Verwendung der Gl. (1.79c):

$$1/\varrho_n = \cos\beta_g/\varrho_s = \cos\beta_g(\mathrm{ctg}\,\alpha_{s1} \pm 1/i\cdot\mathrm{ctg}\,\alpha_{s2})/r_{sg} . \tag{3.33}$$

Der Schrägungswinkel β_g im Grundkreis ist nach Gl. (3.03a) bestimmt. Das untere Vorzeichen in der Klammer gilt für Innenverzahnung.

II. Die am Schrägzahnrad wirkenden Kräfte.

1. Die Größe der Kräfte.

Die Zahnkraft N' liegt als Normaldruck senkrecht zur Fläche des Schrägzahnes auf der jeweiligen Berührungslinie. Sie erscheint in der Ebene des Normalschnittes in wahrer Lage und Größe. Nach außen werden eine radiale Querbelastung Q, eine axiale Kraft A und die tangentiale Umfangskraft U als Komponenten wirksam. Q und U werden durch Querlager, A durch Längslager aufgenommen. Nach Abb. 3.11 sind aus dem Krafteck obige Kräfte durch U auszudrücken:

$$A = U\,\mathrm{tg}\,\beta_0; \quad (3.34a) \qquad Q = U\,\mathrm{tg}\,\alpha_0/\cos\beta_0; \quad (3.34b) \qquad N = U/\cos\beta_0\cos\alpha_0 . \quad (3.34c)$$

Die gesamte wirksame Zahnkraft N' setzt sich wie bei geradverzahnten Stirnrädern aus der statischen Zahnkraft N_s und der dynamischen Zahnkraft N_d zusammen; entsprechend tritt eine statische Umfangskraft U_s und die dynamische Umfangskraft U_d auf. Für die statische Umfangskraft U_s behalten die Gln. (1.80) und (1.81) ihre Gültigkeit.

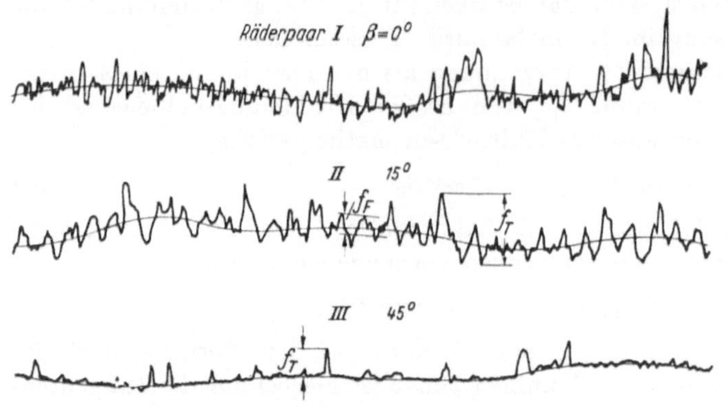

Abb. 3.12. Einfluß des Schrägungswinkels für gefräste Räder auf die Laufruhe, gemessen auf dem Zweiflankenprüfgerät nach NIEMANN.

Die dynamischen Kräfte N_d bzw. U_d sind hier jedoch vom Schrägungswinkel β_0 abhängig. Wie es der Anschauung entspricht, gleichen sich die Ungenauigkeiten, die hauptsächlich als Ursache der dynamischen wirksam werden, um so stärker aus, je mehr Zähne gleichzeitig im Eingriff sind. Dies wird auch durch die Messungen von NIEMANN [2.00][1] bestätigt. In Abb. 3.12 sind seine Ergebnisse einer Zweiflankenprüfung von Rädern gleicher Herstellungsgenauigkeit dargestellt. Man erkennt deutlich, daß der größte Schrägungswinkel $\beta = 45°$ die geringsten Ungleichmäßigkeiten des Laufes und damit die geringsten Beschleunigungskräfte ergibt. Dies wirkt sich auch in der empirischen Formel von BUCKINGHAM [2.01] zur Berechnung der dynamischen Umfangskraft U_d aus. Die gegebene Formel

$$U_d = 4{,}5\,v\,(2{,}2\,U_s + b\,C\cos^2\beta)\cos\beta_0 \Big/ \left(9{,}8\,v + \sqrt{2{,}2\,U_s + b\,C\cos^2\beta_0}\right)$$

kann auf die Form gebracht werden:

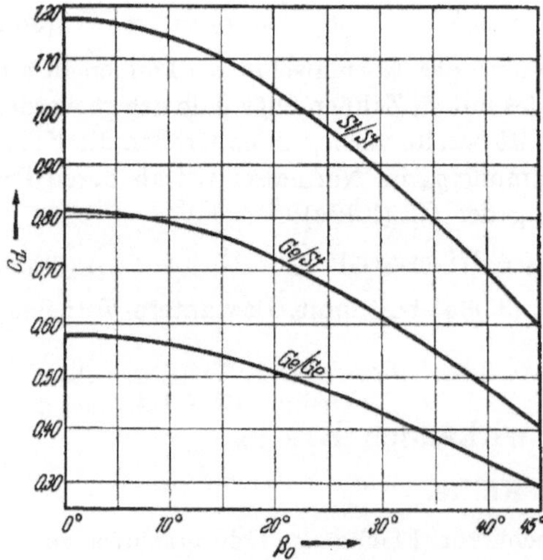

Abb. 3.13. Werkstoff-Faktor c_d der Gl. (3.35) zur Bestimmung der dynamischen Umfangskraft in Abhängigkeit von β_0.

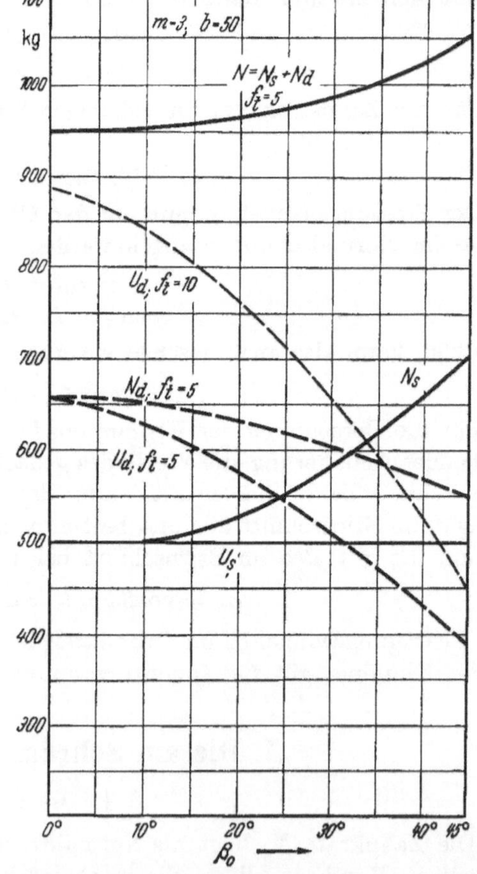

Abb. 3.14. Dynamische Umfangskraft U_d und Zahnkraft N_d sowie Gesamtdruck $N_g = N_s + N_d$ in Abhängigkeit von β_0 für Teilungsfehler $f_t = 5$ und $10\,\mu$ bei $v = 20$ m/sek und $U_s = 500$ kg.

$$N_d \cos\alpha_{s0} = U_d/\cos\beta_0 = \frac{6{,}6\,v\,(U_s + b\,f_t\,c_d)}{6{,}6\,v + \sqrt{U_s + b\,f_t\,c_d}} \quad [\text{kg}]. \tag{3.35}$$

---

[1] Die in eckigen Klammern kursiv gesetzten Ziffern (z. B. [2.01]) verweisen auf das Schrifttum S. 120.

U_s [kg] nach Gl. (1.81), v Umfangsgeschwindigkeit [m/sek], b Zahnbreite [mm], f_t Teilungsfehler [μ]. Der Faktor c_d enthält den Werkstoffeinfluß und die Wirkung der Zahnschräge β_0;
c_d ist nach den von BUCKINGHAM gegebenen Werten aus Abb. 3.13 ablesbar. Abb. 3.14 zeigt
das Absinken der dynamischen Umfangskraft U_d für ein Beispiel mit wachsendem Winkel β_0.
Die gesamte Zahnkraft N_g bleibt bei großem Fehler f_t ziemlich konstant.

Die *Reibungskraft* wird durch die schrägliegende Zahnkraft N hervorgerufen. Bei gleichen
Werten der Reibungszahl μ müßte demnach die Reibungskraft R mit Winkel β wachsen. Dies
läßt sich in der Praxis nicht nachweisen; die Angaben im älteren Schrifttum werden durch die
Tatsachen nicht bestätigt. Teilweise läßt sich das durch das Absinken der dynamischen Kräfte
nach Gl. (3.35) erklären. Aber auch die Verteilung der Reibungskräfte ist wesentlich anders
und wirkt auf Schmierung und damit auf die Werte der Reibungszahl ein.

Nur bei kleinen Schrägungswinkeln und im Beginn des Eingriffs entsprechen die Verhältnisse etwa denen der Geradverzahnung. Wenn jedoch die Berührungslinie eines Zahnpaares
beiderseits des Wälzpunktes liegt — z. B. die Linien *3, 4* und *5* in Abb. 3.07 —, tritt am Kopf
des Ritzelzahnes ziehende und gleichzeitig an seinem Fuße stoßende Reibung auf. Die über
die Berührungslinie verteilten Kräfte können im Kopf und Fuß des Zahnes zu je einer resultierenden Reibungskraft zusammengefaßt werden; es ergibt sich dann am Zahnkopf eine ziehende
Resultierende R_z und am Zahnfuß eine stoßende R_s. Wie aus dem nächsten Abschnitt
über die Druckverteilung hervorgeht, sind die Kräfte am Ritzelfuß größer als am Ritzelkopf. Außerdem gelten die Überlegungen für die Geradverzahnung hinsichtlich der Größen
der Reibungszahlen, d. h., am Ritzelfuß gilt der größere Wert μ_s und am Kopf der kleinere μ_2.
Aus diesen beiden Ursachen wird also die Reibungskraft R_s am Ritzelfuß größer als R_z am Kopf.

2. Die Druckverteilung.

Während bei Geradverzahnung eine gleichmäßige Verteilung des Zahndruckes über die Zahnbreite hin angenommen werden konnte und zwischen den *EW*-Punkten nur *ein* Zahn trägt,
sind hier sowohl über die Druckverteilung auf der Berührungslinie *eines* Zahnes wie auch über
den Anteil, der auf die *verschiedenen* eingreifenden Zähne entfällt, eingehende Überlegungen
notwendig. Im wesentlichen wird die Druckverteilung auf den Berührungslinien durch folgende
drei Faktoren bestimmt:

1. Elastische Verformung. 2. Ungewollte Ungenauigkeiten und absichtliche Korrekturen
bei der Herstellung. 3. Art des Einlaufens.

a) Die elastische Verformung.

Bei Geradverzahnung konnte die elastische Verformung aus Biegung, Schub und Walzenpressung für die Zähne wenigstens innerhalb der *EW*-Punkte [s. Gl. (1.89) bis (1.109)] als statisch bestimmte Aufgabe berechnet werden. Da bei praktisch ausgeführten Getrieben mit
Schrägzahnrädern die Eingriffsdauer immer über 2 liegt, ist die Verteilung des Druckes auf
die eingreifenden Zähne immer eine statisch unbestimmte Aufgabe. Zu ihrer Lösung muß auch
stets die Verformung des Radkörpers mit berücksichtigt werden. Aber selbst mit erheblichem
mathematischem Aufwand sind für fehlerfrei gedachte Räder nur Näherungslösungen mit vereinfachten Annahmen möglich; es ist schwer zu übersehen, welche Fehlergrößen der Rechnung
dabei entstehen.

Die Druckverteilung längs der Berührungslinie *eines* Zahnes als praktische Auswirkung der
elastischen Deformationen ist dadurch gekennzeichnet, daß gleichzeitig Flankenteile vom Kopf
und vom Fuß, mit verschiedener Verformung also, im Eingriff sind. Die Art der Berührung
ist von wesentlichem Einfluß. Der Fall der „Stirngrenze" (Abb. 3.09) kann nicht nach demselben Gesetz verlaufen wie derjenige der „Feldgrenze" (Abb. 3.10), wenn auch beide Fälle
ineinander übergehen.

Erfolgt im Falle der Stirngrenze eine Berührung vom Fuß bis zum Kopf des Ritzelzahnes,
etwa wie der gestrichelte Zahn in Abb. 3.09a ($\varepsilon_s = 1$), so geben die Gedanken von SCHIEBEL
ein Bild über die Druckverteilung allerdings unter den vereinfachten Voraussetzungen, daß

der *Radzahn* und Körper starr ist und daß näherungsweise die gleiche Federungszahl c_1 über die ganze Höhe des *Ritzel*zahnes gilt.

Die Verformung des Zahnes kann proportional dem Zahndruck p, der die auf 1 cm Zahnbreite entfallende Umfangskraft ausdrückt, gesetzt werden. Die aus dieser Verformung sich ergebende Ritzelverdrehung ist dann $c_1\,p$.

Die Verdrehung zweier um $d\,x$ abstehender Ritzelquerschnitte (Abb. 3.15) ist proportional dem im Ritzelquerschnitt bestehenden Drehmoment, also auch proportional der Umfangskraft U_x, die außerhalb der Ritzellänge x noch auf das zweite Rad zu übertragen ist; mit der Federung c_2 ist die Größe der Verdrehung $c_2\,U_x\,d\,x$.

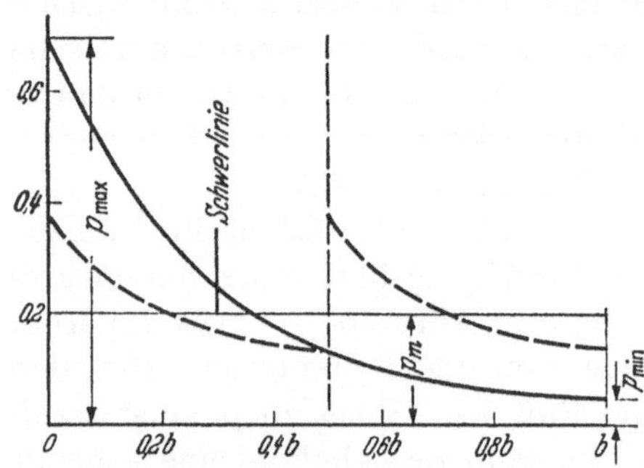

Abb. 3.15. Zahndruck längs der Berührungslinie bei „Stirngrenze" nach Gl. (3.36b); $p_{max}/p_{min} = 5{,}3$. Gestrichelt bei Pfeilverzahnung für gleiche Radbreite und gleiche Belastung; $p_{max}/p_{min} = 1{,}9$.

Diese Verdrehung verursacht einen Abfall des Zahndruckes um dp und stimmt bei der vorausgesetzten Steifheit des großen Rades überein mit der Änderung $c_1\,dp$ der Verdrehung aus dem Zahndruck, also $c_2\,U_x\,d\,x = -c_1\,dp$.

Innerhalb der Zahnbreite $d\,x$ wird eine Umfangskraft $dU_x = -p\,d\,x$ abgegeben. Der Differentialquotient dieser letzten Gleichung $dp/d\,x$ kann dem vorher aufgestellten Wert gleichgesetzt werden:

$dp/d\,x = -d_2\,U_x/d\,x^2 = -U_x\,c_2/c_1$. Mit $c_2/c_1 = m^2$ kann geschrieben werden:

$$d_2\,U_x/d\,x^2 - m^2\,U_x = 0\,.$$

Die zweifache Integration dieser Differentialgleichung führt mit den Grenzwerten: $U_x = U$ für $x = 0$ und $U_x = 0$ für $x = b$ zu der Gleichung der mit x abnehmenden Umfangskraft U_x

$$U_x = U\,\mathfrak{Sin}\,m\,(b - x)/\mathfrak{Sin}\,m\,b\,. \tag{3.36a}$$

Der Differentialquotient ist der veränderliche Zahndruck

$$p = -d\,U_x/d\,x = m\,U\,\mathfrak{Cof}\,m\,(b - x)/\mathfrak{Sin}\,m\,b\,. \tag{3.36b}$$

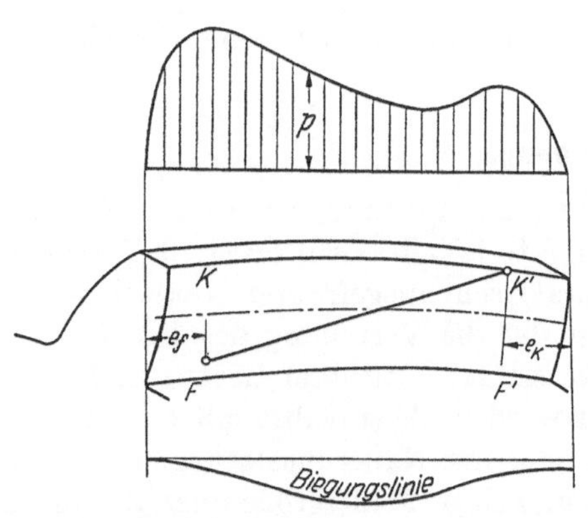

Abb. 3.16. Mutmaßlicher Verlauf der Durchbiegung und Spannung bei „Feldgrenze" (nach WEBER).

In Abb. 3.15 ist der Druckverlauf nach dieser Gleichung dargestellt, und zwar für eine Zahnbreite $b = 50$ mm und unter sonst gleichen Werten für die halbe Breite $b = 25$ mm. An der Einführungsstelle des Drehmomentes stellt sich der höchste Druck p_{max} ein und fällt hyperbolisch nach dem anderen Ritzelende ab. Der mittlere Druck p_m folgt aus der von der Kurve eingeschlossenen Fläche, es gilt außerdem $p_m = U/b$. Wie ersichtlich, wird das Verhältnis p_{max}/p_m um so ungünstiger, je größer die Zahnbreite b wird.

Liegt dagegen für die Berührungslinie der Zähne der Fall der „Feldgrenze" vor (Abb. 3.10), wird der Zahn an den Enden der Berührungslinie nach Abb. 3.10 von den Nachbarteilen an der freien Verformung gehindert und zurückgehalten. Dies wird um so mehr der Fall sein, je größer der Abstand e von den Stirnseiten ist. Eine Vorstellung von der Biegungslinie gibt Abb. 3.16. An sich wird die Spannung nach dem Ritzelkopf geringer, aber auch am dortigen Ende der Berührungslinie wirkt der Träger seitlich eingespannt; der Zahn bildet eine an drei Seiten eingespannte schmale Platte mit schräger Belastung. Am starrsten ist die Einspannung längs des Zahnfußes FF', etwas nachgiebiger an der Seite FK und am nachgiebigsten an der Seite $F'K'$. Je größer Schrägungswinkel β wird, desto mehr kann der Randabstand e steigen und desto ausgeprägter wird die Erscheinung. Die Spannung p im Zahnfuß verläuft etwa nach

Abb. 3.16. Nach neueren Versuchen von NIEMANN erfolgt allerdings der Ausgleich an den Enden der Berührungslinie durch eine Krümmung der letzteren.

Im Falle der Feldgrenze (Abb. 3.10) werden sich mehrere Zähne gleichzeitig von Fuß bis Kopf berühren. Die Verteilung des Druckes auf diese Zähne wird im wesentlichen durch die Verformung von Kranz und Radkörper sowie durch die Verdrehung der Welle auf der Radbreite bestimmt.

b) Ungenauigkeiten und Korrekturen bei der Herstellung.

Da selbst bei den höheren Verzahnungsqualitäten die Herstellungsfehler in Abhängigkeit von Modul und Raddurchmesser in der Größe der elastischen Verformung liegen, müssen diese Fehler die Druckverteilung sehr wesentlich beeinflussen. Die elastische Druckverteilung auf einen von Fuß bis Kopf eingreifenden Ritzelzahn nach Abb. 3.16 kann durch Zahnformfehler und Abweichungen im Schrägungswinkel die Belastungsspitzen *verstärken*, wenn die ohnehin hoch beanspruchten Teile des Zahnes in Höhe und Breite, also vor allem der Zahnfuß und die Eintrittsstelle des Drehmomentes, weiter hervortreten, oder die Belastungsspitzen werden gemildert, wenn diese Teile zurückliegen. Ebenso wird die elastische Verteilung der Zahnkraft auf verschiedene Zähne hauptsächlich durch Teilungsfehler beträchtlich gestört. Alle diese Zusammenhänge können natürlich nur durch empirische Werte ausgedrückt werden, bei denen die *Zahnqualität* berücksichtigt wird.

Wenn somit die genauen Berechnungen der elastischen Einflüsse vorerst nur beschränkt brauchbar sind, so bleibt es doch durchaus notwendig, sich über ihre Wirkungen Rechenschaft abzulegen; denn nur dann ist es möglich, die zulässigen Toleranzen in den Fehlern von Zahnform, Teilung und Schrägungswinkel nach der „richtigen" Seite zu legen, nämlich so, daß die Spannungsspitzen auf Grund der elastischen Verformung durch die Abweichungen verringert werden. Da der Zahnfuß stark beansprucht wird und auch die Kopfzurücksetzung notwendig bleibt, wenn sie auch gegenüber der Geradverzahnung hier mit wachsendem Überdeckungsgrad verringert werden kann, sind Zähne mit balligem Höhentragen angebracht. Die Längsballigkeit gleicht Fehler im Steigungswinkel aus und läßt die Spitzenbelastung an den Zahnenden mildern.

c) Einlaufen.

Alle Teile, die besonders starken Flächendruck aufnehmen, werden beim Einlaufen besonderer Abnutzung ausgesetzt; sie werden dadurch zurückgesetzt und den Belastungen der Nachbarteile angeglichen. Nach den Versuchen von ULRICH und GLAUBITZ (Bd. 1 [*23*]) ergibt die Berechnung dieser Einlaufabnutzung die Größe von einigen μ, ist also in der gleichen Größenordnung wie die elastischen Verformungen und die Herstellungsfehler. Je größer der Überdeckungsgrad ist, desto leichter wird sich so die Verzahnung auf die richtigen Mittelwerte einlaufen und die ungünstigen Belastungsspitzen vermeiden. Beim Läppen von gepaarten Rädern und beim Schaben durch ein Schaberad mit hoher Verzahnungsgenauigkeit wird dieser Vorgang künstlich hervorgerufen. Der Erfolg befriedigt durch Ausscheiden der maximalen Abweichungen *bei genügendem Überdeckungsgrad*. Kommen Grundkreispunkte zum Eingriff, dann werden die über die Streckgrenze beanspruchten Teile weggedrückt und dadurch die Druckverteilung geändert.

Insgesamt zeigen die durchgeführten Überlegungen, daß von den *drei* für die Druckverteilung maßgebenden Faktoren nur *einer* näherungsweise mit großem mathematischem Aufwand gerechnet werden kann, während sich die beiden anderen der Rechnung entziehen. Nach den Überlegungen dieses Abschnittes wird im folgenden angenommen, daß auf Grund der Herstellungsfehler und der elastischen Nachgiebigkeit an sich *ein* voll eingreifender Zahn die Hauptbelastung übernimmt, jedoch durch die gleichzeitig eingreifenden Zähne entsprechend den elastischen Bedingungen durch den Wert des Gesamtüberdeckungsgrades ε_g [Gl. (3.19)], der auch den Einfluß des Schrägungswinkels β_0 enthält, in der Form $\sqrt{\varepsilon_g}$ entlastet wird. Diese Größe wird durch die Ungenauigkeiten der Herstellung, ausgedrückt durch die Qualitätszahl i_q der Verzahnung im Sinne von DIN 3961, durch den Wert $(i_q/8)^2$ vermindert, so daß dadurch die Zahngüte berücksichtigt wird. Es besteht also für die Aufnahme und Verteilung der Zahnkraft der Verteilungsfaktor c_v:

$$c_v = \sqrt{\overline{\varepsilon_g} - (i_q/8)^2}. \tag{3.37}$$

Dem Sinne der Herleitung nach ist der kleinstmögliche Wert von c_v die Größe 1. Abb. 3.17 zeigt den Verlauf dieses Faktors. Bei einem Überdeckungsgrad $\varepsilon_g = 3$ wird der Faktor $c_v = 1,17$ für die Qualität $i_q = 6$ und $c_v = 1,48$ für $i_q = 4$. Die Gleichung für c_v wurde nach zahlreichen Vergleichsrechnungen aufgestellt. Sie entspricht den Erfahrungs- und Versuchswerten z. B. nach NIEMANN.

3. Die Beanspruchung der Verzahnung.

Die für die Beanspruchung maßgebende Zahnkraft N, zusammengesetzt aus der statischen Kraft N_s und der dynamischen Kraft N_d, ist aus den Gln. (1.80), (1.81), (3.34c) und (3.35) bestimmt. Grundlegend ändert sich jedoch bei Schrägzähnen die Bedeutung der Zahnbreite b, die bei Geradverzahnung unveränderlich während des Zahndurchganges bleibt und der Berührungslänge der kämmenden Zähne entspricht. Bei [Schrägzähnen tritt an Stelle von b die Berührungslänge l_b, die beim Zahndurchgang veränderlich ist, als Ausgangswert für die Berechnung. Nach den Überlegungen des vorigen Abschnittes wird angenommen, daß *ein* Zahn die wesentlichste Belastung aufnimmt, der um eine Stirnteilung t_s gegen den Zahneintritt verschoben ist (Abb. 3.09 und 3.10). Die Berührungslänge l_b dieses Zahnes ist vereinfacht als Projektion für die beiden möglichen Fälle der „Stirn"- und der „Feldgrenze" nach den Gln. (3.24) bzw. (3.25) bestimmt. Für diese Stellung des Zahnes bedeutet der Winkel β_t für ganzzahligen Überdeckungsgrad nach Abb. 3.18 gleichzeitig den Grenzwinkel zwischen Stirn- und Feldgrenze. Für Winkel β_0 liegt bei gegebener Zahnbreite $b = c_b\, m_n$ Stirngrenze vor, wenn β_0 kleiner als β_t ist, andernfalls handelt es sich um Feldgrenze.

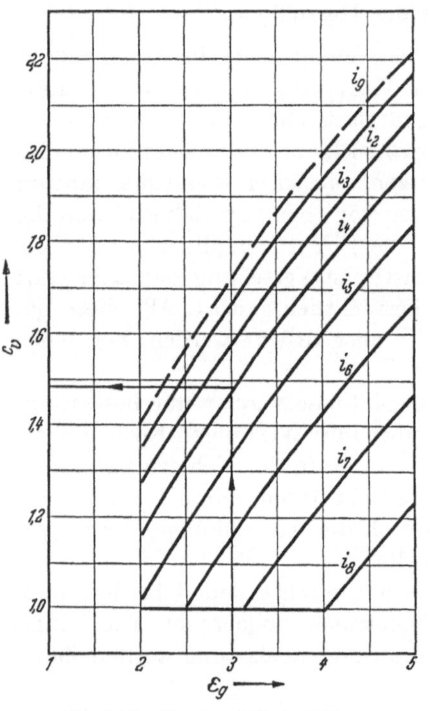

Abb. 3.17. Druckverteilungsfaktor $c_v = \sqrt{\overline{\varepsilon_g} - (i_q/8)^2}$. ε_g Gesamteingriffsdauer. i_q Zahnqualität nach DIN 3961.

a) Walzenpressung.

Die für die Beanspruchung maßgebende Größe $p_{\max}$ der Walzenpressung für Schrägzahnräder kann nunmehr aus den Gleichungen für Geradzahnräder Gl. (1.118a) bei Stahl/Stahl $p = 60,6 \sqrt{N/b\,\varrho}$ bzw. (1.118b) bei Stahl/Ge $p = 49,5 \sqrt{N/b\,\varrho}$ hergeleitet werden.

Um die gewonnenen Versuchsunterlagen für alle Schrägen auswerten zu können, muß in der Berechnung ein stetiger Übergang von Gerad- zu Schrägverzahnung stattfinden. Es muß also auch bei der letzteren der innere EW-Punkt im Stirnschnitt des Ritzels zur Berechnung des mittleren Krümmungsradius ϱ [Gl. (3.33) verwendet werden (Tafel XX). Mit abnehmender Profilüberdeckung ε_p bei wachsender Schräge β nähert sich allerdings der innere EW-Punkt dem innersten Eingriffspunkt I. Schwierigkeiten treten auf, wenn der Berechnungspunkt auf den Grundkreis fällt; denn dann würde nach der Rechnung $\varrho = 0$ und $p = \infty$, wenn nicht — wie im Abschnitt über Einlaufen schon erwähnt — sich die über die Fließgrenze beanspruchten Teile wegdrücken würden. Bei ausreichender Schräge braucht das Kämmen der Verzahnung dadurch nicht unmöglich zu werden, aber über die dann auftretende Druckverteilung fehlen zur Zeit Unterlagen. Für ruhige Räder ist das geschwächte Höhentragen jedenfalls unerwünscht.

Berücksichtigt man hinsichtlich der Berührungslänge l_b den Druckverteilungsfaktor c_v nach Gl. (3.37) des vorigen Abschnittes, nach dem der angenommene hauptsächlich tragende Zahn durch Überdeckungsgrad ε_g bei den höheren Zahnqualitäten i_q entlastet wird, dann wird die für die Beanspruchung maßgebende Walzenpressung $p_{\max}$ in Umwandlung der Gl. (1.118) ausgedrückt durch:

$$p_{\max} = 60{,}6 \sqrt{N/l_b\,c_v\,\varrho_{n\,i}} \quad \text{für Stahl/Stahl oder Ge/Ge,} \tag{3.38a}$$

$$p_{\max} = 49{,}5 \sqrt{N/l_b\,c_v\,\varrho_{n\,i}} \quad \text{für Stahl/Ge.} \tag{3.38b}$$

In diesen Gleichungen ist der Schrägungswinkel β_0 in verschiedener Weise wirksam. Wachsender Winkel β_0 wirkt *vermindernd* auf den Flächendruck, indem durch ihn die dynamische Zahnkraft vermindert wird, der mittlere Krümmungshalbmesser ϱ_i sich vergrößert, sofern keinenegative Profilverschiebung angewendet wird und der Gesamtüberdeckungsgrad ε_g durch die wachsende Sprungüberdeckung ε_s steigt. Der wachsende Schrägungswinkel β_0 wirkt *erhöhend* auf $p_{\max}$, indem die Zahnkraft N nach Gl. (3.34c) mit ihm ansteigt und bei großen Winkeln β_0 die Berührungslänge l_b abnimmt (Abb. 3.10). Zahlenmäßig überwiegt allerdings der vermindernde Einfluß, den ein steigender Wert von Winkel β_0 bis 45° auf den Flächendruck $p_{\max}$ ausübt.

Soll die Walzenpressung nicht zur Zerstörung der Zahnflanke führen, so müssen die für $p_{\max}$ nach den Gln. (3.38) ausgerechneten Werte unter den zulässigen Werten p_{zul} bleiben, die in Tafel VI gegeben sind.

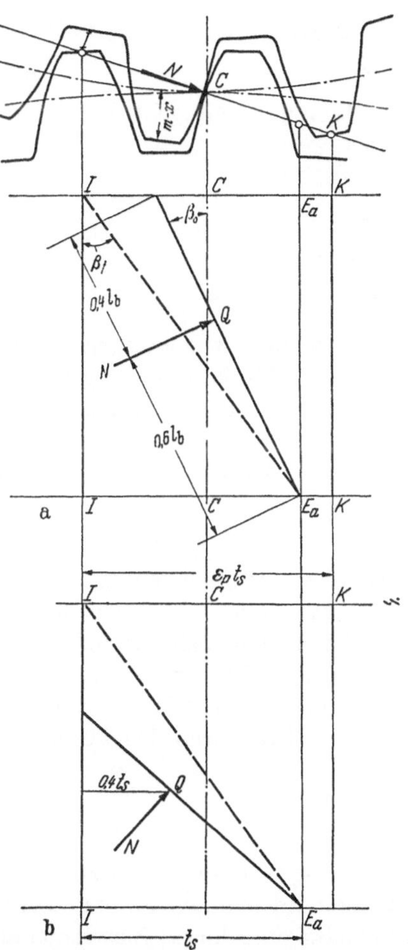

Abb. 3.18a u. b. a Angriff der resultierenden Zahnkraft N auf den Schrägzahn im Falle der Stirngrenze: b Angriff der resultierenden Zahnkraft N im Falle der Feldgrenze.

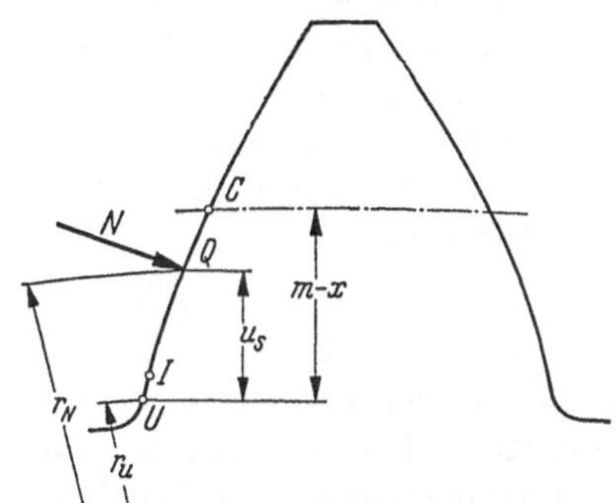

Abb. 3.19. Kräfte im Aufriß des Normalschnittes.

b) Bruchfestigkeit.

Die höchste Normalspannung wird wie bei Geradverzahnung nach NIEMANN im Punkte U, dessen Werte den Index u tragen, im Abstand $(m - x)$ vom Teilkreis angenommen (Abb. 3.19). Dieser Punkt fällt vielfach mit dem innersten zum Eingriff kommenden Punkt I zusammen, deshalb ist im Bd. 1 keine besondere Bezeichnung eingeführt, sondern I beibehalten. Die ungleichmäßige Verteilung des Druckes auf der Berührungslinie mit dem stärkeren Wert nach dem Zahnfuß bewirkt eine Verringerung des wirksamen Hebelarmes u_s, an dem die Zahnkräfte angreifen (Abb. 3.18 und 3.19). Es wird vereinfacht angenommen, daß die Resultierende N der verteilten Zahnkraft im Punkte Q um $0{,}4\,l_b$ vom inneren Ende der Berührungslinie — also von der Linie II — und damit um $0{,}6\,l_b$ von ihrem anderen Ende angreift. Das entspricht also einer hyperbolischen oder trapezförmigen Spannungsverteilung nach Abb. 3.15. In Übereinstimmung mit der Kraftrichtung wird der Normalschnitt zugrunde gelegt. Für den Pressungswinkel α_{ea} im Punkte E_a des unteren Stirnschnittes gilt Gl. (1.68b); für den Pressungswinkel α_{sN} im Punkte Q, dem Angriffspunkt der Resultierenden, gilt dann nach Abb. 3.18, in dem für den Fall der *Stirngrenze* die wahren Längen erscheinen, wobei der praktisch überwiegend gegebene Fall $\varepsilon_p > 1$ mit Gl. (3.24) zugrunde gelegt ist:

$$BQ = BE_a - 0{,}6\,l_b \sin\beta_0,$$

wobei B Berührungspunkt der Eingriffslinie mit dem oben gezeichneten Ritzel am Grundkreis r_{sg} ist,

$$r_{sg}\,\mathrm{tg}\,\alpha_{sN} = r_{sg}\,\mathrm{tg}\,\alpha_{ea} - 0{,}6\,l_b \sin\beta_0,$$

$$\mathrm{tg}\,\alpha_{sN} = \mathrm{tg}\,\alpha_{ea} - 0{,}6\,l_b \sin\beta_0/r_{sg}. \tag{3.39a}$$

Bei den geringen Schrägen der Stirngrenze kann die Rechnung vereinfacht bei meist unbedeutendem Fehler wie bei Geradverzahnung durchgeführt werden.

Bei *Feldgrenze* der Berührungslänge erhält man nach Abb. 3.18b:

$$BQ = BJ + 0{,}4\,t_s/\cos\alpha_{s0},$$

$$r_{sg}\,\mathrm{tg}\,\alpha_{sN} = r_{sg}\,\mathrm{tg}\,\alpha_{su} + 0{,}4\,t_s/\cos\alpha_{s0},$$

$$\mathrm{tg}\,\alpha_{sN} = \mathrm{tg}\,\alpha_{su} + 0{,}4\,m_s\,\pi/r_{sg}\,\cos\alpha_{s0} = \mathrm{tg}\,\alpha_{su} + 2{,}5/z\,\cos^2\alpha_{s0}. \tag{3.39b}$$

In diesem Falle ist die Berechnung vom Punkt I aus mit dem zugehörigen Pressungswinkel α_{su} durchgeführt, das erspart die Abhängigkeit vom Profilüberdeckungsgrad ε_p. Der innere Pressungswinkel α_{su} wird sinngemäß wie α_i bei Geradverzahnung entsprechend Tafel VII Spalte 19 und 20 berechnet (siehe auch Beispiel in Tafel XX).

Nach Bestimmung des Winkels α_{sN} ergibt sich in jedem Falle der Hebelarm u_s der angreifenden Kraft N zu (Abb. 3.19):

$$u_s = r_{sN} - r_{su}. \tag{3.40}$$

Entsprechend ist der Wert s_u für die Zahnstärke im Angriffspunkt Q zu bilden.

Weiterhin verändert sich bei der Schrägverzahnung im Falle der Feldgrenze das Widerstandsmoment des Zahnes, indem nun nicht mehr die gleichbleibende Zahnbreite als tragend angenommen werden kann. Dieses ist nur bei der Stirngrenze der Berührungslänge der Fall. Für die tragende Breite b_t im Zahngrund der Feldgrenze, die höchstens gleich l_z werden kann, gilt nach Abb. 3.18, wenn die seitliche Einspannung nach Abb. 3.15 durch den Zuschlag $2\,m_n$ berücksichtigt wird:

$$b_t = l_b + 2\,m_n \leqq l_z \text{ (Zahnlänge)}, \tag{3.41}$$

wobei hier $l_z = b/\cos\beta_0$.

An und für sich wäre auch noch zu beachten, daß der Schrägzahn auf einem Zylinder aufgewickelt ist und so durch seine räumliche Form sein Widerstandsmoment erhöht. Dies wird um so wirksamer, je kleiner die Zähnezahl ist. Die Vernachlässigung dieses Zusammenhanges erhöht den Sicherheitsgrad der Berechnung.

Mit diesen Grundlagen kann nunmehr der *geometrische Zahnformfaktor* q_s für das Schrägzahnrad bestimmt werden. Es bleibt für die weitere Berechnung hier zweckmäßig die Zahnkraft N und nicht die Umfangskraft in den Gleichungen für die resultierende Nennspannung zu verwenden. Zwischen der Zahnstärke s_u im Angriffspunkt der Kraft und derjenigen im Punkte I, also s_i, ist der Unterschied bei nicht zu kleinem Schrägungswinkel geringfügig. Es kann also für den praktischen Bereich $s_u/s_i = 1$ gesetzt werden. Dann gilt im Sinne von Gl. (1.112):

$$q_s = \frac{m_n}{s_{nu}} \cos(\alpha_{nN} - \sigma_{n/2}) \sqrt{\left[\frac{6\,u_s}{s_{nu}} - 4\,\mathrm{tg}(\alpha_{nN} - \sigma/2)\right]^2 + 3{,}06}. \tag{3.42}$$

Infolge der Richtung der Belastung ist der Normalschnitt mit der ideellen Zähnezahl $z_n = z/\cos^3\beta_0$ [Gl. (3.27)] für die Werte von α_n, σ_n und s_{nu} in der Gleichung für q_s zu verwenden. Dann geht die Gl. (1.113) für Schrägzahnräder in die Form über:

$$\sigma_n = N\,q_s/b_t\,c_v\,m_n. \tag{3.43}$$

Für den Druckverteilungsfaktor c_v kann Gl. (3.37) auch hier in diesem Falle benutzt werden.

Die Überlegungen über die Dauerfestigkeit, die bei Geradzahnrädern nach den Gln. (1.114) und (1.115) maßgebend waren, behalten auch hier ihre volle Gültigkeit. Man erhält somit schließlich:

$$\sigma_{zul} = \sigma_D = (N_s + N_d)\, q_s\, \beta_k\, v/b_t\, c_v\, m_n \qquad (3.44)$$

Kerbziffer β_k nach Gl. (1.115), $v = 1{,}25$ bis 2 als Sicherheitsgrad.

Verfolgt man auch hier den Einfluß des Schrägungswinkels β_0, so sieht man, daß mit seinem Anwachsen zunächst die Belastungsfähigkeit der Verzahnung steigt, weil c_v sich vergrößert und Faktor q_s sich durch die Einwirkung des Hebelarmes u_s verkleinert. Sobald aber der Schrägungswinkel über den Grenzwert von β_t steigt, verringert sich die tragende Breite b_t. Zahlenmäßig zeigt sich dann wieder eine Verringerung der Festigkeit, nach obigem um so mehr, je ungenauer die Zähne ausgeführt sind.

c) Reibungsleistung.

Längs der Berührungslinien treten hier auf die Längeneinheit gerechnet die Reibungsleistungen $L_{sR} = \mu\, p\, v_g$ auf. Die Gleitgeschwindigkeit ist im Stirnschnitt aus ihrem jeweiligen Abstand y vom Wälzpunkt zu berechnen [Gl. (1.78)]. Für p gilt die Unsicherheit der Druckverteilung, bekannt ist nur, daß $\sum p = N$ sein muß. Die Reibungswerte μ auf den Berührungslinien sind sehr verschieden. Zunächst tritt der Unterschied zwischen stoßender (μ_s) Reibung und ziehender (μ_z) auf, darüber hinaus wirkt der veränderliche Flächendruck und auch die Gleitgeschwindigkeit auf die Reibungszahl ein. Zu der größeren Beanspruchung im Zahnfuß wie bei Geradverzahnung durch die höhere Reibungszahl μ_s kommen hier noch die stärkeren Flächendrücke im Zahnfuß durch die Druckverteilung. Der stärkere Verschleiß im Fuß ist also noch ausgeprägter zu erwarten zum mindesten beim Einlaufen.

Wirkungsgrad. Zur Betrachtung des Wirkungsgrades muß die dynamische Zahnkraft mit berücksichtigt werden. Es zeigt sich nach Abb. 3.14, daß bei hohen Geschwindigkeiten die gesamte Zahnkraft N_g wenig mit dem Schrägungswinkel steigt. Außerdem läßt die Druckverteilung auf eine größere Berührungslänge bei großem Schrägungswinkel für genaue Flanken eine Verbesserung des Schmierfilmes und damit eine Verringerung der Reibung erwarten. Hieraus erklärt sich die Tatsache, daß der Gesamtwirkungsgrad bei schrägen Zähnen nicht schlechter zu sein braucht als bei Geradverzahnung.

Wärmestau. Hinsichtlich Walzenpressung und Bruchfestigkeit können Schrägverzahnungen mehr als geradverzahnte Räder beansprucht werden. Deshalb liegt oftmals nicht die Belastungsgrenze bei diesen Werten, sondern bei der zulässigen Erwärmung. Diese wird durch die Verlustleistung N_v bestimmt, die einen Bruchteil der Nutzleistung N_n darstellt. Die Größe dieses Anteiles wird durch die Höhe der gesamten Zahnkraft, also einschließlich der dynamischen, und durch die Reibungskraft bestimmt. Hierzu dient für die erstere der Faktor c_{wd} und für die letztere der Faktor c_{wr}. Ist die dynamische Umfangskraft nach Gl. (3.35) bestimmt, ergibt sich für Faktor c_{wd} als das Verhältnis von Gesamtkraft zu Nutzkraft:

$$c_{wd} = (U_d + U_s)/U_s. \qquad (3.45\,\text{a})$$

Bei der Unsicherheit der Reibungswerte kann die schon von SCHIEBEL aus Abb. 1.78 hergeleitete Annäherung für den „Verlustgrad" $\mu\,\pi\,\varepsilon_p/2 \cdot (1/z_1 \pm 1/z_2)$ verwendet werden. Mit $\mu = 0{,}07$ und $\varepsilon_p = 1{,}8$ ergibt sich:

$$c_{wr} = 0{,}2\,(1/z_1 \pm 1/z_2) \quad \text{Minuszeichen für Innenverzahnung} \qquad (3.45\,\text{b})$$

Gegebenenfalls kann zu Vergleichszwecken der tatsächliche Wert von ε_p eingesetzt werden.

Die tatsächlich durch das Getriebe laufende Leistung ist dann das $(c_{wd} + c_{wr})$-fache der Nutzleistung und in Anlehnung an die empirische Gleichung von HOFER berechnet sich die Getriebleistung N_n für zulässige Erwärmung zu:

$$N_n = m_n\, z_1\, b/10\,(c_{wd} + c_{wr}) \ [\text{PS}] \ (b \ \text{und} \ m_n \ \text{in mm}). \qquad (3.46)$$

Infolge der zahlreichen Verschiedenheiten in der Wärmeableitung und Abstrahlung kann es sich bei diesen Größen immer nur um Annäherungsrechnungen handeln. Auch die Gl. (1.135) kann zur Berechnung verwendet werden.

4. Der zeitliche Verlauf der Kräfte.

a) Eingriffsschwingung.

Die Stoßwirkung zwischen den einzelnen Unstetigkeitsstellen der Eingriffslinie wird bei Schrägzähnen wesentlich verringert, denn diese Stellen werden in sehr viel längerer Zeit durchlaufen. Dies wird durch die Zeit T'_s verursacht, die zum Durchlaufen des Sprunges s notwendig ist. Mit $s = b \, \mathrm{tg}\beta_0$ [Gl. (3.18a)] ergibt sich für die Eintrittszeit T'_{se}, also die Zeit bis zum vollen Eintritt eines Zahnes, der Wert:

$$T'_{se} = 60 \, b \, \mathrm{tg}\beta_0/d_0 \, \pi_n \, n \sim 20 \, c_b \sin \beta_0/z_1 \, n \quad [\text{sek}]. \tag{3.47}$$

Während bei Geradverzahnung die Eintrittszeit sich durch die elastische Federung und die Kopfzurücknahme der Größenordnung nach auf 1 bis 2 mm der Eingriffsstrecke abspielen mag, ist hier selbst bei geringem Schrägungswinkel β der Sprung s von 10facher Größe. Da die Stoßwirkung sich mit dem Quadrat der Eintrittszeit verringert, ist also hier nur mit Hundertsteln der Erregungsenergie zu rechnen. Demnach ist die Bedeutung der Eintrittsschwingung bei Schrägzähnen geringer; aber auch bei geringer Energie können Resonanzen auftreten.

b) Die Schwingung der Reibungskräfte.

Nach S. 15 treten bei größerer Schräge ($\beta_0 > \beta_t$) eine ziehende resultierende R_z und eine stoßende R_s der Reibungskraft gleichzeitig auf, die beiderseits der Wälzlinie liegen. Aus beiden ergibt sich eine resultierende Reibung R_r:

$$R_r = R_s - R_z \quad (3.48\,\mathrm{a}) \qquad \text{oder} \qquad R_r = N \, (\mu_s - \mu_z). \tag{3.48b}$$

Nach den Gln. (1.149) bilden sich Pendelerscheinungen der Achsen als Veränderung des Achsabstandes bei Geradverzahnung durch die vollen Reibungskräfte. Hier bei Schrägzähnen wirkt nur die geringe Differenzkraft R_r in diesem Sinne. Das Drehmoment M_r, das durch das Kräftepaar der beiden Kräfte R_s und R_z entsteht, wirkt drehend um die Mittelpunktslinie $O_1 O_2$ der beiden Räder. Nur die geringen Schwankungen von R_r und M_r während des Zahndurchlaufes wirken schwingungserzeugend. Da auch diese Erscheinung an jedem Zahn von neuem auftritt, ist die Frequenz der Schwingung durch Gl. (1.146) zu $60/n_1 \, z_1$ bestimmt. Besonders günstig liegen die Verhältnisse bei ganzzahligem Überdeckungsgrad [Gl. 3.22)], weil dann die Summe der Berührungslinien unveränderlich bleibt.

c) Drehschwingungen.

Die Drehschwingungen durch elastische Verformung und Herstellungsfehler sind wie bei Geradverzahnung zu berechnen. Durch den Fehlerausgleich bei dem größeren Überdeckungsgrad sind die Impulse auch hier bei den Schrägzähnen geringer.

III. Profilverschiebungen und Verzahnungssysteme.

Vermeiden der Unterschneidung, DIN-Verzahnung. Die DIN-Verzahnung begnügt sich damit, die Unterschneidung des Ritzels annähernd zu vermeiden. Hierzu sind bei Schrägzähnen geringere Profilverschiebungen $x \, m$ als bei Geradzähnen erforderlich. Dies ergibt sich schon aus den Gln. (3.08) für die Bestimmung der Grenzzähnezahlen. Der genaue Verschiebungsfaktor x ist nach diesen Gleichungen:

$$x = \xi - z/2 \cos\beta_0 \, (1 + (\cos\beta_0/\mathrm{tg}\alpha_0)^2), \tag{3.49}$$

wobei ξ für normale Zahnhöhen gleich 1 zu setzen ist.

Bei DIN-Verzahnung wird ein geringer Unterschnitt zugelassen und die Profilverschiebung, bezogen auf die Zähnezahl z_n des Normalschnittes [Gl. (3.27)], nach den Überschlagsformeln (2.59) berechnet:

$$x = (14 - z/\cos^3 \beta_0)/17 \text{ für } \alpha_0 = 20^0; \qquad x = (25 - z/\cos^3 \beta_0)/30 \text{ für } \alpha = 15^0. \tag{3.50}$$

Für kleine Zähnezahlen wird dabei ein höherer Unterschnitt als der für Geradverzahnung festgelegte Wert von $5/6 = 0{,}833$ erreicht.

Beispiel. $z = 4$; $\beta_0 = 45°$. Nach Gl. (3.49) ergibt sich für völlige Unterschnittfreiheit:

$$x = 1 - 4/2\cos 45° \, (1 + (\cos 45°/\mathrm{tg}\, 20°)^2) = 1 - 0{,}594 = 0{,}406.$$

Dagegen nach DIN nur:

$$x = (14 - 4)/\cos^3 45°/17 = (14 - 11{,}3)/17 = 0{,}159.$$

Dafür ergibt sich nach Gl. (3.49): $\xi = x + 0{,}594 = 0{,}753$, so daß also etwa 25% Unterschnitt auftritt.

L-Verzahnung. Die Gedankengänge der *L*-Verzahnung bleiben hier ebenso wichtig wie bei geraden Zähnen, zumal gerade der Zahnfuß des Ritzels bei der gegebenen Druckverteilung besonders leicht überlastet wird. Andrerseits verringert sich mit wachsendem Wälzwinkel α_{s_0} bei *O*- und *VO*-Getrieben die Länge der Eingriffsstrecke und damit die Gleitung. Für die Profilverschiebung kann man die Darstellungen für Geradverzahnung in den Abb. 2.28 und 2.34 verwenden, wenn die gedachten Zähnezahlen des Normalschnittes zugrunde gelegt werden. Im obigen Beispiel mit $z_1 = 4$, $\beta_0 = 45°$ war $z_{n\,1} = 4/\cos^3 45 = 11{,}3$; demnach ist also für diesen Wert aus Abb. 2.34 der Wert $x_1 = 0{,}55$ bei $i = 3$ herauszulesen. Für Schrägzahnräder werden besonders zweckmäßig *LVO*-Getriebe verwendet, da sie einfach zu rechnen sind und vor allem durch die negativen Verschiebungen des Rades dessen unnötige Fußstärke mäßigen.

S-Verzahnung. *S*-Verzahnung ist bei Geradzahnrädern entwickelt, da bei ihnen der Überdeckungsgrad 2 schwer zu erreichen ist. Dieser Grund fällt bei Schrägzahnrädern weg, denn ein größerer Überdeckungsgrad ist schon durch einen verhältnismäßig kleinen Winkel β zu erreichen. Demnach hat die *S*-Verzahnung hier nur geringe Bedeutung.

F-Verzahnung. *F*-Verzahnung mit gleicher Grundkreisstärke und annähernd gleichen Fußstärken von Rad und Ritzel ist auch bei Schrägzähnen wichtig. Ohne Profilverschiebung werden

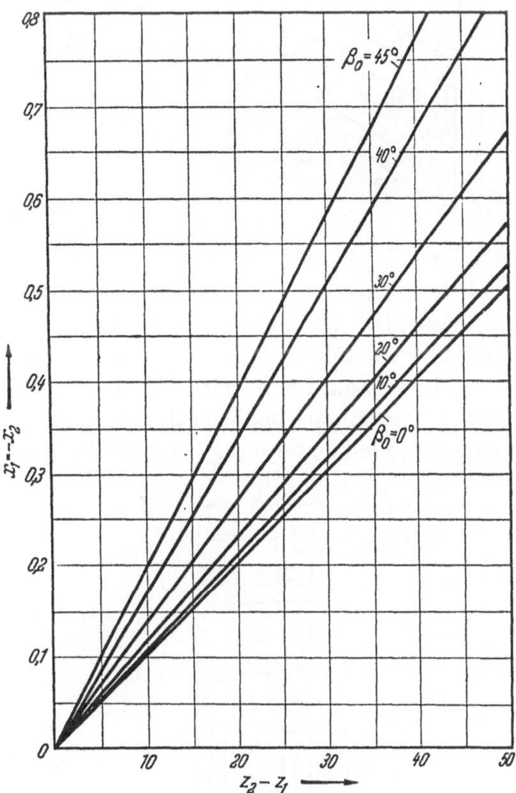

Abb. 3.20. *FVO*-Verzahnung für verschiedene Schrägungswinkel β_0 in Abhängigkeit von der Differenz der Zähnzahlen.

die Radzähne mit wachsender Zähnezahl stärker; dadurch ergeben sich bei größerer Übersetzung schwache Ritzel- und starke Radzähne. Sind die Zähne beider Räder dagegen von ähnlicher Stärke, so sind auch die elastischen Verformungen ähnlicher und die Überhöhung des Flächendruckes am Ritzelfuß wird gemildert. Zur Berechnung der *F*-Verzahnung bei Schrägzähnen bekommt Gl. (2.66) die Form

$$x_1 - x_2 = (z_2 - z_1)\,\mathrm{ev}\,\alpha_{s_0}'/2\,\mathrm{tg}\,\alpha_{s_0}. \tag{3.51}$$

Für *FVO*-Verzahnung ergibt sich damit

$$x_1 = -x_2 = (z_2 - z_1)\,\mathrm{ev}\,\alpha_{s_0}/4\,\mathrm{tg}\,\alpha_{s_0}. \tag{3.52}$$

Diese Werte x_1 sind für verschiedene Schrägungswinkel β_0 in Abhängigkeit von $(z_2 - z_1)$ aus Abb. 3.20 ablesbar.

Für *LF-Verzahnung* lassen sich die Werte von Abb. 2.37 verwenden, wenn die gedachten Zähnezahlen des Normalschnittes $z_{n\,1}$ und $z_{n\,2}$ für die Ablesung zugrunde gelegt werden. Auch hier bedingen die rasch ansteigenden negativen Werte von x_2 eine beschränkte Anwendung.

IV. Räder mit doppelt schrägen Zähnen, Pfeilzähne.

Der Axialschub der Welle, der bei einfachen Schraubenzähnen auftritt, kann durch Verwendung von doppelt schrägen Zähnen beseitigt werden. Man ordnet dann zwei Verzahnungen mit gleichem Schrägungswinkel, aber entgegengesetzter Steigungsrichtung an, so daß die axialen

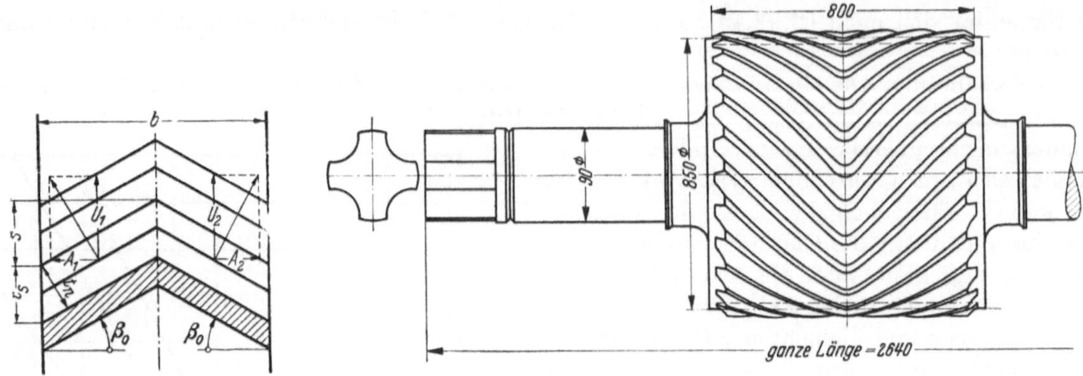

Abb. 3.21. Echte Pfeilzähne.   Abb. 3.22. Kammwalze mit echten Pfeilzähnen, $m_n = 34$, $z = 25$.

Komponenten der Zahnkraft bei der einen Verzahnung rechts, bei der anderen links gerichtet sind. Die Ausführung kann auf dreifache Weise erfolgen:

a) Der Radkranz ist einteilig und trägt am Umfang rechts- und linksgängige Schrägzähne. „Echte Pfeilzähne" bei Verzahnung ohne Zwischenlücke auf dem Radkranz (Abb. 3.21 u. 3.22). „Unechte Pfeilverzahnung" mit Zwischenlücke als Werkzeugauslauf (Abb. 3.23).

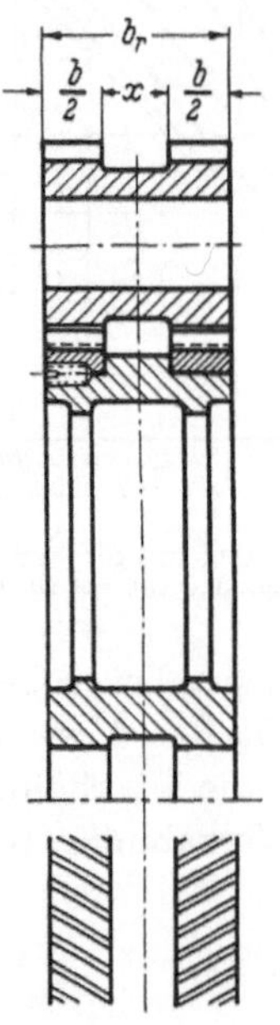

b) Der Radkranz ist zweiteilig; die Hälften stoßen in der Mitte zusammen: „Winkelzähne, Winkelräder" (Abb. 3.24, 3.28).

c) Es sind zwei getrennte Radkränze (Abb. 3.23) oder zwei getrennte Räder vorhanden.

Der Seitendruck wird nur bei gleichmäßiger Anlage beider Zahnhälften vollständig aufgehoben. Diese ist nur möglich bei genauestens spiegelbildlich gelegenen Zahnhälften und bei genauem Einbau (parallele Achsen). Meist überläßt man es dem Ritzel, sich selbst in der Pfeilverzah-

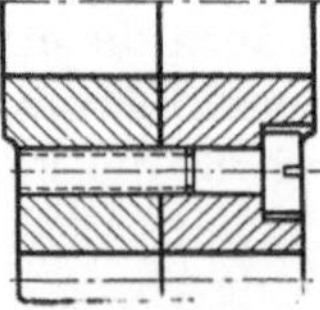

Abb. 3.23. Am Ritzel Kranz mit Mittelnut für Fräserauslauf, „Unechte Pfeilverzahnung". Am Rad zwei getrennte Radkränze.

Abb. 3.24. Winkelzähne, bei denen die Verzahnung aus einem rechts- und einem linkssteigenden Teil besteht. Jeder Teil wird für sich hergestellt. Rad mit zwei getrennten Kränzen, Ritzel insgesamt zweiteilig.

nung des Rades axial einzustellen. Nur kleine Ritzel kann man etwa durch Aufsetzen auf zwei um 180° versetzte Federn verschiebbar halten. Besser ist es jedoch, das Ritzel mit der ganzen Welle axial beweglich zu machen und eine längsverschiebliche Kupplung bei geringem axialen Spiel in den Lagern anzuordnen.

Die Pfeilzähne sind sehr widerstandsfähig, sobald die Winkelspitze in der Drehrichtung vorangeht. Die an den Stirnflächen liegenden Teile werden bei schweren Trieben durch Seitenränder (Abb. 3.27) verstärkt, insbesondere dann, wenn die Räder in beiden Drehrichtungen laufen sollen. Die Abb. 3.28a und b zeigen geteilte Kegelräder mit Pfeilverzahnung.

Die Druckverteilung wird nach Abb. 3.15 von der Zahnbreite b stark beeinflußt. Bei der geteilten Verzahnungsbreite der echten Pfeilverzahnung ist demnach der Unterschied in der Belastung wesentlich geringer. Die größere Nachgiebigkeit der Seitenteile des echten Pfeilzahnes bewirkt schließlich, daß die steifere Zahnmitte mehr an Druck übernimmt.

V. Entwurf eines Getriebes mit schrägen Zähnen.

Die meisten Gesichtspunkte für den Entwurf von Getrieben für Geradverzahnung gelten auch für schräge Zähne. So sind in beiden Fällen die gleichen *Werkstoffe* verwendbar.

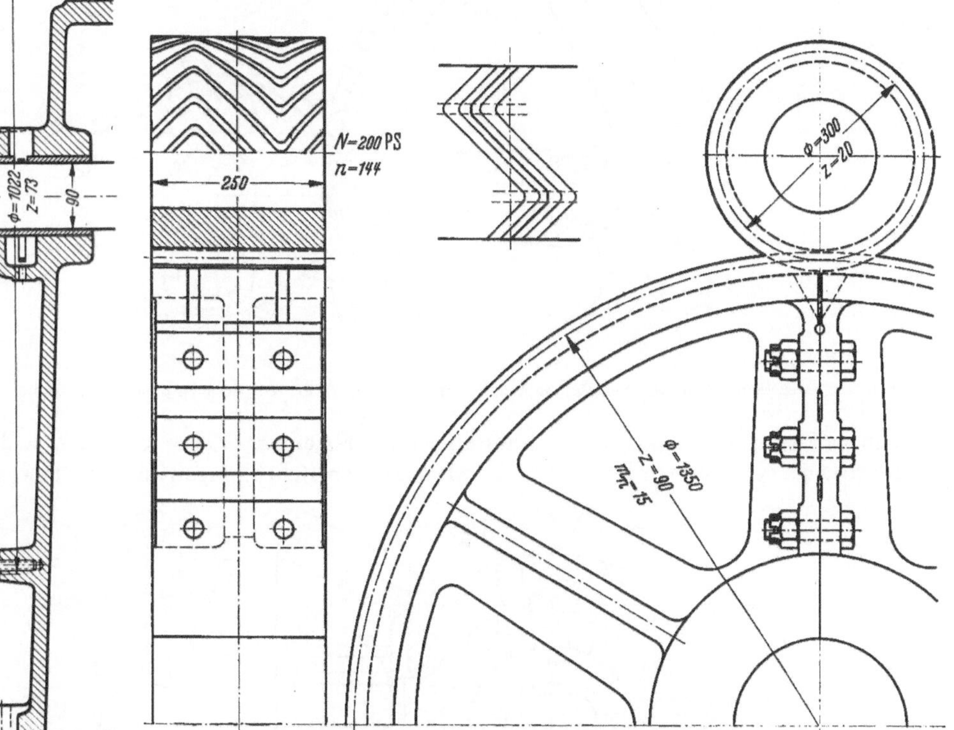

Abb. 3.25. Stirnschneckengetriebe. Untersetzung $73:5 = 14,6$; $\beta_0 \sim 70°$. Ritzel aufgesetzt, Radkranz geteilt. Nabe auf konischer Büchse.

Abb. 3.26. Räder mit Doppelwinkelzähnen für wechselnde Drehrichtung. Ritzel Stahl. Rad Stahlguß. Umfangskraft etwa 6500 kg.

Für die *Zähnezahl* bleiben hinsichtlich Platz, Übersetzung i und Lebensdauer grundsätzlich auch bei Schrägzähnen die gleichen Überlegungen erhalten. Spielt die Lebensdauer eine geringere Rolle, so sind mit wachsendem Schrägungswinkel kleinere Zähnezahlen ausführbar, z. B. sind im Fahrzeugbau Ritzel mit 5 oder sogar 4 Zähnen ausgeführt, Abb. 3.25. Hinsichtlich des Aufgehens der Zähnezahlen von Rad und Ritzel gelten dieselben Gesichtspunkte wie bei Geradverzahnung.

Die *Zahnbreite* wird wie bei Geradverzahnung gewählt, soweit die Lagerbedingungen maßgebend sind. Allerdings ist gleichzeitig der Schrägungswinkel nach dem folgenden Absatz zu beachten.

Die *Zahnschräge* β_0 ergibt bei genügender Größe die eigentlichen Vorzüge der Schrägverzahnung. Besondere Bedeutung für Belastung und Schwingungen hat nach den entwickelten Gedanken die ganzzahlige Sprungüberdeckung. Danach ist die Schräge in Abhängigkeit von der Breite b zu bemessen. Abb. 3.08 stellt den Zusammenhang dar; die Mindestwerte von β_t er-

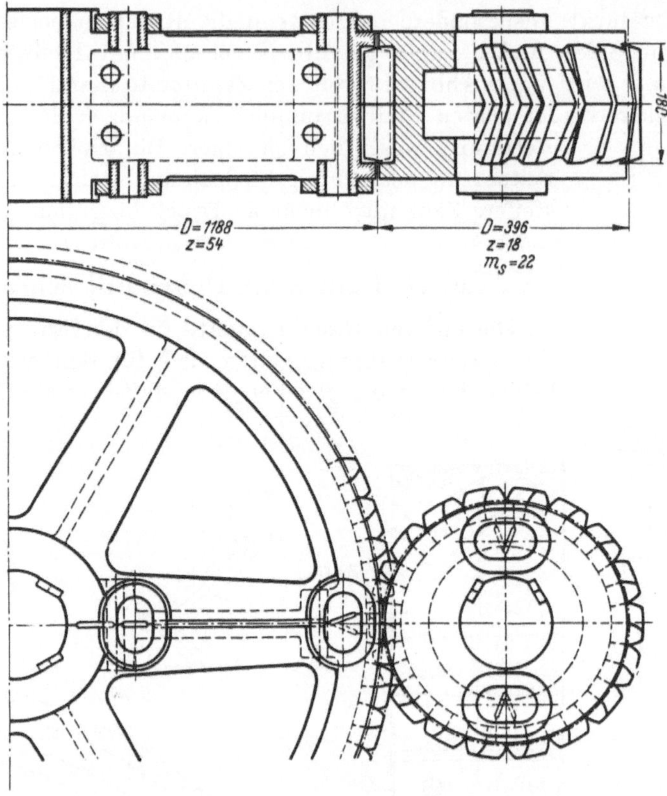

Abb. 3.27. Gegossene Pfeilräder, Verzahnung außen durch Rand verstärkt. Körper nach dem Guß gesprengt. Schrumpfringe.

geben sich für $\varepsilon_s = 1$, also für schmale Räder mit Breitenfaktor $c_b = 6$ wird $\beta_t = 31°$, bei breiten Rädern mit $c_b = 30$ wird $\beta_t = 6°$. Wählt man den Schrägungswinkel β_0 unter diesen Grenz-

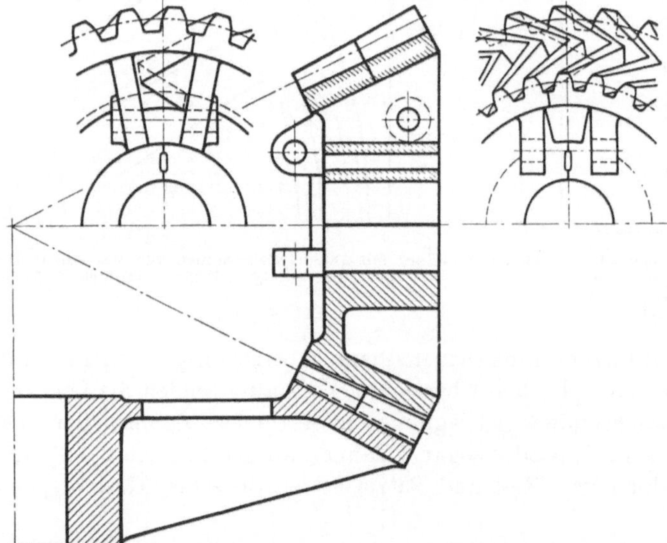

Abb. 3.28a. Geteiltes Kegelrad, Fuge folgt der pfeilförmigen Lücke, Radkörper unterhalb der Fuge ausgenommen.

werten von β_t, so nähern sich die Eigenschaften einer solchen Verzahnung rasch denen der Geradverzahnung. Für „Ballenträger" in der Zahnbreite ist die tatsächlich tragende Breite des Ballens bei der Wahl der Schräge β_t zugrunde zu legen. Bei breiteren Rädern lassen sich mit Werten von ε_s über 2 bei entsprechenden Größen von β die Verzahnungseigenschaften verbessern. Bei Turbinengetrieben mit großen Zähnezahlen wird ein Überdeckungsgrad von $\varepsilon_g = 5$ angestrebt. Große Schrägungswinkel sind auch bei Rädern wünschenswert, die durch *Läppen* ihre Endbearbeitung erfahren. Ein Ausgleich unvermeidlicher Herstellungsfehler, insbesondere auch von Härteverzügen, durch Läppen erfolgt um so besser auf einen richtigen Mittelwert, je höher der Überdeckungsgrad ist. Große Schrägen ergeben allerdings als Nachteil bei ein-

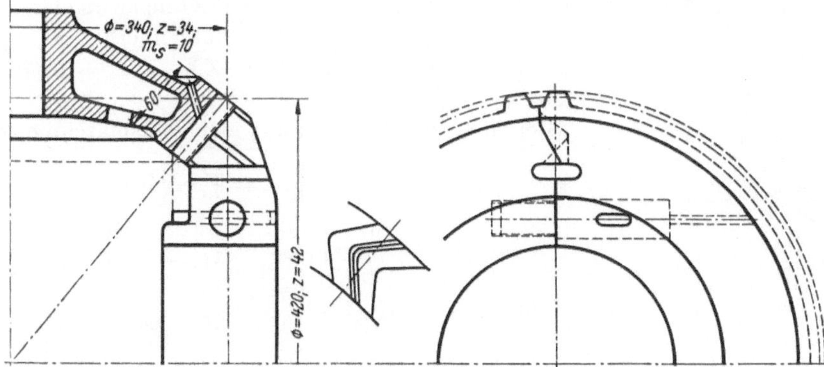

Abb. 3.28 b. Geteiltes Kegelrad, Teilfuge in der Mitte und an den Enden abgeflacht.

fachen Schrägzähnen hohe Axialschübe. Bei stationären Getrieben mittlerer Größe bietet die Aufnahme des Längsdruckes durch Wälzlager und Gehäuse meist keine Schwierigkeiten. Für große Kräfte können doppelt schräge Räder (Pfeilverzahnung) verwendet werden, dadurch fallen die Längsbelastungen vollkommen weg.

Im allgemeinen kommt man bei langsam laufenden Getrieben mit Schrägungswinkel bis zu 15° aus, bei hochbeanspruchten Verzahnungen mit einfacher Schräge wird der Schrägungswinkel 20° bis 30°, bei doppelt schrägen Zähnen bis 45° verwendet.

VI. Die Herstellung der Stirnräder mit schrägen Zähnen.

Die Bearbeitungsverfahren der Geradzahnräder können sinngemäß auf die Bearbeitung von Schrägzähnen übertragen werden. Man findet also auch hier Form- und Wälzverfahren, wie sie in Bd. I dargestellt sind.

1. Formverfahren.

a) Formfräsen.

Das Formfräsen kann mit Scheiben- oder mit Fingerfräser erfolgen.

Die Bearbeitung mit *Scheibenfräser* (Modulfräser, Abb. 2.40) entspricht dem Verfahren der Geradverzahnung. Das Werkzeug ist nach dem Normalmodul bestimmt und wird für die Zähnezahl des Normalschnittes $z_n = z/\cos^3\beta_0$ profiliert.

Das Verfahren wird auf der Universalfräsmaschine ausgeführt und entspricht dem „Spirale Fräsen" mit Teilkopf [2.03]. Der Aufspanntisch der Fräsmaschine, der

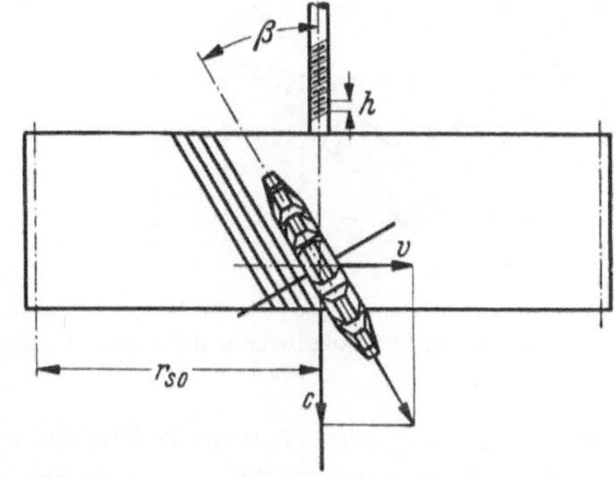

Abb. 3.29. Formfräsen eines schrägverzahnten Rades mit Scheibenfräser auf einer Universalfräsmaschine mit Teilkopf.

auf der Teilkopfachse das Rad aufnimmt, wird nach Abb. 3.29 unter dem Winkel β_0 eingeschwenkt. Ist v die Umfangsgeschwindigkeit des Rades im Teilkreis und c die Vorschubgeschwindigkeit des Frästisches, so muß tg$\beta = v/c$ sein. Die Vorschubgeschwindigkeit wird durch die Steighöhe h [mm] der Frässpindel bestimmt und für eine Umlaufzahl n_s [Uml/min] der letzteren ergibt sich $c = h\,n_s$. Die Umlaufzahl der Tischspindel wird über die wählbaren Wechselräder w_1 bis w_4 mit dem

Übersetzungsverhältnis i_z und dem festen Verhältnis der Teilkopfschnecke i_s — gewöhnlich 40 — auf das Werkstück übertragen, man erhält somit $v = n_s\, i_z\, d_\theta\, \pi / i_s = n_s\, i_z\, m_n\, z\, \pi / (40 \cdot \cos\beta_0)$. Aus diesen Beziehungen ergibt sich:

$$v/c = \operatorname{tg}\beta_0 = n_s\, i_z\, m_n\, z_1\, \pi / (40 \cdot \cos\beta_0 \cdot h \cdot n_s)$$

folglich:

$$i_z = \frac{20 \cdot 7 \cdot h \cdot \sin\beta_0}{11\, m_n\, z_1}. \tag{3.53}$$

Es wird also für diese Art der Herstellung zweckmäßig ein Schrägungswinkel β_0 verwendet, bei dem der sin ein glattes Zahlenverhältnis ergibt.

Zum Beispiel der Tafel XX. $z_1/z_2 = 12/36$; $m_n = 3$; $\sin\beta_0 = 1/4$; $\beta_0 = 14°29'$, Steighöhe der Tischspindel der Fräsmaschine $h = 5$ mm.

$$i_{s1} = \frac{20 \cdot 7 \cdot 5 \cdot 1/4}{11 \cdot 3 \cdot 12} = \frac{25}{36} \cdot \frac{35}{55},$$

$$i_{s2} = \frac{20 \cdot 7 \cdot 5 \cdot 1/4}{11 \cdot 3 \cdot 36} = \frac{5}{33} \cdot \frac{35}{36} = \frac{20}{66} \cdot \frac{35}{72}$$

$$\text{oder} \quad i_{s2} = i_{s1} \frac{z_1}{z_2} = \frac{25}{36} \cdot \frac{7}{11} \cdot \frac{12}{36} = \frac{20}{66} \cdot \frac{35}{72}.$$

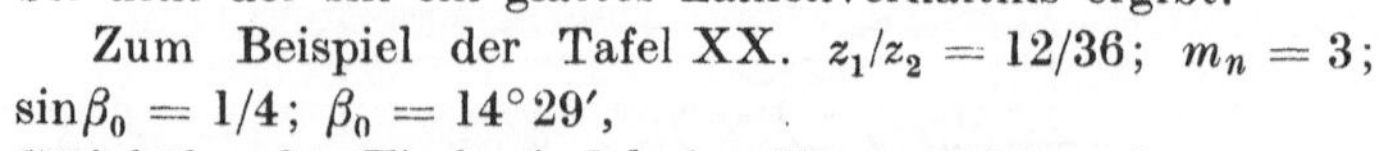

Abb. 3.30. Formfräsen mit Fingerfräser.

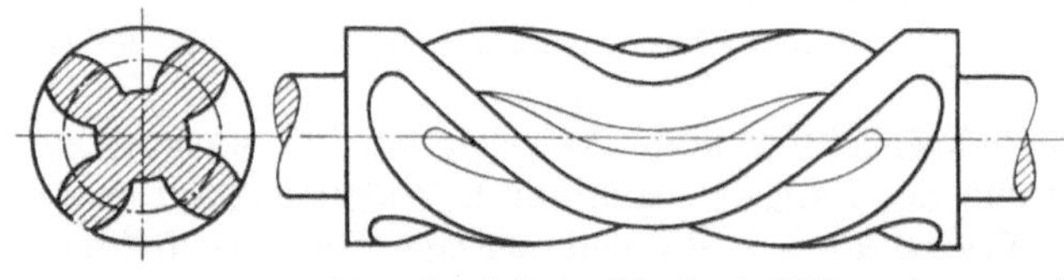

Abb. 3.31. Durch Fingerfräser bearbeitetes Ritzel mit Pfeilverzahnung, Seitenrand zur Verstärkung.

Eins der treibenden Räder des Zählers wird auf die Tischspindel gesetzt. Sichere Übereinstimmung von β_0 bei beiden Rädern erhält man bei Berechnung von i_{z2} aus i_{z1}.

Das Verfahren ist mit Ungenauigkeiten verbunden. Zunächst entspricht das Fräserprofil nur angenähert dem Normalschnitt der Zahnflanken. Dann schneidet ein Scheibenfräser nicht

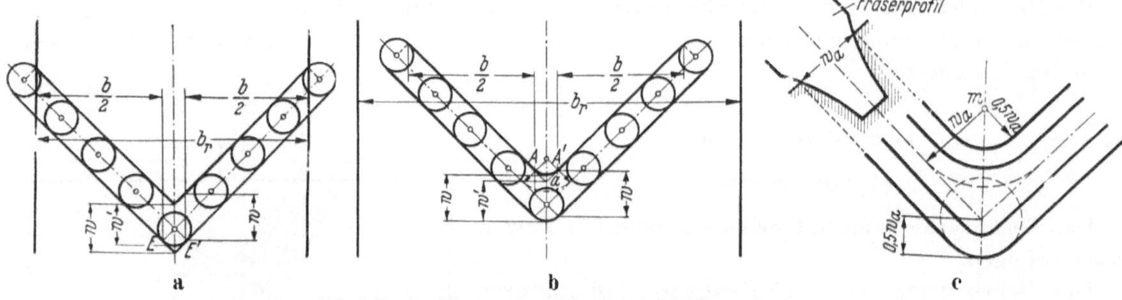

Abb. 3.32. Ausführung der Pfeilspitze bei Pfeilverzahnung.
a) Verringerte Umfangslücke w der Spitze. b) Beseitigung der scharfen Zahnecke an der Spitze. c) Abrundung der Spitze.

seine eigene Form in eine Schraubennut ein, sondern setzt Kopf und Fuß des geschnittenen Profils etwas zurück (siehe Schneckenherstellung). Diese Fehler werden mit wachsendem Fräserdurchmesser und Steigungswinkel größer. Es müßte also für jede Zähnezahl und jeden Schrägungswinkel ein besonderes Fräserprofil verwendet werden.

Sinngemäß läßt sich an Stelle des Scheibenfräsers bei gleichen Bewegungen des Werkstückes auch ein Form-Hobelstahl mit hin und her gehender Hobelbewegung verwenden.

Fingerfräser werden für große Teilungen verwendet, sie erhalten ein Profil, das dem Normalschnitt der Zahnlücke entspricht. Das Hauptverwendungsgebiet der Fingerfräser ist das Schneiden echter Pfeilverzahnungen. Die Zahnlücke wird hierbei in einem Schnitt über die ganze

Breite ausgearbeitet. Erreicht der Fräser die Mitte des Zahnes (Pfeilspitze), so wird das Rad nach der entgegengesetzten Richtung gedreht (Abb. 3.30), so daß die zweite Hälfte den entgegengesetzten Schraubenverlauf erhält. Man braucht den Fräser an den Enden nicht auslaufen zu lassen, man erhält dann die Stirnenden verstärkt. Außendurchmesser der Verstärkung = Kopfkreisdurchmesser oder bei Verstärkung beider Räder = Teilkreisdurchmesser (Abb. 3.31).

Die Zahnlücke wird in der Pfeilspitze vom Fingerfräser nicht genügend weit ausgeschnitten (Abb. 3.32a). Im Bereiche EE' der Berührungspunkte verbleibt eine Umfangslückenweite w', die kleiner ist als die Weite w des eigentlichen Schraubenverlaufes. Daher ist eine Nachbearbeitung erforderlich. Dabei wird entweder die Abrundung EE' (Abb. 3.32a) so weit ausgenommen, daß eine scharfe, einspringende Winkelecke e übrigbleibt, oder es wird in der Gegenseite die scharfe Zahnecke a (Abb. 3.32b) beseitigt. Da in der einspringenden Ecke die Kopfkante des Zahnes die größte Rundung aufweist (Abb. 3.32c), so muß die scharfe Winkelspitze von einem Mittelpunkt M aus abgerundet werden, der von den beiden Wegen der Fräsermitte um die äußere Lückenweite w_a absteht. Man kann auch die Innenwinkelspitze ·tiefer einfräsen, die Spitze des Gegenzahnes liegt dann frei.

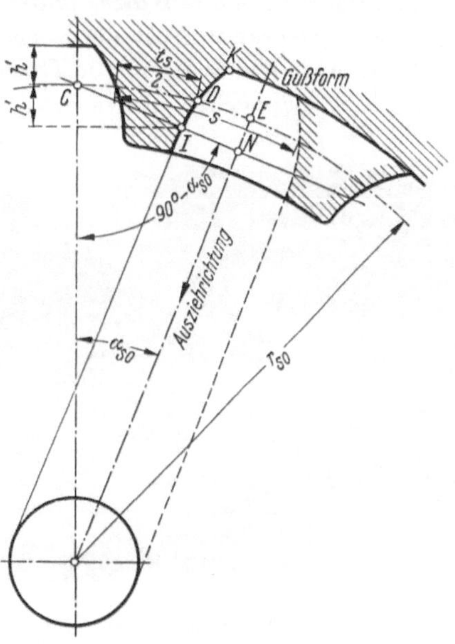

Abb. 3.33. Einformen des Pfeilzahnes.

b) Herstellung gegossener Pfeilzähne.

Für langsam laufende, schwere Antriebe mit Stoßwirkung werden Räder aus Gußeisen oder Stahlguß mit unbearbeiteten, gegossenen Zähnen ausgeführt. Die Zahnbreite wird $b = 10$ bis $12{,}5\,m_n$, ausnahmsweise bis $15\,m_n$, und die Profilform so gewählt, daß der Normalschnitt des Zahnes den Abmessungen von roh gegossenen Stirnzähnen entspricht. Die Ausführungen zeigen Schrägungswinkel von $\beta_0 = 25°$ bis $35°$, damit sich ein Sprung bis zur Größe von $1{,}4\,t_s$ ergibt.

Bei roh gegossenen Zähnen ist die Größe des ausführbaren Sprunges sowie auch die Ausgestaltung des Fußanschlusses an den Radboden abhängig von der Möglichkeit, das Modell für das Einformen der Zahnlücken nach innen radial herausziehen zu können; es läßt sich nämlich jede Zahnlücke nur einzeln einformen. Die Verhältnisse liegen beim kleineren Rade ungünstiger; dieses Rad bestimmt daher die mögliche Sprunggröße. Das Evolventenprofil muß nach innen mindestens so weit rein ausgegossen sein, wie der Eingriff reicht. Von dieser Stelle kann das Profil in tangentialer Richtung bis zum Radboden geführt werden, ohne eine Störung des Eingriffs zu veranlassen. Radiale Fußansätze sind unausführbar, weil sie das Herausnehmen des Modells hindern. Um sicherzugehen, gestaltet man das Evolventenprofil zweckmäßig so weit aus, wie es ein Zahnstangeneingriff notwendig macht. Dem entspricht in Abb. 3.33 eine Profillänge IK bei der Zahnkopfhöhe h'_k. Über I hinaus kann nun das Profil in der Tangente weitergeführt werden. Im äußersten Falle läßt sich die radiale Ausziehrichtung des Modells parallel zu diesem Tangentenanschluß halten; sie fällt dann in die Richtung der aus dem Radmittelpunkt gezogenen Senkrechten EN auf die Eingriffsgerade. Da die radiale Ausziehrichtung in die Mitte der Schraubenzahnlücke verlegt wird, so erhält man durch eine zu EN symmetrische Übertragung der Lücke die Größe des ausführbaren Sprunges s. Rechnerisch bestimmt er sich nach Abb. 3.33 aus $s = t/2 + 2\,\widehat{DE}$. Nun ist

$$\widehat{DE} = \widehat{CE} - \widehat{CD} = \widehat{CE} - CI/\cos\alpha_{s0} = r_{s0}\,\alpha_{s0} - h'_k/\sin\alpha_{s0}\cos\alpha_{s0}.$$

Die Einführung der Zähnezahl z ergibt schließlich:

$$s/t = 1/2 + z\,\alpha^0_{s0}/180 - 2\,\xi/\pi\,\sin\alpha_{s0}. \tag{3.56}$$

Bei einer Zahnhöhe von 0,8 m_n ist $\xi = 0,8$, dann muß nach obiger Formel für $s = t$ bei $\alpha_{s_0} = 22°$ die Zähnezahl wenigstens 16 betragen.

Die Fußtiefe wird gleich m_n gewählt und die Zahnstärke im Teilkreis 0,46 t_s.

2. Wälzverfahren.

Die Vorteile der Wälzverfahren für die Herstellung hinsichtlich Wirtschaftlichkeit und Genauigkeit gelten bei Schrägzähnen ebenso wie bei geraden Zähnen.

a) Spanloses Wälzverfahren.

Ein reines *spanloses Wälzverfahren* zur Herstellung von schrägverzahnten Rädern ist das Pee-Wee-Walzen. Aus dem Walzen von Gewinde entwickelt, lassen sich Schnecken und schrägverzahnte Räder

Abb. 3.34 Pee-Wee-Wälzverfahren als spanloses Wälzverfahren zur Herstellung von schrägverzahnten Rädern. (Werkfoto Pee-Wee, Berlin).

Abb. 3.35. Hobeln einer Schrägverzahnung mit schrägverzahntem Kammstahl für beschränkten Werkzeugauslauf am Werkstück. (Maag, Zürich.)

mit großem Schrägungswinkel in die üblichen Verzahnungswerkstoffe walzen. Unter einem Walzdruck der Gewinderollen (Abb. 3.34) von mehreren Tonnen werden Verzahnungen mit Schrägungswinkel über 70° bei Modul 1,75 und über 30° bei Modul 0,6 vollkommen fertig hergestellt. Im letzteren Falle wird die Wälzzeit für 80 Zähne mit 15 sek angegeben. Dabei wirkt sich die Kaltverfestigung auf der Oberfläche günstig aus. Nach Abb. 3.34 tragen die beiden Gewinderollen das gewünschte Profil der Verzahnung im Sinne eines Erzeugungsrades. Besonders vorteilhaft ist das Durchlaufverfahren, bei dem eine lange Stange verzahnt wird und hinterher die Radbreiten abgeschnitten werden (siehe auch Abb. 4.05).

Abb. 3.36. Schneidrad für Schrägverzahnung. Mit „Treppenscharfschliff" (Werkfoto Lorenz AG., Ettlingen).

b) Wälzhobeln.

Alle sonst gebräuchlichen Wälzverfahren zerspanen die Zahnlücke.

Das Hobeln von Schrägverzahnungen kann auf denselben Maschinen und mit demselben *Kammstahl* als Werkzeug erfolgen wie bei der Herstellung von geraden Zähnen. Der Kopf der Maschine mit dem geraden Kammstahl wird in Richtung des Schrägungswinkels β_0 eingeschwenkt. Mit einem Werkzeug lassen sich also alle Zähnezahlen und alle Schrägungswinkel eines bestimmten Normalmoduls schneiden. Bei dieser Art des Hobelns wächst allerdings der Auslauf, den der Kammstahl am Ende braucht, mit der Größe des Schrägungswinkels. Ist der Auslauf durch die Form des Werkstückes oder durch doppelte Schrägverzahnung beschränkt, so muß ein Kammstahl mit schräger Verzahnung, passend für die jeweilige Zahnschräge des Rades, verwendet werden (Abb. 3.35).

Weniger allgemein ist das Wälzhobeln mit *Schneidrad*. Dieses muß als Gegenrad zum Werkstück den Schrägungswinkel β_0 in umgekehrter Schrägungsrichtung tragen, ist also nur für *einen* Winkel verwendbar (Abb. 3.36). Das Schneidrad wird parallel zur Werkstückachse wie beim Hobeln von Geradverzahnungen geführt. Deshalb ist eine zusätzliche Drehung des Schneidrades in der schraubenförmigen Zahnlücke erforderlich. Hierfür sind Führungsbuchsen mit schraubenförmigem Schlitz in Richtung β_0 bei der Stoßmaschine vorgesehen, die also für jeden Winkel ausgewechselt werden müssen. Demnach ist das Schneidrad für Schrägverzahnungen nur bei größeren Serien wirtschaftlich oder nur dann, wenn man sich auf wenige bestimmte Winkel β_0 beschränkt. Um trotz der Schräge der Schneidzähne keinen negativen Spanwinkel zu erhalten, wird durch „Treppenscharfschliff" die Spanfläche senkrecht zur Zahn-

Abb. 3.37. Schneidrad mit ebener Stirnfläche und Hohlkehle der stumpfen Fase an der spitzen Schneidkante „Sykes-Schliff". Zugehöriger Führungsbolzen zum Schrägschnitt.

schräge gelegt (Abb. 3.36) oder (Abb. 3.37) auf der stumpfen Seite eine Hohlkehle angeschliffen.

Da die Hobelverfahren praktisch keinen Werkzeugauslauf brauchen, wenn die Werkzeuge mit schrägen Schneidzähnen ausgeführt sind, sind diese Verfahren besonders geeignet zur Herstellung *echter* Pfeilverzahnungen. Man kann mit zwei Kammstählen arbeiten, die unter Winkel β_0 gegen die Pfeilspitze von links und rechts hobeln. Mit zwei Schneidrädern, von denen das eine links-, das andere rechtssteigend verzahnt ist, arbeitet die Lorenz-Sykes-Maschine (Abb. 3.38) [2.12]. Auch hier erhalten die Schneidräder eine Drehung entsprechend der Steigung und werden abwechselnd durch je eine Zahnhälfte hindurchgestoßen. Während das eine Schneidrad nach vollzogenem Schnitt unter leichtem Abheben aus der Zahnlücke axial herausgezogen wird, führt das andere Schneidrad auf der entgegengesetzten Radhälfte den Arbeitsgang aus und bleibt genau in der Winkelspitze stehen. Da zwei aufeinanderfolgende, in entgegengesetzten Richtungen unternommene Schnitte genau auf der gleichen Stelle enden, so wird auch ohne Auslauf eine richtige Pfeilspitze gebildet. Bei Beginn der Arbeit werden die Schneidräder dem Werkstück radial allmählich genähert, bis die volle Zahntiefe erreicht ist. Die Wälzung erfordert eine Drehung von Schneidrad und Werkstück im Verhältnis der beiderseitigen Zähnezahlen.

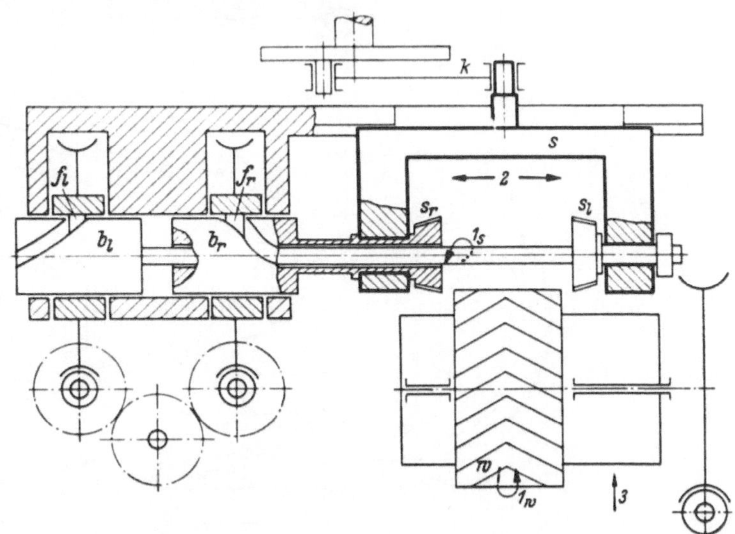

Abb. 3.38. Schema der Pfeilradhobelmaschine nach LORENZ-SYKES. Je ein rechts- und ein linkssteigendes Schneidrad hobeln die beiden Verzahnungen.
b_l Büchse für linkssteigendes Schneidrad s_l, die durch Gleiten in der Schraubennut in dem axial festliegenden Stift f während der Schneidbewegung 2 die Zusatzdrehung für die Schrägverzahnung erzeugt. — b_r Entsprechende Büchse für rechtssteigendes Schneidrad s_r. — s Werkzeugschlitten mit Antrieb durch Kurbel k zur Erzeugung der Schneidbewegung 2. — w Werkstück mit Zustellung 3. — 1_s Wälzbewegung der Schneidräder; 1_w Wälzbewegung des Werkstückes.

Eine leistungsfähige Wälzstoßmaschine für Räder bis 2 m Durchmesser zeigt Abb. 3.39. Es wird mit zwei Schneidrädern gearbeitet, die hydraulisch mit gleichbleibender Schnittgeschwindigkeit bewegt werden. Es können unter Aufteilung des Spanes beide Werkzeuge schruppen; es kann aber auch Schruppen und Schlichten gleichzeitig erfolgen, indem die Werkzeuge wechselweise schneiden, d. h., das eine schneidet, während das andere zurückläuft. Die Drehung des Tisches kann wahlweise durch einen Stirnradkranz oder durch ein Schneckenrad erfolgen. Dabei ist das letztere vorwiegend für das Schlichten der Verzahnung zu verwenden.

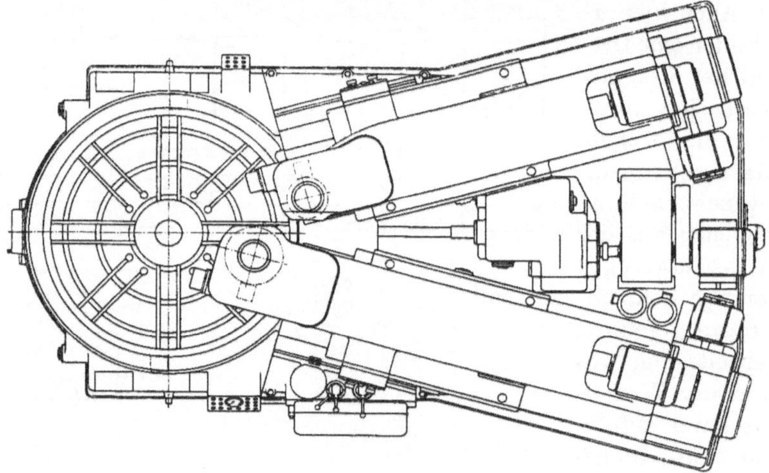

Abb. 3.39. Walzstoßmaschine für Räder bis 2000 und Modul 15 (Werkfoto Schieß AG.).

c) Wälzschleifen.

Das Schleifen von Schrägzahnrädern beruht auf den gleichen kinematischen Zusammenhängen wie das Schleifen von Geradverzahnungen. Deshalb lassen sich dafür auch die gleichen Maschinen verwenden, wenn der Schleifkopf in Richtung des Schrägungswinkels β_0 eingeschwenkt wird (siehe auch Abb. 3.48).

d) Wälzfräsen.

Wegen seiner Vielseitigkeit und Wirtschaftlichkeit gehört das Wälzfräsen zu den verbreitetsten Verfahren. Man kann Schneckenräder und Stirnräder jeder Verzahnungsschräge damit bearbeiten. Kinematisch beruht das Verfahren auf dem Lauf von Schnecke und Schneckenrad (Abb. 3.40). Die Schnecke wird als Wälzfräser ausgebildet, indem durch Nuten einzelne Schneidzähne gebildet werden und diese durch Hinterdrehung oder Hinterschleifen einen radialen Freiwinkel von etwa $10°$ erhalten (Abb. 3.41 a). Die Nuten liegen senkrecht zum Gewindegang. Die Spanwinkel sind infolgedessen an den Flanken null, ebenso ist beim Fertigfräser auch radial der Spanwinkel null.

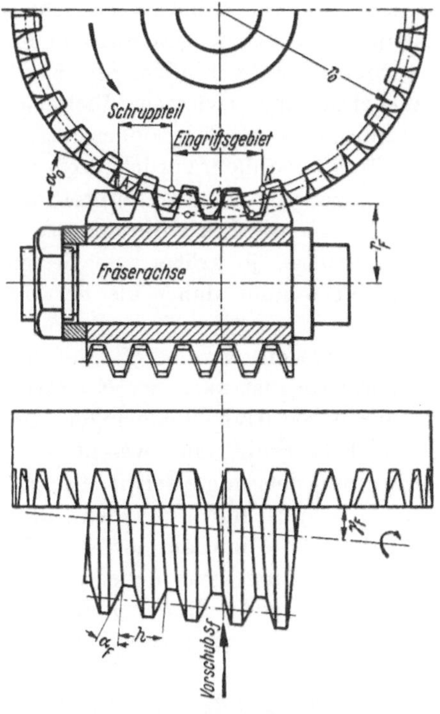

Abb. 3.40a. Wälzfräser und Werkstück kämmen wie Schnecke und Schneckenrad Fräserzähne schruppen nach dem Durchdringungspunkt A im Schruppteil die Lücke und wälzen im Eingriffsgebiet die richtige Flankenform aus.

Abb. 3.40b. In kinematischer Umkehrung schneidet das Schneidrad eine Schnecke (Werkfoto Lorenz).

In ausreichender Annäherung entspricht das Schneidprofil eines Wälzfräsers seiner Form und Bewegung nach einem Zahnstangenprofil, das aus dem Normalschnitt der Schnecke im Halbmesser r_F, der in der Profilmitte ohne Kopfspiel liegt, hervorgeht. (Näheres siehe unter Evolventenschnecke.) Der Normalschnitt ist zum Achsschnitt der Schnecke im Steigungswinkel ε_F des Gewindes geneigt. Die Eingriffsebene schneidet diese beiden Schnittebenen (Abb. 3.40 u. 3.41 b) in den Eingriffswinkeln α_0 der Radzähne und α_F des

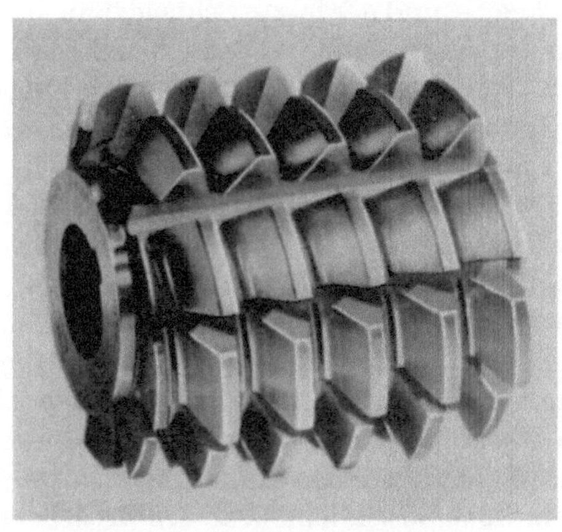

Abb. 3.41a. Wälzfräser (Schneckenfräser).

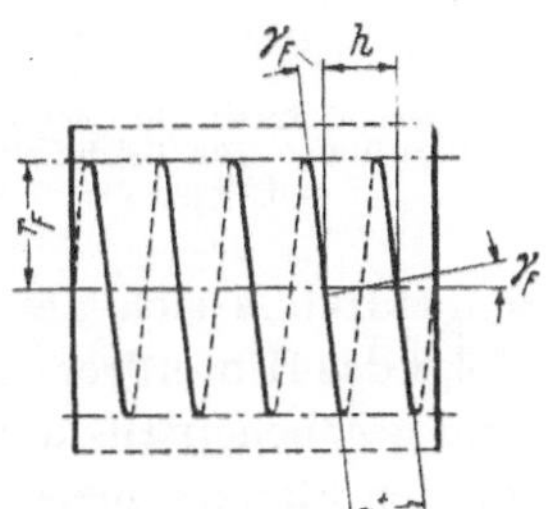

Abb. 3.41b. Mittlere Schraubenlinie des Fräsers.

Schneckenprofils, bestimmt durch

$$\operatorname{tg}\alpha_0 = \operatorname{tg}\alpha_F \cos\varepsilon_F. \tag{3.57}$$

Zwischen der Teilung t_n des geschnittenen Rades und der Ganghöhe h der eingängigen FräsSchnecke (Abb. 3.41) besteht die Beziehung $t_n = h \cos\varepsilon_F$. Eine Umformung dieser Gleichung durch Einführen von $\operatorname{tg}\varepsilon_F = h/2\,r_F\pi$ führt zu:

$$m_n = t_n/\pi = 2\,r_F \sin\varepsilon_F. \tag{3.58}$$

Beim Fertigfräsen wird die Fräserachse so angestellt, daß die volle Zahntiefe erreicht wird.

Volle Übereinstimmung mit dem genauen Evolventenprofil zeigt die geschnittene Flanke nur am Teilkreis, während die weiteren Flankenteile zurücktreten, vor allem am Kopf des Radzahnes. Bis zu einem gewissen Grade ist diese Kopfzurücksetzung erwünscht. Vielfach wird sogar der Fräserzahnfuß m noch besonders verstärkt, um die Radzahnköpfe noch mehr zurückzusetzen. Die Abweichungen vom genauen Evolventenprofil werden um so größer, je kleiner die Fräserdurchmesser sind, oder, besser ausgedrückt, je größer die Steigungswinkel sind. Man verwendet daher als Fertigfräser nur eingängige Fräser.

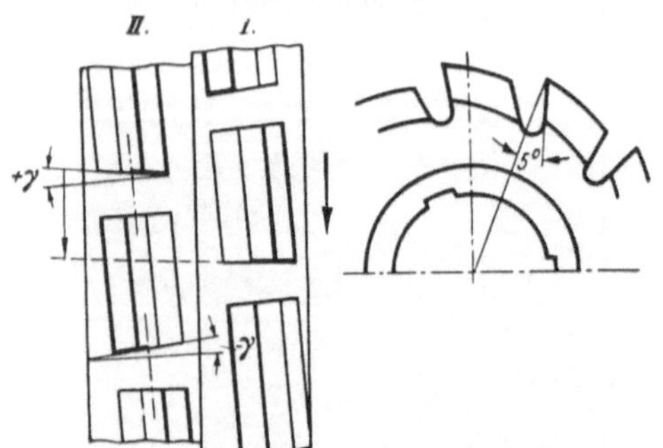

Abb. 3.42. Vorwälzfräser mit Wechselschnitt und positivem Spanwinkel an den Flanken (W. Ferd. Klingelnberg Söhne, Remscheid, nach Gedanken des Verfassers).

Schruppfräser hingegen werden oft mehrgängig ausgeführt. Bei Vorfräsern ist nach der Konstruktion der Abb. 3.42 durch positive Spanwinkel an den Flanken und am Fräserkopf eine wesentliche Erhöhung der Zerspanungsleistung erreicht. Die Fräserzähne sind mit Wechselschnitt versehen, d. h., es schneidet einmal die rechte und am nächsten Fräserzahn die linke Flanke. Durch Aufteilung des Fräsers in mehrere Ringe, von denen jeder einen neuen Anschnitt erhält, kann für jede Richtung der Spanfläche eine Stellung der Fräserzähne eingestellt werden, die das Scharfschleifen auf normalen Schleifmaschinen an der Schneidbrust ermöglicht.

Die Wälzfräser zum Fertigschneiden sind so lang ausgeführt, daß auf der vorderen Eingriffsseite der Anschnitt in der Zahnlücke allmählich beginnt und auf der Gegenseite die Flanken voll ausgewälzt werden; diese Bedingungen sind erfüllt, wenn der erste Schneidzahn außerhalb des Radumfanges liegt (Abb. 3.40) oder wenn die ersten Fräserzähne einen kegeligen Anschnitt erhalten (Abb. 1.39) — namentlich für Verzahnungen mit großer Schräge — und der letzte Schneidzahn außerhalb der Eingriffslinie (Punkt K in Abb. 3.40) steht [2.11]. Vorfräser können kürzer bleiben, Fertigfräser reichen dann verkürzt aus, wenn die Lücken vorgeschruppt sind.

Zur Herstellung der Fräser werden die Gewinde mit einem Scheibenfräser gefräst, dann werden mit einem Winkelfräser die Spannuten senkrecht zu den Schraubengängen eingefräst, so daß die Brustflächen der ent-

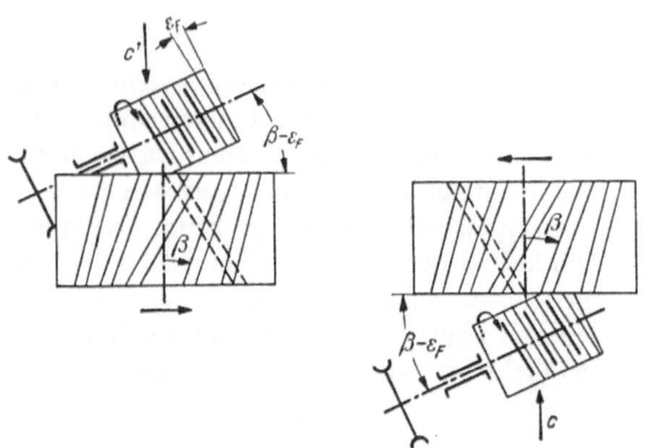

Abb. 3.43. Rechtssteigender Fräser für rechtssteigendes Rad eingeschwenkt. Vorschubrichtung c für Gleichlauffräsen, c' für Gegenlauffräsen.

stehenden Schneidzähne sich als Schraubenflächen mit radialer Erzeugender ausbilden. Anschließend erfolgt das Hinterdrehen. Vor oder nach dem Hinterdrehen wird der Fräser spannungsfrei geglüht und gegebenenfalls dann fertig hinterdreht. Nach dem Härten und Anlassen werden Fertigfräser an den Flanken meist mit Fingerstein geschliffen und schließlich an den Brustflächen scharf geschliffen. Es ist nicht zu vermeiden, daß bei späterem Nachschärfen der Fräserdurchmesser kleiner und entsprechend der Steigungswinkel größer wird. Je größer die Fräserdurchmesser gehalten werden, desto geringer werden diese Abweichungen.

Vielfach werden „Schneidstollen" aus hochwertigstem Schnellstahl in Stahlkörper eingesetzt. Dadurch wird an hochwertigem Werkstoff gespart, und das Einsetzen kann so erfolgen, daß die zeitraubende Hinterdreharbeit wegfällt.

Zur Bearbeitung des Werkstückes wird der Fräser unter dem Winkel γ eingeschwenkt, so daß seine mittlere Schraubenlinie an der Schnittstelle in die Richtung der Zahnschräge β_0 fällt.

Bei dem Steigungswinkel ε_F des Fräsers ergibt sich für gleichen Steigungssim von Rad und Fräser — also beide entweder rechts-

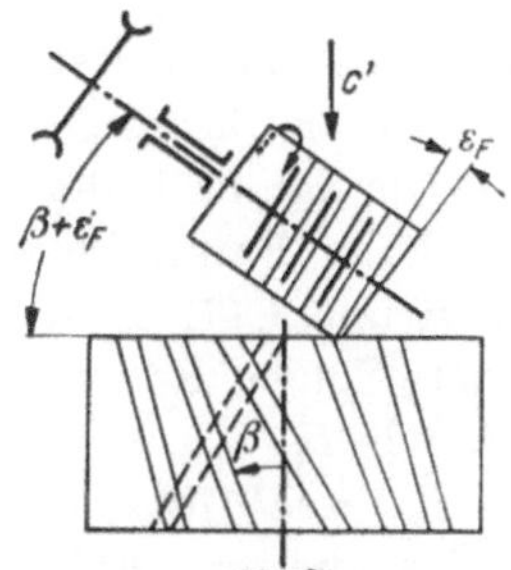

Abb. 3.44. Rechtssteigender Fräser schneidet linkssteigendes Rad im Gegenlauf.

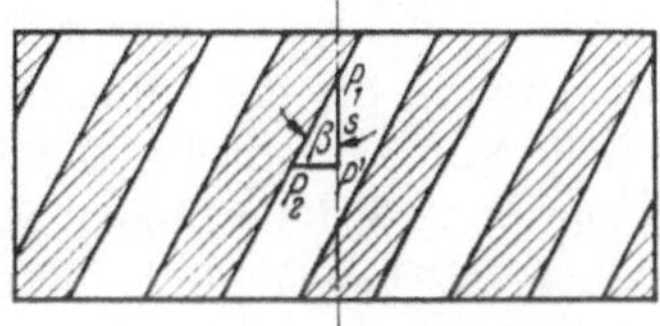

Abb. 3.45. Zusatzbewegung beim Fräsen schräger Zähne. Vorschub der Maschine $P_1 P' = s$ [mm/Uml]. Wirksam $P_1 P_2 = s/\cos \beta$.

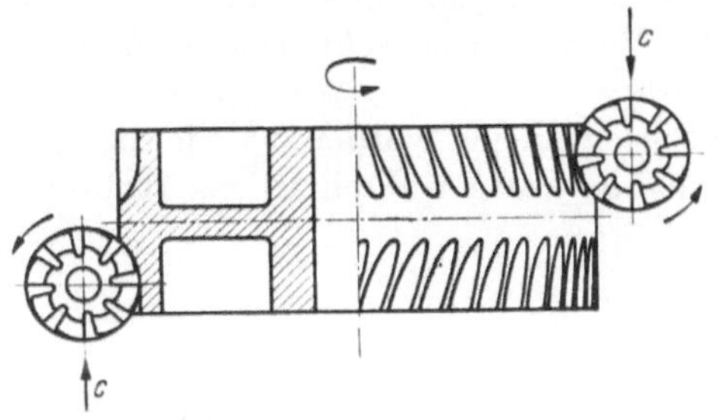

Abb. 3.46. Verfahren von C. Wüst, Verzahnungen um $\tfrac{1}{2} t$ gegeneinander versetzt.

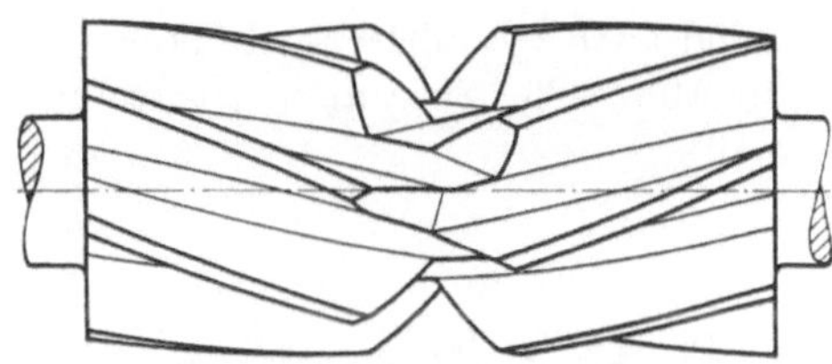

Abb. 3.47. Ritzel mit 7 Zähnen nach Wüst, ausgedrehte Mittelnut und abgerundete Zahnecken.

oder linksgängig — für den Schwenkwinkel $\gamma = \beta_0 - \varepsilon_F$ (Abb. 3.43). Bei ungleichem Steigungssinn wird $\gamma = \beta_0 + \varepsilon_F$ (Abb. 3.44). Hinsichtlich der Vorschubrichtung ist hier wie bei allen Fräsarbeiten Fräsen im Gegenlauf nach Pfeilrichtung c' in Abb. 3.43 oder im Gleichlauf nach Pfeilrichtung c. Bei allen neueren Maschinen ermöglicht der spielfreie Tisch- und Fräserantrieb auch das letztere. Man kann beim Anschneiden die Schneidzeiten verbessern, wenn man in radialer Richtung der Zahnlücke anschneidet (Tauchfräsen). Hierbei wird gleichzeitig bei unechten Pfeilrädern der „Auslauf" des Fräsers verringert. Ein neuerdings von der Firma Pfauter entwickeltes Fräsverfahren ist das „Diagonal"-Fräsen: Neben dem achsparallelen Vorschub des Wälzfräsers am Werkstück wird stets noch eine tangentiale Komponente hinzugefügt. Das Verfahren bietet Vorteile hinsichtlich der Standzeit der Werkzeuge und der Oberflächengüte der geschnittenen Zahnflanken [2.30].

Beim Fräsen geradverzahnter Räder ist nur eine Werkstückdrehung erforderlich, die im Verhältnis Gangzahl des Fräsers zur Zähnezahl des Rades zu bemessen ist. Beim Schneiden von Schraubenzähnen ist jedoch eine weitere Drehbewegung erforderlich. Durch den zur Radachse parallelen Vorschub käme (Abb. 3.45) ein schneidender Fräserzahn, z. B. aus der Stellung P_1 in die Stellung P',

Abb. 3.48. Schleifverfahren von Reishauer, Zürich. Als Schnecke abgezogene Schleifscheibe beim Schleifen von Stirnrädern.

er soll jedoch an der Radflanke bleiben, also nach P_2 gelangen. Hierzu kann entweder der Rohling eine zusätzliche Drehung $P_2 P'$ ausführen, die in dem gezeichneten Beispiel von der Wälzdrehung

abzuziehen wäre, oder der Wälzfräser muß in seiner Verschraubung entsprechend beschleunigt
werden. In den Maschinen wird die Überlagerung der beiden Bewegungen durch Kegelräder-
umlaufgetriebe (Differential) bewirkt.

Unechte Pfeilräder können nach einem Sonderverfahren von WÜST bearbeitet werden. Die
links- und rechtssteigenden Zahnteile werden gleichzeitig mit zwei Wälzfräsern geschnitten, die
sich mit gleicher Vorschubgeschwindigkeit der Radmitte nähern. Die Zahnteile der beiden Rad-
hälften sind um die halbe Stirnteilung gegeneinander versetzt. Jeder Fräser schneidet in der
Radmitte etwas in die gegenüberliegende Radhälfte ein (Abb. 3.46 und 3.47). In der Mitte wird
eine schmale Nut ausgedreht, die Zahnecken werden abgerundet. Solche Räder erhalten eine
Zahnschräge $\beta_0 = 33°$ bei einer Nutenbreite von $t_n/(2\,\mathrm{tg}\,\beta_0) = 1{,}18\,t_n$.

Den kinematischen Grundlagen des Wälzfräsens entspricht das *Wälzschleifen* nach REISHAUER,
Zürich (Abb. 3.48). Die Schleifscheibe ist als Schnecke ausgebildet. Ihr im Vergleich zur Frässchnecke großer Durchmesser ergibt praktisch eine fehlerlose Evolventenform der geschliffenen
Flanken. Kopfzurücknahme der geschliffenen Flanken kann durch Einstellung des Abzieh-
diamanten in gewünschter Größe erreicht werden. Das Verfahren ist sehr leistungsfähig.

Das *Schaben* der Zahnräder siehe unter Schraubenräder.

Es sind auch zylindrische Radkörper mit *Bogenzähnen* versehen worden, so wie die Kegelräder in Abb. 3.83. Aber diese Herstellungsverfahren haben keine wirtschaftliche Verbreitung
gefunden.

B. Schrägzahnkegelräder (Spiralkegelräder).

I. Allgemeines.

Die bei den Stirnrädern auftretenden Vorteile schräger Zähne kommen auch bei Kegelrädern
voll zur Geltung, indem dadurch die Zähne allmählich zum Ein- und Austritt kommen. Man
erzielt leichter ruhigen Gang, selbst bei kleinen Ritzelzähnezahlen. Während jedoch bei den
gebräuchlichen Schrägzahn-Stirnrädern der Schrägungswinkel β über die Zahnbreite konstant
ist, verändert Winkel β sich bei den Spiralkegelrädern üblicher Ausführung. (Kurven nach
logarithmischen Spiralen, bei denen β konstant wäre, sind in handelsüblichen Verfahren nicht
verwendet.) Dadurch werden die Schwierigkeiten der Berechnung und der räumlichen Betrachtung, die Kegelräder ohnehin erfordern, gesteigert.

Die bei den Stirnrädern für die Erzeugung zugrunde gelegte Zahnstange, die als Planrad
mit unendlich großem Durchmesser gelten kann, geht bei Kegelrädern in das Planrad (Zahn-
scheibe) mit endlichem Krümmungshalbmesser über (Abb. 3.49). Dieses ist im allgemeinen nur
eine gedachte Größe, ein wirklicher Planradtrieb ist in Abb. 2.01 dargestellt. Schematisch zeigt
Abb. 3.50 und 3.51 die z. B. rechten Flankenlinien L der Planverzahnung, die auf dem Wälzkegel des Kegelrades die zugehörigen Flankenlinien L' einwälzen. Wie bei schrägverzahnten
Stirnrädern ergeben rechtssteigende Flanken des treibenden Ritzels linkssteigende Flanken am
getriebenen Rade oder umgekehrt. Wenn nur *eine* Drehrichtung des Getriebes verlangt ist, wird
der Steigungssinn zweckmäßig so gewählt, daß die axiale Komponente des Zahndruckes nach
außen, also von der Spitze weg, gerichtet ist, da sich sonst das Ritzel leicht in die meist keil-
förmige Lücke hereinzieht und klemmt. *Kinematisch können zwei starr gedachte Kegelräder nur
dann zueinander passen, wenn auch die zugehörigen Planräder, wie Form und Abguß, zueinander
passen.* Für die Zähnezahl z_p des Erzeugungsplanrades gilt

$$z_p = z_2/\sin\delta_2. \tag{3.59}$$

Für einen beliebigen Punkt A auf einer als Kurve (Abb. 3.52) gegebenen Flankenlinie

$$r = f(\varphi) \tag{3.60}$$

bestehen folgende Beziehungen (Bezeichnungen nach Abb. 3.50 u. 3.51):

1. *Wälzgeschwindigkeit* $\omega_1 r = \omega_p r_{pA}$; $r = r_{pA} \sin\delta_1$, daher:

$$\omega_p = \omega_1 \sin\delta_1. \tag{3.61}$$

2. *Der Schrägungswinkel* β ist die momentane Richtung der Flankenlinie L gegen die Kreistangente und entsteht kinematisch aus der radialen Bewegung OC mit der momentanen Geschwindigkeit c und einer Drehbewegung mit der momentanen Umfangsgeschwindigkeit v.

$$\mathrm{tg}\,\beta = v/c = r\,\omega_p/c. \tag{3.62}$$

Mathematisch bestimmen sich diese Zusammenhänge am einfachsten aus der Polargleichung der vorliegenden Flankenlinie, indem die radiale Bewegung der Zunahme dr des radius vektor r und die Drehbewegung der Zunahme $d\varphi$ des Phasenwinkels φ entspricht. Nach mathematischen Regeln ist Winkel β aus der ersten Ableitung der Kurvengleichung bestimmt.

$$\mathrm{tg}\,\beta = r\,d\varphi/dr. \tag{3.63}$$

3. *Radbreite* b ist wie bei geradverzahnten Kegelrädern aus dem Normalmodul bis 10 m_n

$$b \leqq 10\,m_n \tag{3.64}$$

oder als Bruchteil des äußeren Planradhalbmessers r_p bestimmt, indem der „Völligkeitsgrad"

$$b/r_p \leqq 1/2{,}5 \text{ bis } 1/3 \tag{3.65}$$

gesetzt wird.

4. *Neben der Stirnteilung* $t_s = m_s\,\pi$ ist auch der „Planteilwinkel" τ_p, τ in Abb. 3.52a, eingeführt.

$$\tau_p = 360/z_p \text{ bzw. } \hat{\tau}_p = 2\,\pi/z_p = t_s/r_p. \tag{3.66}$$

5. *Für die Planradzähnezahl* $z_p = z_1/\sin\delta_1$ bleibt die Gl. (2.03b) bestehen.

6. Neben dem Sprung s_p auf dem Außenhalbmesser r_p des Planrades ist vielfach der Sprungwinkel σ_p gebräuchlich. Für die Sprungüberdeckung ε_s erhält man, wenn der äußere und innere Phasenwinkel in der Polargleichung (Abb. 3.52c) der Flankenkurve mit φ_a bzw. φ_i bezeichnet werden:

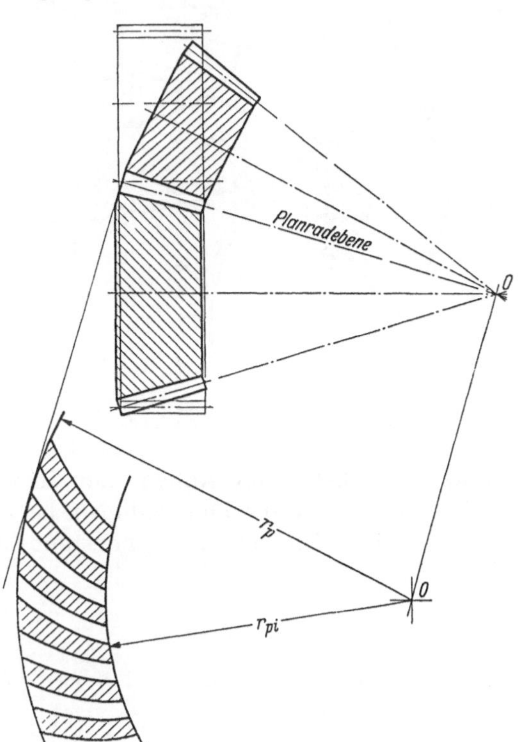

Abb. 3.49. Kegelradpaar mit Erzeugungsplanrad.

$$\varepsilon_s = s_p/t_s = r_p\,\sigma_p/t_s = r_p(\hat{\varphi}_a - \hat{\varphi}_i)\cos\beta_a/m_n\,\pi. \tag{3.67}$$

7. *Der für die Bearbeitung maßgebende Normalschnitt* liegt senkrecht zur Mitte der Zahnlücke als der von der Mitte des Erzeugungszahnes zurückgelegten Bahn. Hier ist die Normalteilung t_n, der Eingriffswinkel $\alpha_n = \alpha_0$ und die Lückenweite $w_n = w\cos\beta$ (Abb. 3.52c). Auf dem Ergänzungskegel gilt im Sinne von Gl. (2.10a) $r'_{01} = r_{01}/\cos\delta_1 = r_p\,\mathrm{tg}\,\delta_1$ und somit nach Gl. (3.26):

$$r_{n1} = r_p\,\mathrm{tg}\,\delta_1/\cos^2\beta = r_{01}/\cos\delta_1\,\mathrm{cc\varepsilon}^2\beta. \tag{3.68}$$

Es bleiben die Beziehungen der Gl. (3.01a) $\mathrm{tg}\,\alpha = \mathrm{tg}\,\alpha_n/\cos\beta$ und der Gl. (3.00a) $t_s = t_n/\cos\beta$.

8. *Zähnezahlen.* Die Ersatzverzahnung des Kegelrades behält auch hier die Zähnezahl $z'_1 = z_1/\cos\delta_1$ nach Gl. (2.10a). Die Zähnezahl z_n für den Normalschnitt ergibt sich nach Gl. (3.27) bzw. (3.68):

$$z_{n1} = z'_1/\cos^3\beta = z_1/\cos\delta_1\cos^3\beta. \tag{3.69}$$

Diese Zähnezahlen z_{n1} und z_{n2} sind für die Verzahnungseigenschaften maßgebend. Aus der Grenzzähnezahl z_g für unterschnittfreie Geradzahnstirnräder nach Gl. (1.55) oder für DIN-Verzahnung nach den Gln. (2.59) ergibt sich nach Gl. (3.69) hierfür die ausführbare Mindestzähnezahl z_{min}, wobei der kleinste Schrägungswinkel β_{min} zugrunde zu legen ist.

$$z_{1\,min} = z_{1g}/\cos\delta_1 \cos^3\beta_{min} \qquad (3.70)$$

Bei einzelnen Verfahren sind allerdings noch andere Umstände für die Größe von z_{min} zu beachten, bedingt durch die Flankenkrümmung in Richtung der Zahnbreite.

9. *Zahnhöhe.* Das Verzahnungsbild bleibt geometrisch nur ähnlich bei unveränderlichem

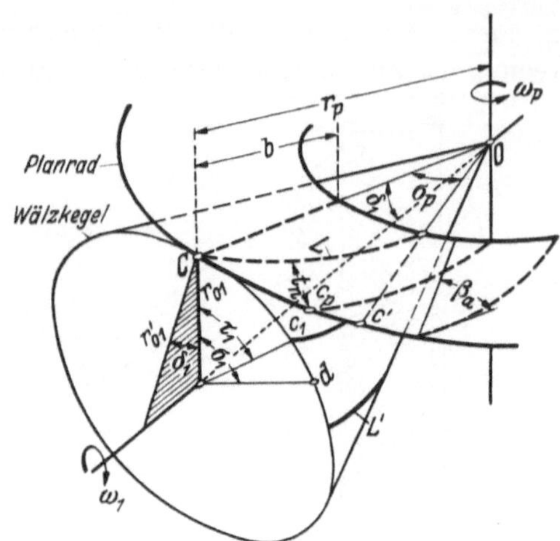

Abb. 3.50. Planrad als Scheibe und Wälzkegel. Bogen $CC_p = CC_1 =$ Stirnteilung.

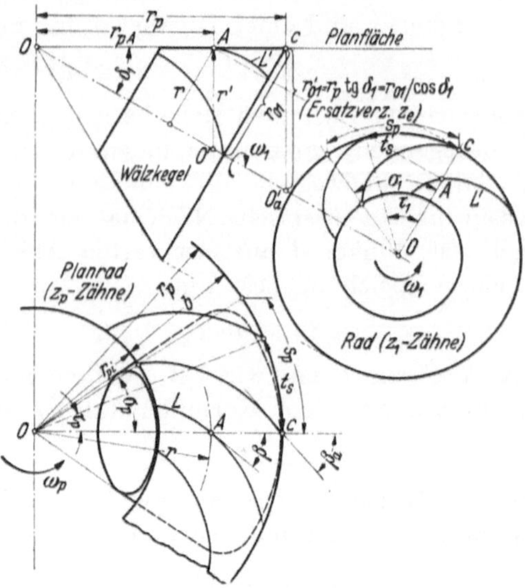

Abb. 3.51. Verlauf der Flankenlinien allgemeiner Form auf den Wälzflächen von Plan- und Kegelrad.

Schrägungswinkel β vom Außen- zum Innendurchmesser, d. h. nur bei Verwendung logarithmischer Spiralen für die Flankenlinien, bei denen bekanntlich der Winkel zwischen dem radius vektor und der Kurvenrichtung konstant ist. Zahnhöhe h, Stirnteilung t_s und Lückenweite s_s

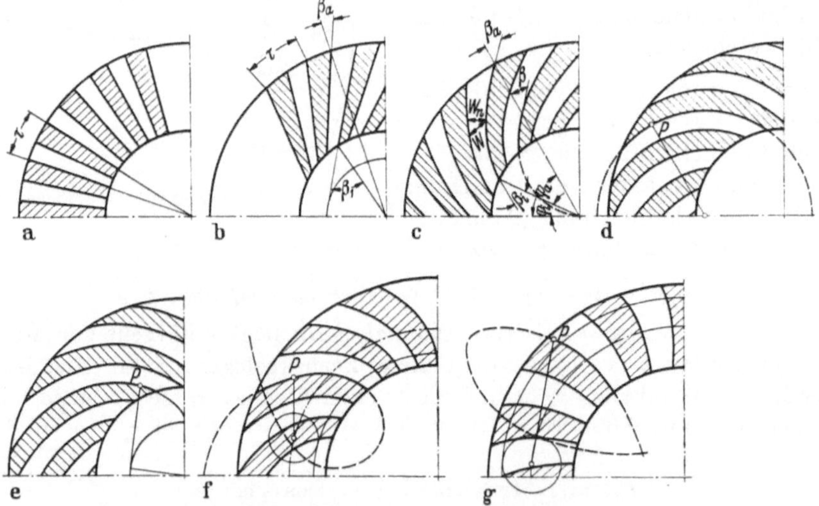

Abb. 3.52. Gebräuchliche Flankenlinien im Planrad für Kegelräder.

a) Geradzähne. b) Tangentenzähne. c) Zahnbogen nach Archimedischer Spirale. d) Kreisbogenverzahnung, Gleason. e) Evolventenzähne, Grundlage der Palloidverzahnung von Klingelnberg. f) Epizykloidzähne, Eloidverzahnung nach Oerlikon. g) Hypozykloidzähne.
b) und c) rechtssteigend, d) bis g) linkssteigend.

verjüngen sich dann proportional zum Planradhalbmesser r_p. Dann bestehen im Sinne der Gleichung $h_k = m(x + z_g/\sin^2\alpha_0)$ zu Abb. 1.48 (Bd. 1) für die größtmögliche Kopfhöhe h_k der geraden Werkzeugschneide die Beziehung

$$h_k = z'/2 \cdot m_s \sin^2\alpha_s. \qquad (3.71)$$

Im allgemeinen ist jedoch Winkel β über die Kranzbreite des Rades veränderlich. Bei den einzelnen Verfahren werden von den Herstellern Angaben über die Rad- und Ritzelzähne gemacht, die insbesondere ein ausreichendes Kopfspiel der Zähne ergeben und auch die Profilverschiebung mit enthalten. Bei Tangentenzähnen und Kreisbogenzähnen sind die Zahnhöhen nach innen vermindert (verjüngte Zähne), bei Evolventenzähnen (Palloidverzahnung) und teilweise bei Zykloidzähnen (Eloidverzahnung) sind die Zahnhöhen gleichbleibend, Teil-, Kopf- und Fußkegel sind dann also gleich groß.

10. *Kräfte an Spiralkegelrädern.* Die statische Umfangskraft U_s wird aus der Leistung bzw. dem Nutzdrehmoment nach den Gln. (1.80) und (1.81) bestimmt. Für die dynamische Umfangskraft U_d muß mangels anderer Unterlagen auch hier Gl. (3.35) verwendet werden. Die Zahnkraft $N/\cos\alpha_b$ — angreifend in der Mitte der Kranzbreite — senkrecht zur Flankenrichtung ergibt in der Planradebene die Zahnkraft N und die radiale Kraft $N\,\mathrm{tg}\,\alpha_b$ (Abb. 3.53, $\varDelta\,1$) senk-

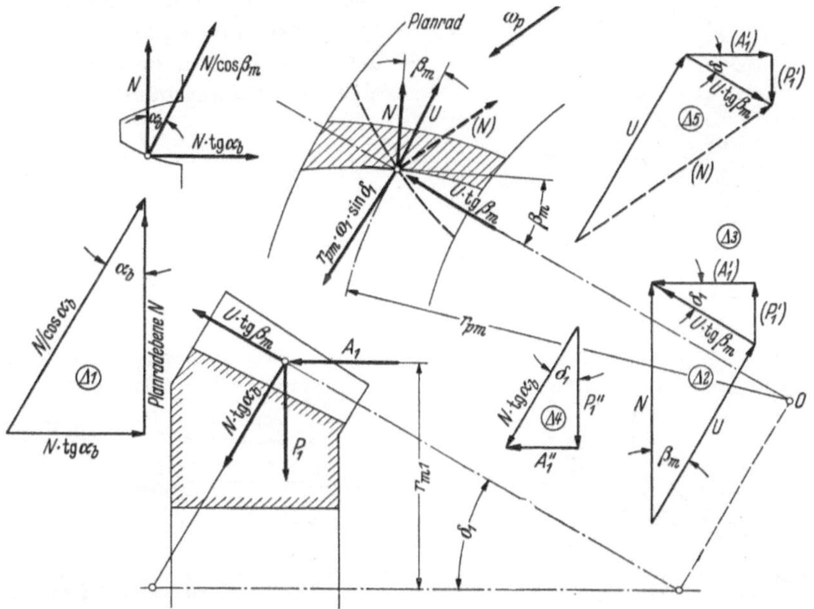

Abb. 3.53. Kräfteplan bei Schrägzahn- und Spiralkegelrädern. Dargestellt sind die Kräfte, die auf ein linkssteigendes Ritzel bei Drehung im Gegenzeigersinne wirken. Axialschub A wirkt als Druck auf das Gehäuse. Meist gebrauchte Anordnung beim Hinterachsantrieb der Kraftwagen. Gestrichelt die Zahnkraft N für die andere Drehrichtung (Zeigersinn) auf der erhabenen Flanke.

recht dazu; die Kraft N kann in der Planradebene in die tangentiale Komponente U und die radiale $U\,\mathrm{tg}\,\beta_m$ zerlegt werden ($\varDelta\,2$). Die letztere wirkt in der Kegelmantellinie des betrachteten Ritzels und zerlegt sich in die radiale Komponente $P_1' = U\,\mathrm{tg}\,\beta_m \sin\delta_1$ und senkrecht dazu in Achsrichtung in die Komponente $A_1' = U\,\mathrm{tg}\,\beta_m \cos\delta_1$ ($\varDelta\,3$). Senkrecht zur Planradebene und gleichzeitig senkrecht zur Kegelmantellinie entstand ($\varDelta\,1$) aus $N/\cos\alpha_b$ die Komponente $N\,\mathrm{tg}\,\alpha_b = U\,\mathrm{tg}\,\alpha_b/\cos\beta_m$. Zerlegt man in $\varDelta\,4$ diese Kraft in die radiale und axiale Komponente P_1'' bzw. A_1'') und fügt die radiale und axiale Komponente von $U\,\mathrm{tg}\,\beta_m$, nämlich P_1' und A_1', hinzu, so erhält man aus den Kräftedreiecken für den Ritzelachsdruck $A_1 = A_1'' + A_1'$ und die radiale Querkraft des Ritzels $P_1 = P'' - P'$ bei *Übereinstimmung* von Drehrichtung und Spiralsteigung ($\varDelta\,2$ in Abb. 3.53):

$$A_1 = U\,(\mathrm{tg}\,\alpha_b \sin\delta_1/\cos\beta_m + \mathrm{tg}\,\beta_m \cos\delta_1), \qquad (3.72)$$

$$P_1 = U\,(\mathrm{tg}\,\alpha_b \cos\delta_1/\cos\beta_m - \mathrm{tg}\,\beta_m \sin\delta_1). \qquad (3.73)$$

Wie zu erwarten, steigt der Axialschub mit wachsender Schräge β_m. Positives Vorzeichen bedeutet für A_1 die Richtung von der Kegelspitze weg. Bei rechtwinkligen Achsen wird die Querkraft P_1 des Ritzels zum Axialschub A_2 des Rades und entsprechend wird A_1 zur Querkraft P_2 am Rade; bei schiefen Achsen muß A_2 und P_2 aus den Gln. (3.74) durch Einsetzen von Radkegelwinkel δ_2 berechnet werden. In der anderen Drehrichtung des Ritzels wirkt die erhabene Flanke treibend, in den Gln. (3.74) ist dann β_m mit negativem Vorzeichen einzusetzen; zeichnerisch ergibt sich aus der gestrichelt gezeichneten Zahnkraft N in $\Delta 5$ die Komponente $U \operatorname{tg}\beta_m$ in umgekehrter Richtung.

Bei der Berechnung der Auflagedrücke muß neben den Querkräften P auch das Moment $A r_{m1}$ wie bei Geradzahnkegelrädern $U_K \operatorname{tg}\alpha_b \sin\delta_1 \cdot d_m/2$ berücksichtigt werden

II. Herstellung und Eigenschaften eingeführter Spiralkegelräder.

1. Formverfahren.

Archimedische Spiralen als Flankenlinien im Planrad werden mit einem *Form*-Fingerfräser hergestellt. Die Flankenlinie am Kegelrad ist eine konische Schraubenlinie. Sie entsteht (Abb. 3.54 und 3.55) aus einer geradlinig gegen die Kegelspitze fortschreitenden Werkzeugbewegung mit der gleichbleibenden Geschwindigkeit c und einer Drehbewegung des Werkstückes mit un-

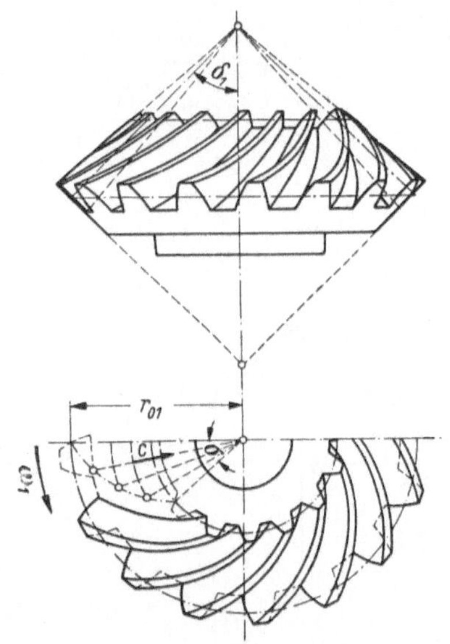

Abb. 3.54. Spiralkegelrad mit Archimedischen Spiralen als Flankenlinien.

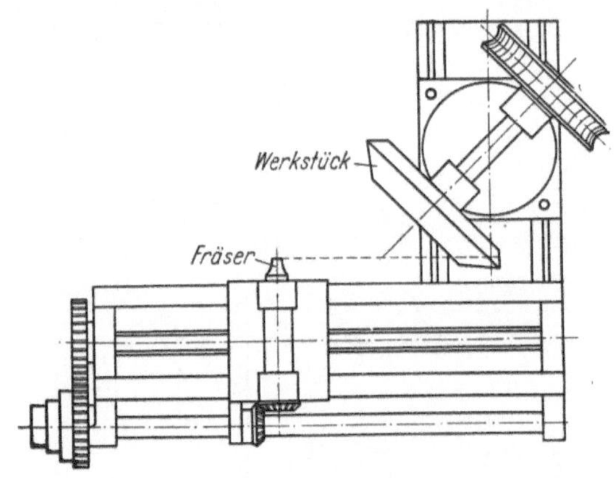

Abb. 3.55. Bearbeitung des Spiralkegelrades nach Abb. 3.54 mit Form-Fingerfräser.

veränderlicher Winkelgeschwindigkeit ω. Nach Rücklauf des Werkzeuges wird um eine Teilung weitergeschaltet. Das Profil des Fingerfräsers stimmt mit dem Normalschnitt der Zahnlücke im Punkte P_i überein. Die Eigenschaften des Fingerfräsers sind bereits zu Abb. 3.30 erläutert.

Aus der mathematischen Kurvengleichung der Archimedischen Spirale $r = a\varphi$ bestimmt sich der Schrägungswinkel β nach Gl. (3.64) zu $\operatorname{tg}\beta = r/a$ und nach Gl. (3.63) aus der kinematischen Beziehung

$$\operatorname{tg}\beta = r\,\omega_p/c = \hat\varphi. \tag{3.74}$$

Aus beiden Beziehungen ergibt sich $a = c/\omega_p$ und somit die Kurvengleichung

$$r = c\,\varphi/\omega_p. \tag{3.75}$$

Nach Gl. (3.74) ist der Wert $r\operatorname{tg}\beta$ konstant, demnach wächst der Spiralwinkel β nach außen zu. Wie bei Geradzahnkegelrädern läßt man die Zahnhöhe nach außen linear vom Mittelpunkt aus zunehmen. Da aber der Fingerfräser an allen Stellen mit gleichem Profil arbeitet, ist eine genau proportionale Abnahme der Lückenweite nicht zu erreichen, sondern man muß sich mit Annäherungen begnügen.

Der Fräser schneidet aus der Teilkegelfläche eine Lücke aus, deren Stirnweite s nicht proportional mit der Entfernung r von der Kegelspitze zunimmt. In Abb. 3.56 ist der Verlauf der Lückenweite dargestellt, zu jeder Entfernung r ist die zugehörige Stirnlückenweite s als Ordinate eingetragen. Wünschenswert ist ein proportionaler Verlauf, der durch eine aus O gezogene Gerade ausgedrückt ist. Wenn diese Gerade die Kurve der Lückenweite in der Kranzmitte berührt, dann erreicht man bestens die erstrebte Proportionalität.

Da der Fräser parallel zum Zahnfuß geführt wird, kommt in der Entfernung $(r + dr)$ ein Fräserdurchmesser $(s_n + ds_n)$ mit der Teilkegelfläche zum Schnitt, der um den Betrag $h'_f/r \cdot dr$ vom ursprünglichen Fräserquerschnitt absteht (h'_f Fußhöhe der Zahnmitte). Da die Evolventenflanke senkrecht auf der Eingriffsgeraden steht, folgt $ds_n = 2\,\mathrm{tg}\,\alpha_n\,h'_f\,dr/r$. Nach Gl. (3.74) ist $dr/d\beta = c/\omega_p \cos^2\beta = r\,\mathrm{ctg}\,\beta/\cos^2\beta = r/\sin\beta\,\cos\beta$.

Der auf Zahnmitte stehende Fingerfräser besitzt im Teilkegelpunkt C einen Durchmesser s_n. Die Bedingungsgleichung für den geforderten proportionalen Verlauf bedingt die Beziehung $ds/dr = s/r$. Hierbei gilt $s = s_n/\cos\beta$ entsprechend Gl. (3.00).

Die gesamte Änderung der Lückenweite ds/dr setzt sich zusammen aus der eben beschriebenen Veränderung von s_n und der Veränderung von s in Abhängigkeit von β. Die geforderte Proportionalität drückt sich dann für einen Punkt der Kranzmitte aus:

$$ds_n/dr \cos\beta_m + ds/dr = s/r$$

$$(\text{mit } ds/dr = ds/d\beta_m\, d\beta_m/dr),$$

$$ds_n/dr \cos\beta_m + s_n \,\mathrm{tg}\,\beta_m/\cos\beta_m \cdot d\beta_m/$$
$$dr = s_n/r \cos\beta_m,$$

$$2\,h_f\,\mathrm{tg}\,\alpha_n + s_n \sin^2\beta_m = s_n,$$

$$\cos^2\beta_m = 2\,h_f\,\mathrm{tg}\,\alpha_n/s_n = 4\,h_f\,\mathrm{tg}\,\alpha_n/t_n.$$
$$(3.76)$$

Mit $h'_f = 1{,}2\,m_n$ erhält man $\cos^2\beta_m = 1{,}5\,\mathrm{tg}\,\alpha_n$.

$\alpha_n =$	15°	17,5°	20°
		22,5°	28°
$\beta_m =$	50° 39′	46° 31′	42° 31′
		38°	24° 44′.

Der Steigungswinkel des Schraubenzahnes ist also vom Eingriffswinkel abhängig.

Nach Wahl von b ergeben sich die Halbmesser r_p und r_{pi} (Abb. 3.56); aus Gl. (3.74) sind die zugehörigen Schrägungswinkel β_a und β_i bestimmt.

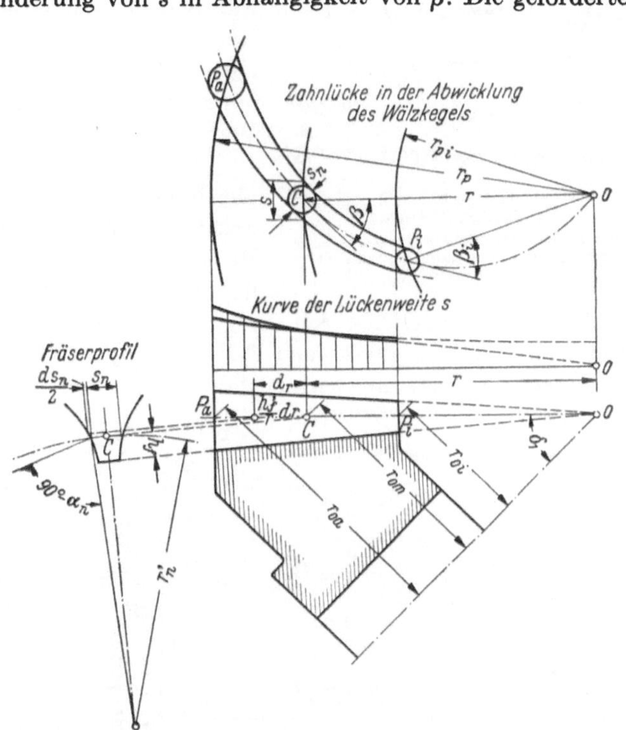

Abb. 3.56. Zahnlückenverlauf beim Ausschneiden mit dem Form-Fingerfräser.

Die Profilierung des Fräsers erfolgt nach der Zahnevolventenform im inneren Punkt P_i. Die Ergänzungszähnezahl z' ist dann nach Gl. (3.69) bekannt.

Die Profileingriffsdauer ε_p fällt mit wachsendem Winkel β von innen nach außen. Man kann sich mit dem Wert der Kranzmitte bei Winkel β_m begnügen. Die Sprungeingriffsdauer ε_s bestimmt sich aus Gl. (3.67), nachdem die Phasenwinkel φ_i und φ_a nach Gl. (3.74) berechnet sind.

Verwendungsbereich. Zähnezahlen nicht unter 14, i bis 8, b bis 10 m_n. Geeignet für große, langsam laufende Kegelräder, m_n wenigstens 8, damit die Fingerfräser kräftig genug werden. Das Verfahren ist auch für Pfeilzahnkegelräder anwendbar. Beispiel Tafel XXI.

2. Wälzverfahren.

Wie bei geradverzahnten Kegelrädern besteht die Wälzbewegung in der Drehung des Erzeugungsplanrades gegen den Rohling im Verhältnis der Zähnezahlen von beiden. Wenn das Planrad, dessen Verzahnung von den Werkzeugschneiden gebildet wird, über das Werkstück gedreht wird (Abb. 3.83), so dringt das Werkzeug hierbei auf volle Zahntiefe und schneidet dadurch die volle Zahnhöhe aus. Es überlagern sich also immer Werkstück- und Planraddrehung. Die Geschwindigkeit der Planraddrehung hat für die Zerspanungsleistung die Bedeutung eines tangentialen Vorschubes und wird im Sinne von Abb. 3.45 durch „Differentialwechselräder" berücksichtigt.

a) Flankenlinie im Planrad: Reine oder angenäherte Sinoide (Abb. 3.57).

Die Maschinen sind Hobelmaschinen mit einem geradflankigen Hobelstahl als Werkzeug. Die Flankenlinien entstehen aus einer geradlinig gegen die Kegelspitze fortschreitenden Werkzeugbewegung, die von einer Kurbelbewegung[1] abgeleitet wird, und einer gleichzeitigen Werkstückdrehung (Abb. 3.58).

Die fortlaufende Drehung des Werkstückes kann dazu benutzt werden, das Teilungsschalten zu ersetzen; die Bewegungen von Werkzeug und Werkstück müssen nur zeitlich so aufeinander abgestimmt sein, daß nach vollzogenem Arbeitshub während des Werkstückrücklaufes mit abgehobenem Messer das Rad sich um ein ganzes Vielfaches der Teilung weitergedreht hat. Dadurch wird ein fortlaufendes Bearbeitungsverfahren ohne Unterbrechung durch Schaltbewegungen mit allen seinen Vorteilen geschaffen.

Da sich die Zähne durch Sprung überdecken, kann bei gleichmäßiger Drehung des Werkstückes der neue Schnittansatz des Messers nicht in der nachfolgenden Lücke erfolgen. Bei dem Verfahren von BRANDENBERGER wird die Zahl der übersprungenen Teilungen, die „Folgezähnezahl z_u", so gewählt, daß sie möglichst keinen gemeinschaftlichen Faktor mit der Zähnezahl z des Werkstückes hat, daß z_u auf keinen Fall in z aufgeht. Es werden alle Zähne einmal geschnitten, bevor derselbe Zahn zum zweiten Male an die Reihe kommt. So finden sich für z_u die Werte 7, 8, 9, 11 oder 13.

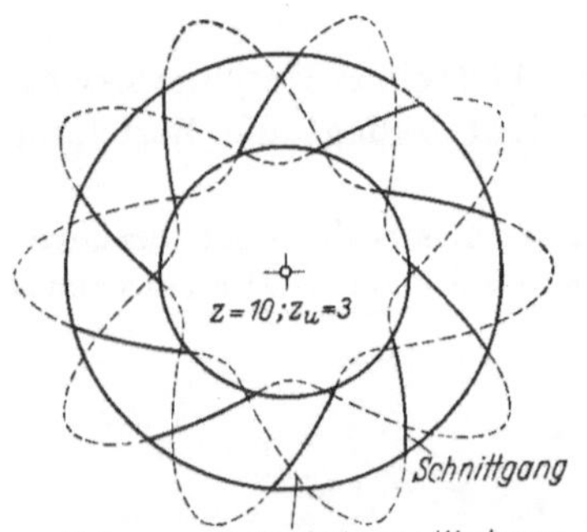

Abb. 3.57. Sinoiden als Flankenlinien nach
H. BRANDENBERGER.
$z = 10$; Zahl der Folgezähne $z_u = 3$, es
wird jeder dritte Zahn geschnitten.

Bei Antrieb des Werkzeuges durch Kurbelschleifen ergeben sich *reine*, bei Antrieb durch Schubkurbeln ergeben sich angenäherte Sinoiden. Für den Schrägungswinkel β folgt nach Gl. (3.62): bei dem Kurbelhub h' am Planradradius r:

$$\operatorname{tg}\beta = r\,\omega_p/(h'/2 \cdot \omega_k \sin\varphi_k) = h' \sin\varphi_k \cdot$$
$$\cdot\,\omega_k/2\,r\,\omega_p. \qquad (3.77)$$

Die Winkelgeschwindigkeit ω_k der Kurbel ergibt die Werkzeuggeschwindigkeit c am Kurbelwinkel φ_k. In Abb. 3.58 ist der Verlauf der Geschwindigkeiten c durch die Ordinaten des Kreises über T_1T_2 dargestellt, wobei die Lage des verwendeten Kreisbogens nach dem folgenden Abschnitt bestimmt ist. Für endliche Stangenlänge wäre eine der bekannten Konstruktionen für die Geschwindigkeitskurve durchzuführen.

Da sich das Werkstück während eines Doppelhubes um den Winkel, welcher der Folgezähnezahl z_u entspricht, weiter drehen muß, ist das Verhältnis

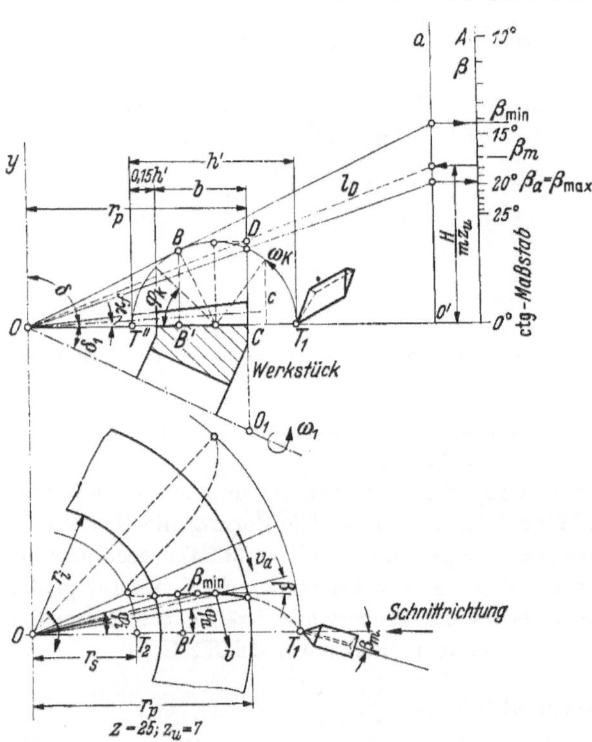

Abb. 3.58. Hobeln nach Episinoiden.

$$\omega_k/\omega_p = z_p/z_u = \varphi_k/\varphi = 2\,r_p/m_s z_u, \qquad (3.78)$$

wobei φ den dem Kurbelwinkel φ_k entsprechenden Planraddrehwinkel und Stirnmodul $m_s = t_s\pi$ bedeutet. Die Gleichung der Sinoide bei einem gewählten Abstand $r_s = OT_2$ lautet

$$r = r_s + (1 + \cos\varphi_k)\,h'/2. \qquad (3.79)$$

---

[1] Die erste Maschine dieser Art war die Maschine von MONNERET (1900).

wenn der Kurbelwinkel $\varphi_k = \varphi\, z_p/z_u$. Daraus und aus Gl. (3.77) folgt der Schrägungswinkel β am Planradradius r zu

$$\operatorname{ctg}\beta = \sqrt{h'(r - r_s) - (r - r_s)^2} \cdot z_p/r\, z_u. \tag{3.80}$$

Der Abstand r_s (Hublage) ist so zu wählen, daß das passendste Bogenstück der Kurve innerhalb der Zahnbreite b herausgeschnitten wird und der Schrägungswinkel gegen seinen Mittelwert. β_m höchstens bis $\pm 3°$ schwankt. (Nur für logarithmische Spiralen wäre β unveränderlich.) Damit ist eine mit r nahezu verhältnisgleiche Verjüngung der Zahndicken und Lückenweiten im Normalschnitt erreicht.

Zur Bestimmung der Sprungüberdeckung ε_s nach Gl. (3.67) kann der Wert $(\varphi_i - \varphi_a)$ aus der Zeichnung nach Abb. 3.58 entnommen werden. Für einfache Überdeckung muß $(\varphi_i - \varphi_a) = 2\pi/z_u$ sein. Bei ungenügender Überdeckung muß das Verhältnis b/h' geändert werden.

In der Kegelradhobelmaschine von Oerlikon, Zürich, hobeln nach BRANDENBERGER zwei geradlinige Schneidstähle (Abb. 3.59) die rechte und die linke Flanke zweier Zähne nach dem Wälzverfahren. Die Rechts- und Linksspirale für Rad und Gegenrad werden bei gleichem Kurbelantrieb mit verschiedener Drehrichtung des Werkstückes hergestellt. Zur Einstellung des Hubes ist die Kurbellänge verstellbar. Die Maschineneinstellung wird durch Verwendung eines „Kopfkegelplanrades" vereinfacht (Abb. 3.58),

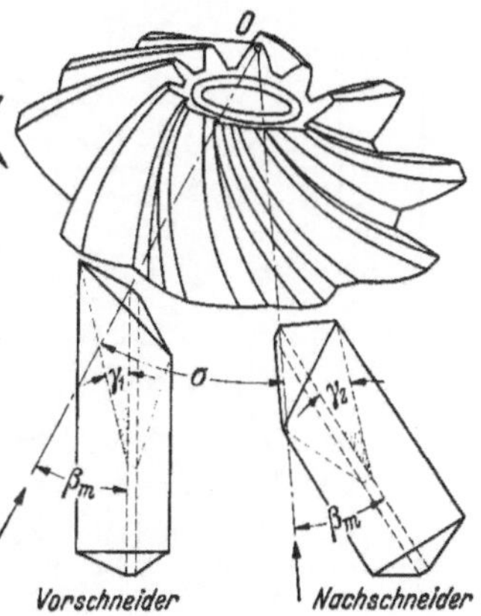

Abb. 3.59. Hobeln nach dem Wälzverfahren von BRANDENBERGER (Oerlikon-Zürich).

dessen Kopfkegelwinkel $90°$ und dessen Wälzkegelwinkel $(90 - \varkappa_f)$ bei $z_p = z\cos\varkappa/\sin\delta_2$ ist. Die Zahnprofile treten beim Kegelrad am Kopf und Fuß etwas zurück. Die beiden Stähle, der Vorschneider für die rechte und der Nachschneider für die linke, werden entsprechend Winkel δ_f angeschliffen und mit der Schneidkante in einer Ebene senkrecht zur Erzeugenden des Wälzkegels, also in der Ebene der Ersatzverzahnung, eingestellt. Der Schneidstahl ist außerdem in Richtung seiner Relativbewegung, also im Winkel β_m, zu schwenken. Die Schwenkung erfolgt um eine zur Bewegungsrichtung senkrechte Achse, so daß die in dieser Achse liegende Messerspitze ihre Stellung nicht ändert.

Wie bei allen Kegelradwälzmaschinen wird die Wälzbewegung dadurch erreicht, daß die Planscheibe mit der Messerschlittenführung sich um ihre Achse OY dreht; das Werkstück erhält eine von der Planradbewegung abhängige Zusatzbewegung im Übersetzungsverhältnis $\cos\varkappa/\sin\delta_1$.

Bei der Maschine von GLEASON zur Herstellung großer Räder werden die durch den Kurbelantrieb und die Werkstückdrehung erzeugten Episinoiden durch eine Sondervorrichtung (Abb. 3.60) gestreckt, um die Längsballigkeit zu beeinflussen. In einem Bereich von

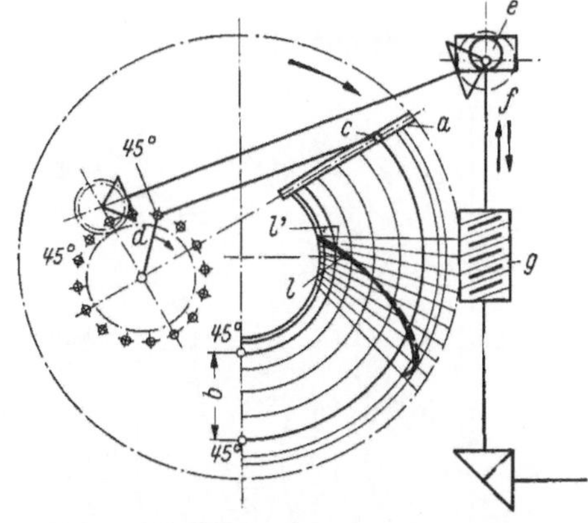

Abb. 3.60. Die Kurve l' für die Flankenlinie der Gleason-Hobelmaschine wird aus der Kurve l gestreckt, indem Exzenter e Schnecke g axial verschiebt.

$45°$ nach beiden Seiten für die Kurbel liegt die ausnutzbare Zahnbreite b. Die Schnecke g wird durch Exzenter f axial verschoben. Dadurch entsteht aus der Episinoide e die Flankenlinie e'.

b) Tangentenzähne.

Die Flankenlinien im Planrad sind gerade Linien, die an der Kegelspitze vorbeiführen und dadurch einen Kreis vom Halbmesser r_e berühren. Als Werkzeug werden Hobelstähle mit gerader Schneidkante verwendet.

Nach dem alten Verfahren von BILGRAM (Abb. 2.53) arbeiten drei Stähle, ein Mittelstahl und je ein Seitenstahl, für die rechte und die linke Flanke. Bei diesen Maschinen wird das Werk-

stück vorerst wie bei Geradzahnkegelrädern eingestellt und mit dem Rollkegel um den Schrägungswinkel β_a nach rechts oder links geschwenkt (Abb. 3.61). Dann wird das Planrad um TT'
zur Einstellung des Fußkegelwinkels um Winkel $\varkappa_f$ geschwenkt und der Hobelwinkel nach
dem mittleren Schrägungswinkel β_m berichtigt. Die von der geraden Schneide des Hobelstahles
durchlaufene Ebene entspricht einem schrägstehenden Planradzahn, durch den der vorbei-

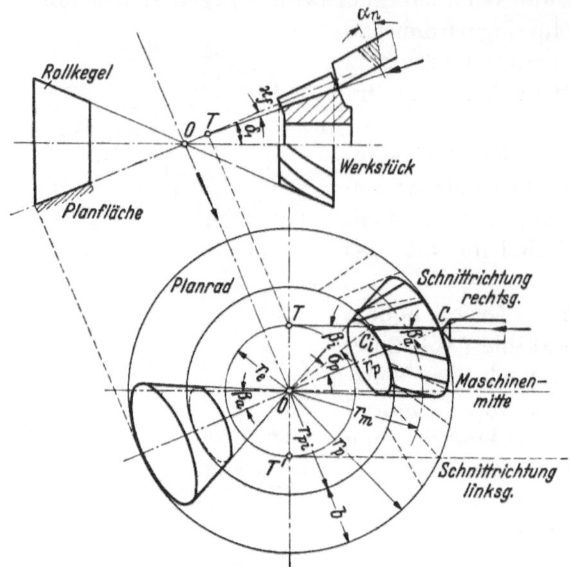

wälzende Zahn des Kegelrades geformt wird.
Die Tangente in der Planverzahnung entspricht unmittelbar der Werkzeugbewegung.

Ähnlich arbeitet die Maschine von Heidenreich & Harbeck. Es werden zwei Stähle verwendet, die abwechselnd schneiden und eine
Lücke nach der anderen hobeln; bei größeren
Rädern oder bei Rädern mit hohen An-
sprüchen kann die Zahnlücke ohne Wälzbewegung vorgeschruppt werden. Die Wälzung wird durch Wechselräder erzeugt. Auf
dem neuen hydraulischen Hobler ist durch
Einstechen die Wälzlänge auf die eigentliche
Erzeugungsstrecke der Zahnflanken gekürzt.

Berechnung der Tangentenzähne. Als
Tangentenzähne werden die Schrägzahn-
kegelräder nach Bilgram, Heidenreich &
Harbeck, aber auch die Kegelräder nach
Gleason, die nur unwesentliche Abweichun-
gen von der geraden Linie zeigen, berechnet.

Abb. 3.61. Hobeln von Tangentenzähnen nach Bilgram.

Am beliebigen Planradhalbmesser r ergibt sich der Schrägungswinkel β

$$\sin\beta = r_e/r_p; \text{ z. B. } \sin\beta_a = r_e/r_a; \tag{3.81}$$

die Schräge nimmt nach innen gegen die Kegelspitze zu. Der Phasenwinkel φ ist Komplementwinkel zu β.

$$\varphi = R - \beta. \tag{3.82}$$

Ein vollkommen genauer Eingriff ist nur durch
Einführung von Korrekturen zu erzielen, da

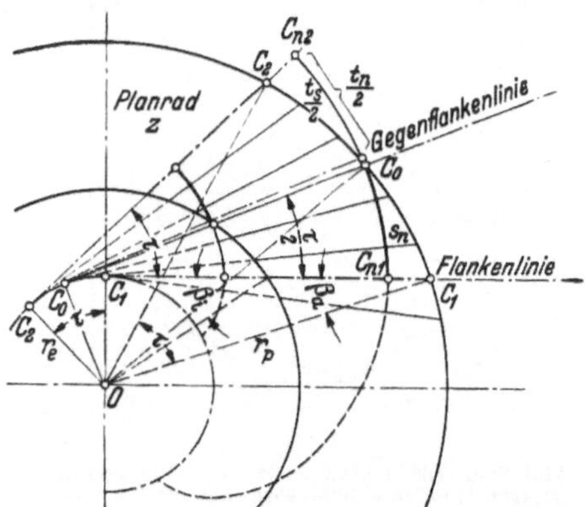

Abb. 3.62. Tangentenzähne, Normalteilung.

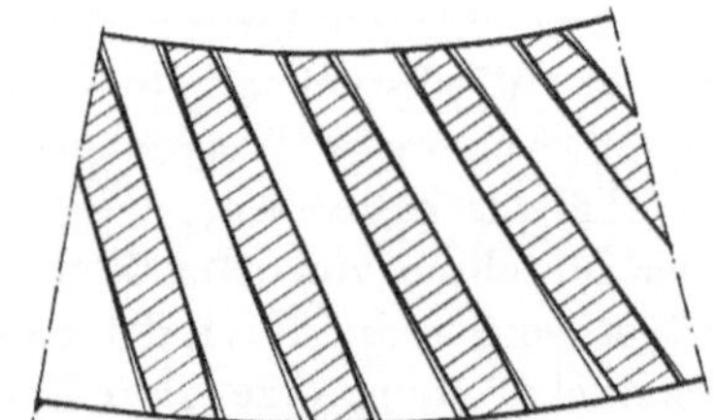

Abb. 3.63. Ballige Tangentenzähne nach Heidenreich &
Harbeck, Balligkeit bis 0,03 mm.

die Planräder von Rad und Ritzel nicht genau ineinanderpassen. Man verschiebt die Flankenlinie des Ritzels durch Änderung von r_e um Werte bis etwa zu 0,05 mm. Bis zum Verhältnis
$b/r_p = 0,3$ ist der Fehler belanglos. Die neueren Maschinen ermöglichen eine Längsballigkeit
in den Zähnen; in der Maschine von Heidenreich & Harbeck wird den Stählen eine Seiten-
bewegung bis zu 0,03 mm gegeben (Abb. 3.63).

In Abb. 3.61 ersieht man aus Dreieck OC_1T: $r_e = r_p \sin\beta_a = (r_p - b) \sin\beta_i$, daher
$b/r_p = 1 - \sin\beta_a/\sin\beta_i$. Führt man nach Gl. (3.67) den Sprungwinkel σ_p ein, so kann hier
nach Gl. (3.82) auch gesetzt werden

$$\sigma_p = \beta_i - \beta_a; \tag{3.83}$$

setzt man danach für β_i den Wert $\sigma_p + \beta_a$ in Gl. (3.82), so erhält man

$$b/r_p = 1 - \sin\beta_a/\sin(\sigma_p + \beta_a)$$

und schließlich:

$$b/r_p = 1 - 1/(\sin\sigma_p\,\operatorname{ctg}\beta_a + \cos\sigma_p) = 1 - 1/\sin\sigma_p\,(\operatorname{ctg}\beta_a + \operatorname{ctg}\sigma_p). \qquad (3.84\,\mathrm{a})$$

Ist die Zahnbreite b gegeben, so ergibt sich die Form

$$\operatorname{ctg}\beta_a = 1/(1 - b/r_p)\sin\sigma_p - \operatorname{ctg}\sigma_p. \qquad (3.84\,\mathrm{b})$$

Winkel σ_p ist aus der gewünschten Sprungüberdeckung ε_s nach Gl. (3.67) bestimmt, die nach Möglichkeit wenigstens zu 1 bis 1,2 gewählt wird. Also

$$\sigma_p = m_s\,\pi\,\varepsilon_s/r_p \gtreqless m_s\,\pi/r_p \quad \text{oder} \quad \sigma_p^0 = \varepsilon_s \cdot 360^\circ/z_p. \qquad (3.85)$$

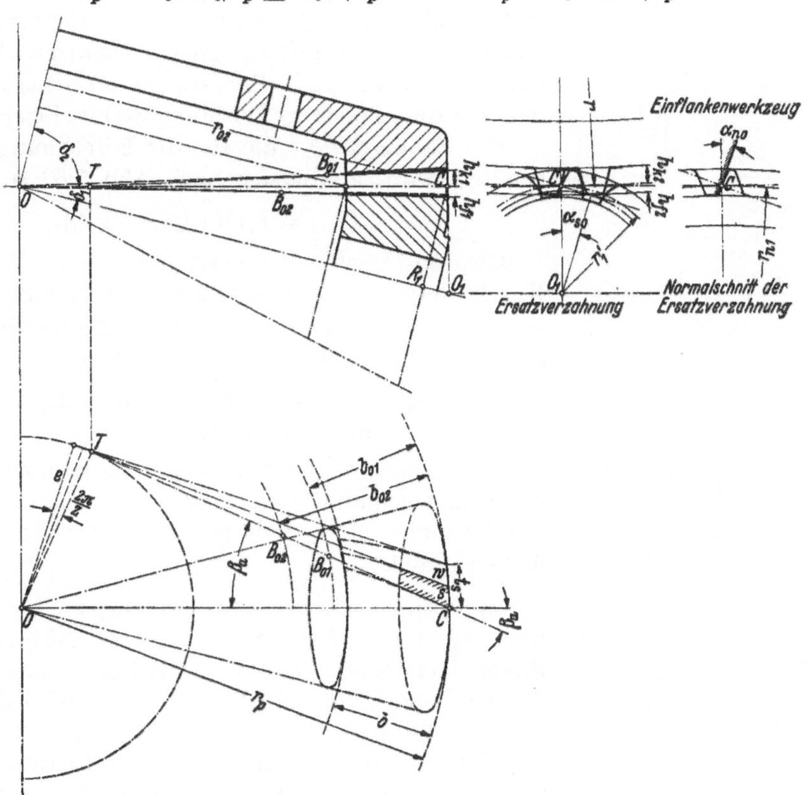

Abb. 3.64. Kegelräder mit Tangentenzähnen. $\delta = 90^\circ$; $z_1/z_2 = 16/64$; $m_s = 4{,}5$; $\alpha_0 = 20^\circ$; $b = 35$ mm.

Kann der Wert $\varepsilon_s = 1$ nicht erreicht werden, dann soll nach den Angaben von Heidenreich & Harbeck wenigstens die Gesamtüberdeckung $\varepsilon_g = \varepsilon_p + \varepsilon_s \geq 2{,}05$ sein.

Zur Bestimmung der Kräfte wird die Berechnung auf den mittleren Durchmesser $r_m = r_p - b/2$ durchgeführt, wobei β_m nach Gl. (3.81) bestimmt wird.

Die Verjüngung der *Zahnhöhen* des Planrades erfolgt angenähert proportional zum Abstand des Profils vom Berührungspunkt T, also annähernd proportional zu $r_p\cos\beta_m$ (Abb. 3.64). Diese Beziehung gilt bei den Kegelradzähnen nur für die Fußtiefen, da die Kopfhöhen der beiden Kegelräder durch die sich proportional zu r_p verjüngenden Kopfkegelflächen festgelegt sind. Somit verjüngen sich die Fußtiefen rascher als die Kopfhöhen, was bei großer Breite b dazu führen kann, daß das Kopfspiel verschwindet und die Zahnköpfe am Grund der Lücke laufen. Will man dem abhelfen, so kann man dem Kopfkegel des Rades einen größeren Winkel andrehen, andernfalls ist die Kranzbreite b zu beschränken. Nach SCHIEBEL ergibt sich

$$b/r_p \leq 1 - \sin\beta_a/\sqrt{1 - (h_{k1}/h_{f2})^2\cos^2\beta_a}. \qquad (3.86)$$

Nimmt man $h_{k1}/h_{f2} = 6/7$ und $\beta_a = 30^\circ$, so gilt $b/r_p < 0{,}254$. Dieser Grenzfall ohne Kopfspiel darf nicht erreicht werden. Die Zähne am äußeren Umfang erhalten die Stirnteilung t_s

(Abb. 3.64). Die einfachen Werkzeuge gestatten leicht, durch Anwendung verschiedener Eingriffswinkel, z. B. 15°, 17,5°, 20°, 22,5° und 25°, die günstigsten Verzahnungseigenschaften in jedem Einzelfall zu wählen. Dabei sind die Zähnezahlen z_n nach Gl. (3.69), bezogen auf die Kranzmitte, mit Spiralwinkel β_m zugrunde zu legen. Die Verjüngung der Zähne bringt eine Schwächung am Innendurchmesser, so daß dort bei kleinen Zähnezahlen spitze Zahnköpfe auftreten. Da die Flanken mit getrennten Werkzeugen hergestellt werden, kann zur Vermeidung zu spitzer Zähne eine „Seitenkorrektur" angewendet werden, die auf Kosten des Radzahnes zur Verstärkung des Ritzelzahnes führt. Außerdem empfiehlt sich eine Profilverschiebung im Sinne einer *FVO*-Verzahnung nach Abb. 2.31. Bei verschiedenen Werkstoffen von Rad und Ritzel sind die Fußstärken in Rücksicht auf die Widerstandsmomente etwa im Verhältnis $\sqrt{\sigma_2/\sigma_1}$

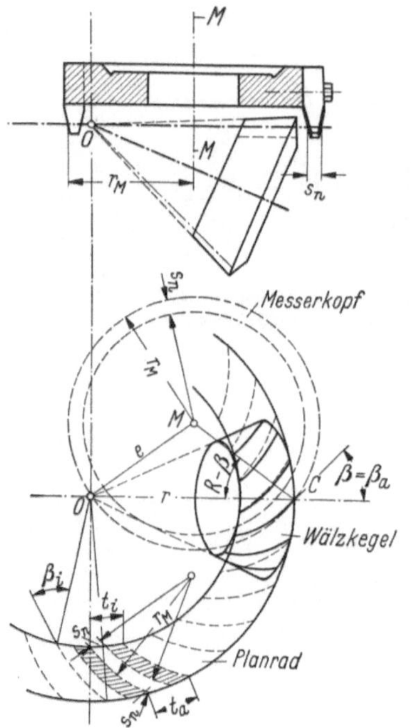

(σ Normalspannung) auszuführen. Gleichmäßige Zahndicke von Ritzel und Rad bzw. gleiche Beanspruchung ist jedoch nur an *einem* Planradhalbmesser zu erreichen, meist wird der mittlere Halbmesser r_m hierfür gewählt. Beispiel Tafel XXII.

Die Zahnlänge l_z, die für die Berechnung der Festigkeit benötigt wird, ergibt sich nach Abb. 3.62 zu

$$l_z = r_e\,(\operatorname{ctg}\beta_a - \operatorname{ctg}\beta_i). \tag{3.87}$$

Gleason-Maschinen gestatten heute die Bearbeitung von Kegelrädern bis etwa 5000 mm Durchmesser.

Der geradlinige Verlauf der Tangentenzähne ermöglicht das genaue Schleifen der Zahnflanken.

c) Kegelräder mit Bogenzähnen (Spiralkegelräder im eigentlichen Sinne des Wortes).

Die Zahnform verläuft über die Kranzbreite des Planrades in gekrümmten Kurven. Es haben sich drei Arten durchgesetzt: 1. Kreisbögen, 2. angenäherte Evolventen, 3. Epizykloiden.

α) Spiralkegelräder mit Kreisbögen. Die *Kreisbogenverzahnung* geht auf das Verfahren von BÖTTCHER zurück. In diesem Verfahren erhalten die Zähne gleiche Höhe über die Kranzbreite. Wälz-, Kopf- und Fußkegel haben somit den gleichen Kegelwinkel (Abb. 3.65). Zum Schneiden des

Abb. 3.65. Kreisbogenzähne nach BÖTTCHER.

Ritzels wird ein Messerkopf verwendet, dessen Schneidflanken die Lücken des Planrades bilden. Die sich mit dem Messerkopf drehenden Messer schneiden gleichzeitig auf beiden Flanken und wälzen sie in einem Schnitt fertig. Nach Fertigstellung einer Lücke wird auch die nächste geteilt. Die Ergebnisse sind um so besser, je mehr der Bogenzahn eine Evolventenform über die Kranzbreite annähert; dies drückt sich dadurch aus, daß die Normalteilung vom Innen- zum Außendurchmesser unverändert bleibt, daß also $t_n = t_{sa}\cos\beta_a = t_{si}\cos\beta_i$ wird. Für den Schrägungswinkel β, den Spiralwinkel, ergibt sich aus dem Abstand e der Messerkopfmitte M von der Planradmitte O, der „Exzentrizität", und dem Halbmesser r_M des Messerkopfes an einem beliebigen Planradhalbmesser r im Dreieck OMC:

$$\cos(R - \beta) = \sin\beta = 2(r_M^2 + r^2 - e^2)/2\,r_M\,r. \tag{3.88}$$

Nach dieser Gleichung wird am Außendurchmesser β_a größer als β_i innen.

Für die Bogenlänge l_z eines Zahnes erhält man nach Abb. 3.65

$$l_z = r_M(\beta_a - {}_i)\beta. \tag{3.89}$$

Die Flanken der Radlücken werden durch einen zweiten Messerkopf geschnitten (Abb. 3.66), dessen Messer dem Planradzahne entsprechen und dessen Schneidflanken somit genau in jene des Messerkopfes für das Ritzel passen. Kegelwinkel und Raddurchmesser sind bei allen Verfahren mit Messerköpfen nach oben beschränkt, da auf dem Rückweg $(e - f)$, Abb. 3.84, die

Messer das Werkstück nicht berühren dürfen; Planräder können also mit Messerköpfen nicht geschnitten werden.

Die Kreisbogenverzahnung ist durch die Firma Gleason, Rochster, USA, zu hoher Vollendung entwickelt worden. Die Kegelräder erhalten die äußere Form wie bei Geradverzahnung, d. h., die Kegelradzähne sind nach der Kegelspitze zu verjüngt. Kopf-, Fuß- und Teilkegel haben im Schnittpunkt der Achsen ihre gemeinsame Spitze. Im Planrad gelten dieselben Werte wie bei der Böttcher-Verzahnung, aus der die Gleason-Verzahnung entstanden ist. Gln. (3.88) und (3.89) gelten also auch hier. Der Gleason-Messerkopf nach Abb. 3.67 ist für kleine Module aus einem Stück gefertigt, für größere mit eingesetzten Messern. Die Tellerräder werden meistens vorgeschruppt und dann in einer Aufspannung fertig verzahnt, wobei die Hälfte der Messer am Außendurchmesser des Messerkopfes die hohle und die andere

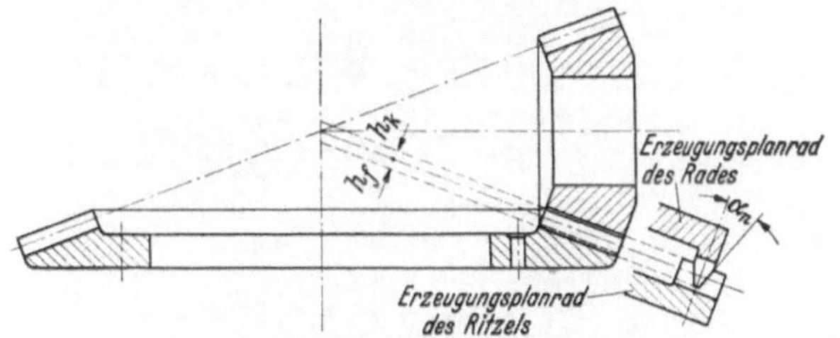

Abb. 3.66. Messerkopf für Kreisbogenverzahnung nach Böttcher zum Schneiden der Tellerradlücken.

Hälfte am Innendurchmesser die erhabene Zahnflanke der Tellerradzähne schneidet. Die Verschiedenheit der beiden arbeitenden Durchmesser der Messerflanken ergibt an der hohlen Radflanke eine größere und an der erhabenen eine kleinere Krümmung; dadurch erhalten die Zähne einen Längsballen im Tragbild. Diese Eigenschaft hat diese Räder zur Verwendung im Hinterachsantrieb der Kraftfahrzeuge besonders befähigt, heute wird Ballentragen mit allen Verfahren erreicht. Bei den Ritzeln für Kreisbogenverzahnung wird zuerst mit sämtlichen Zähnen des Messerkopfes die eine Zahnflanke des Werkstückes und dann nach erneuter Einstellung die andere Flanke geschnitten.

Die Verschiedenheit der Messerkopfhalbmesser an der hohlen und der erhabenen Flanke ergibt nach Gl. (3.88) verschiedene Schrägungswinkel und würde somit nach Gl. (3.01) auch verschiedene Eingriffswinkel ergeben; dies wird jedoch durch Verwendung unterschiedlicher Eingriffswinkel an den erzeugenden Messern ausgeglichen. Die Verjüngung der Zähne nötigt zu einer Schrägstellung des Messerkopfes in die Mantellinie des Fußkegelwinkels. Durch Wahl des Einstellmaßes e für die Messerkopfmitte läßt sich nach Gl. (3.88) der Spiralwinkel in weiten Grenzen dem Verwendungszweck anpassen. Für hochwertige Räder bei hohen Umfangsgeschwindigkeiten empfiehlt Gleason $\beta_m = 35°$ bis 40°, für mäßige Beanspruchung genügt $\beta_m = 20°$ bis 25°. Maßgebend sollte aber auch hier der Überdeckungsgrad sein. Nach dem Verfahren können Kegelräder bis etwa 840 mm Durchmesser verzahnt werden.

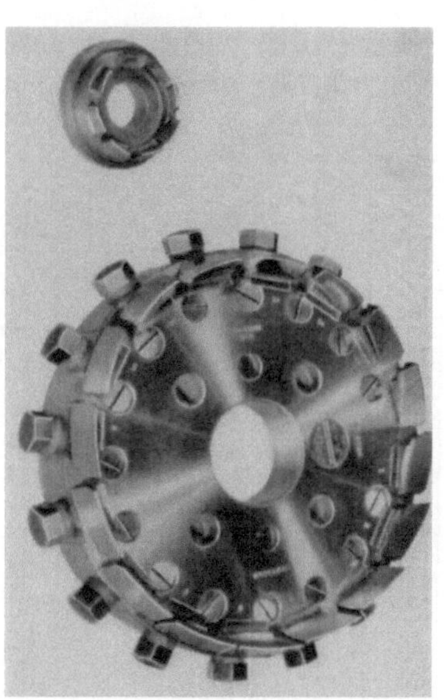

Abb. 3.67. Messerköpfe für Spiralkegelräder der Firma Gleason.

Im Grenzfall wird Winkel $\beta_m = 0°$ gewählt (Abb. 3.68). Diese Verzahnung wird als *Zerol-Verzahnung* bezeichnet (von zero null im Englischen). Sie ergibt geringe Achsdrücke bei den Vorteilen der leistungsfähigen Herstellung mit Messerkopf.

Die *Formate-Verzahnung* ist besonders für große Mengenfertigung geeignet. Der Messerkopf — single cycle cutter — ist ein Rundräumwerkzeug (Abb. 3.69). Das Verfahren ähnelt dem für geradverzahnte Räder nach Abb. 2.52. Die gruppenweise angeordneten Messer mit steigender Zahnhöhe und geraden Flanken schneiden das Tellerrad ohne Wälzung fertig. Nach dem letzten Zahn des Werkzeuges folgt eine weite Lücke. Während sie durchlaufen wird, wird das Tellerrad zu seiner nächsten Zahnlücke geteilt; das Tellerrad wird also in einem Formverfahren hergestellt. Die Verzahnungsmaschine wird dadurch sehr einfach und leistungsfähig. Die Zähne des Ritzels werden dagegen auf der Gleason-Wälzmaschine hergestellt und durch Wälzen erzeugt. Die Messer des Ritzelmesserkopfes hüllen als Erzeugungswerkzeug das gleiche Tellerrad ein, das als Be-

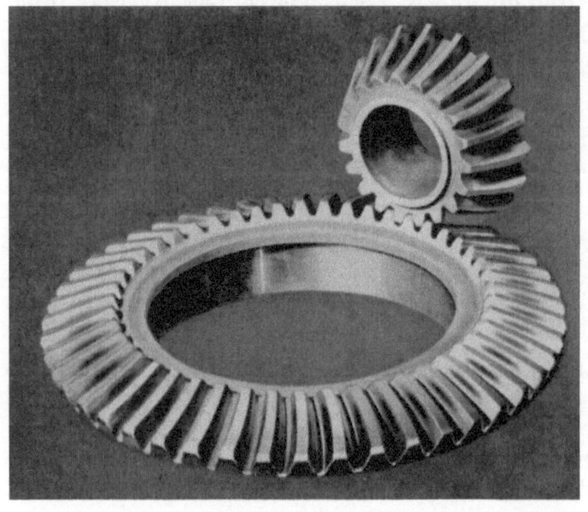

Abb. 3.68. Zerol-Verzahnung der Firma Gleason, $\beta_m = 0°$.

Abb. 3.69. Messerkopf für Formate-Verzahnung nach Gleason.

triebsgegenrad dient, das also im Formverfahren hergestellt war. Die Werkzeugachse wird entsprechend um den Teilkegelwinkel des Tellerrades geschwenkt. Die Zähne erhalten einen starken Höhenballen neben dem Längsballen, so daß die Abweichung von der Zahnhöhenevolvente des Tellerrades nicht nachteilig in Erscheinung tritt. Die einfachen Bewegungen zur Erzeugung der Tellerräder des Formate-Verfahrens ermöglichten auch den Bau einer leistungsfähigen und genauen Schleifmaschine.

Das „*Unitool-Verfahren*" [2.17] erlaubt nach neuester Entwicklung auf Gleason-Wälzautomaten die Herstellung von Spiralkegelrädern, Zerolkegelrädern und Hypoidgetrieben jeweils mit dem gleichen Fräskopf für Rad und Ritzel. Die Maschineneinstellung gestattet, die auf 20°-Eingriffswinkel bezogenen Messerköpfe auch für einen Bereich von 17°30′ bis 22°30′ zu verwenden. Da beim Schlichten die beiden Flanken nacheinander in je einem besonderen Arbeitsgang bearbeitet werden, können verschiedene Lückenweiten mit demselben Messerkopf durch Umstellung der Maschine von der einen Flanke auf die andere erreicht werden. Mit nur sechs Messerköpfen können daher Modulwerte von 1,7 bis 10,2 mm geschnitten werden. Die Zähne tragen auf Längsballen, die durch Verwendung eines Messerkopfes mit größerem Durchmesser vergrößert werden können.

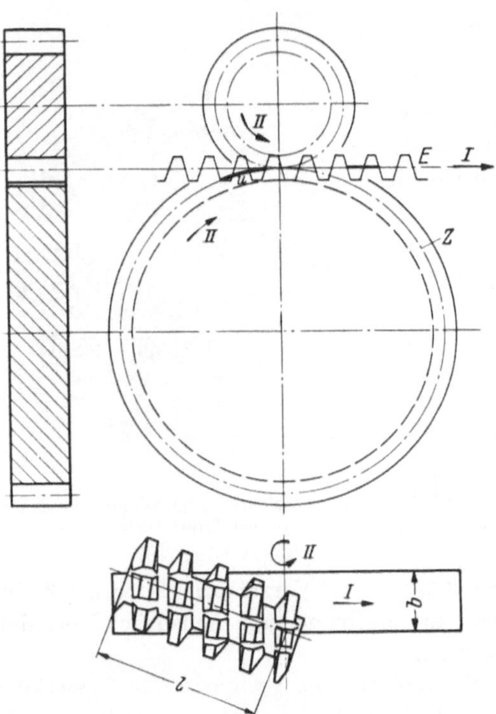

Abb. 3.70. Tangentiales Wälzfräsen von Stirnrädern.

β) **Spiralkegelräder mit Evolventen.** Die Zahnflanken bilden über die Zahnbreite hin Evolventen. Da diese äquidistant verlaufen, $t_{ni} = t_{na} = t_n$, vermeiden sie die zur Klemmung neigende *Keil*form der Zahnlücke, die alle anderen Flankenlinien zeigen.

Ausgeführt werden angenäherte Evolventen, die zur Palloidverzahnung weiterentwickelt wurden. Hierzu wird in einem Fräsverfahren ein Kegelfräser verwendet. Die Zahnhöhe der Räder wird gleich hoch über die ganze Kranzbreite.

Begriffliche Grundlagen für reine Evolventen. Geht man zur Erleichterung der Anschauung von einem Vergleich der Erzeugung von Schrägzahnrädern durch Wälzfräser aus, so entspricht dem Wälzfräsen von Kegelrädern ein Verfahren mit tangentialem Vorschub, wie es sonst nur zur Erzeugung von Schneckenrädern verwendet wird (vgl. Abb. 4.71). Drei Eigentümlichkeiten sind dabei kennzeichnend (Abb. 3.70):

1. Der Wälzfräser wird so eingeschwenkt, daß in der Berührungsebene E zwischen den Wälzzylindern Z des Werkstückes und des Werkzeuges der Fräserzahn in der durch die verlangte Zahnschräge gegebenen Richtung die Zahnlücke durchläuft.

2. Wie aus Abb. 3.70 hervorgeht, gehört zu einer bestimmten Radbreite b auch eine bestimmte arbeitende Mantellänge l des Fräsers.

3. Jeder Fräserzahn schneidet an einer bestimmten Stelle der Radbreite den Zahn am Werkstück in seiner ganzen Höhe fertig.

4. Die Normalteilung t_n ist an jeder Stelle über die ganze Zahnbreite unveränderlich.

Überträgt man das Verfahren auf Kegelräder, so werden aus allen Zylindern mit ihren parallelen Mantellinien (Schnittpunkt im Unendlichen) Kegelkörper mit Mantellinien, deren Schnittpunkt im Endlichen liegt; Werkstück und Werkzeug sind jetzt Kegel. Abb. 3.71

Abb. 3.71. Kegelschneckentrieb. 1 : 26.

zeigt eine solche Kegelschnecke mit dem zugehörigen Kegelschneckenrad. Aus der Schar gerader Linien, die von den Schrägzähnen gebildet wurde, wird nun eine Schar von Evolventen, um der Bedingung gleichbleibender Normalteilung t_n über die ganze Kranzbreite zu genügen (Abb. 3.72). Aus der Erzeugungszahnstange wird das Planrad mit endlicher Krümmung und seinem Mittelpunkt O im Endlichen. Wie weiter unten entwickelt, lassen sich allerdings reine Evolventen nicht fräsen.

Reine Evolventen als Flankenlinien entstehen, wenn einem Punkt P zwei Bewegungen gegeben werden: Nämlich eine geradlinige gleichförmige Bewegung mit der Geschwindigkeit v längs der Tangente (Abb. 3.72) BE, wobei BE den Grundkreis O, r_g berührt, und einer Drehung des Radkranzes so, daß auf dem Grundkreis r_g die gleiche Umfangsgeschwindigkeit v entsteht. Reine Evolventen werden zwar nicht hergestellt, sie dienen aber auch bei den verwendeten abgeänderten Evolventen als Berechnungsgrundlage. An einem beliebigen Punkte P mit dem Planradhalbmesser r erhält man für den Spiralwinkel β

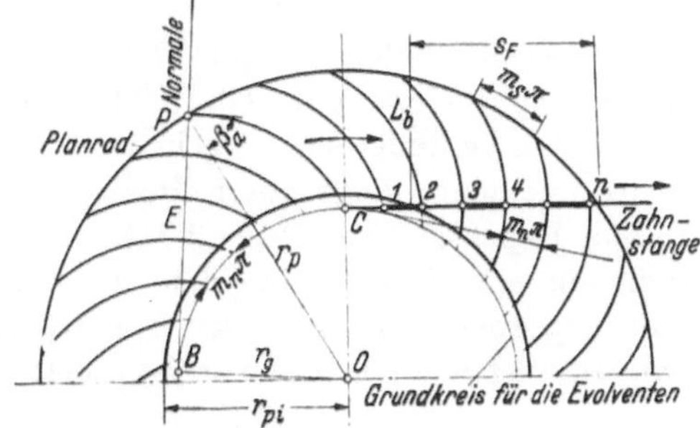

Abb. 3.72. Planrad mit Evolventenzähnen.

$$\cos\beta = r_g/r; \qquad \cos\beta_a = r_g/r_p; \qquad \cos\beta_i = r_g/r_{pi}. \qquad (3.90)$$

Der Spiralwinkel wächst mit dem Planradhalbmesser, ist also außen größer als innen.

Die Bogenlänge l_z eines Zahnes ist nach Gl. (1.36) und (1.42) bei den hier geltenden Bezeichnungen:

$$l_z = (\mathrm{tg}^2\beta_a - \mathrm{tg}^2\beta_i)\, r_g/2. \qquad (3.91)$$

Die Tangenten an die Evolvente längs der Fadengeraden BE, Erzeugungslinie, stehen senkrecht auf der letzteren. Da bei einem Fräser jedoch die Zähne stets unter dem Schneckensteigungswinkel γ gegen die Mantellinie BE verlaufen, kann die reine Evolvente nicht gefräst werden. Durch die Kegelform des Fräsers ist die Schneckensteigung veränderlich, deshalb ist eine abgeänderte Evolvente zu suchen, die eine entsprechende Änderung ihrer Tangentenrichtung aufweist.

Schleifenevolventen. Überwiegend werden *Schleifen*evolventen als Längskurven des Zahnes verwendet. Zunächst seien die Steigungswinkel an der Kegelschnecke untersucht [*2.06*] (Abbildung 3.73). Mit dem veränderlichen Halbmesser r_F des Kegels ist auch der Steigungswinkel γ der Kegelschnecke veränderlich. Bei Kegelwinkel δ_F und z_F Gängen des Fräsers ist die Teilung in Richtung der Mantellinie $t_n = z_F\, m_n\, \pi$ und es gilt r_F durch den Abstand l von der Kegelspitze S mit $r_F = l \sin \delta_F$ ausgedrückt:

$$\operatorname{tg}\gamma' = z_F\, m_n / 2\, l \sin \delta_F = p'/l, \tag{3.92}$$

wenn der konstante Ausdruck $z_F\, m_n / 2 \sin \delta_F = p'$ gesetzt wird. Bei den üblichen Werten ist $\delta_F = 30°$, dann wird mit $z_F = 1$ bei einem eingängigem Fräser $p' = m_n$. Geometrisch ent-

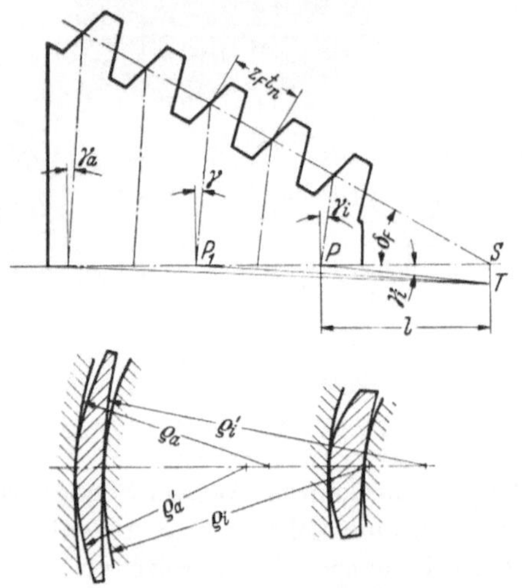

Abb. 3.73. Kegelfräser mit seinen unsymmetrischen Schneidstreifen. $\varrho_i' > \varrho_i$; $\varrho_a' < \varrho_a$. Steigungswinkel γ veränderlich mit Fräserdurchmesser.

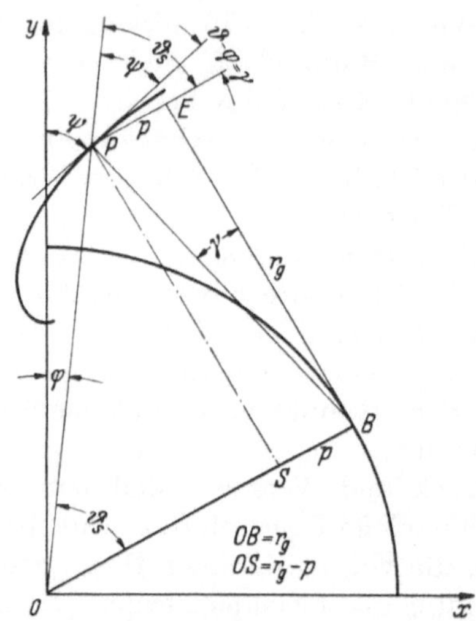

Abb. 3.74. Verkürzte Evolvente. $BE = r_g\,\vartheta$ (lies $\vartheta - \psi = \gamma$)

spricht bei einem Punkte P_1 des Fräsers in dem Dreieck $P_1 S T$ das Stück $S P_1$ der Mantellänge l_1 und $S T$ dem Werte p' in Gl. (3.92), wenn $P_1 T$ senkrecht auf dem Schneckengange steht. Da $S T = p'$ unveränderlich ist, geht auch für jeden anderen Punkt P der Kegelschnecke die Senkrechte auf dem Gange durch Punkt T.

Die Kegelschnecke (Abb. 3.71) kann nur mit einer Kurve kämmen und der Kegelfräser kann nur eine Kurve schneiden, die nach demselben Gesetz wie der Steigungswinkel γ' ihre Richtung ändert. Dies ist der Fall bei Schleifen- oder Wellenevolventen. Für die Schleifenevolvente ist aus Gl. (1.37a u. b) die Richtung ψ der Tangente gegen die Y-Achse bestimmt:

$$\operatorname{tg}\psi = dx/dy = dx/d\vartheta \cdot d\vartheta/dy = (r_g\,\vartheta \operatorname{tg}\vartheta - p)/(r_g\,\vartheta + p \operatorname{tg}\vartheta). \tag{3.93}$$

Der Winkel γ, den EP mit der Kurventangente bildet, ist für $\vartheta_s = \vartheta$ nach Abb. 3.74 $(\vartheta - \psi)$, mithin unter Benutzung von Gl. (3.93)

$$\operatorname{tg}\gamma = \operatorname{tg}(\vartheta - \psi) = (\operatorname{tg}\vartheta - \operatorname{tg}\psi)/(1 + \operatorname{tg}\vartheta \operatorname{tg}\psi) = p/r_g\,\vartheta. \tag{3.94}$$

Geometrisch hat in Dreieck PBE der Winkel PBE obigen Tangenswert, ist also gleich γ. Dieser Winkel gehorcht demselben Gesetz wie γ', denn auch hier ist der Zähler konstant und der Nenner linear veränderlich. Die Richtung des Kegelschneckenganges kann also mit der Richtung der Schleifenevolvente zur Übereinstimmung gebracht werden, nämlich dann, wenn die Gln. (3.92) und (3.94) einander entsprechen. Dies ist der Fall bei Gleichsetzung der Werte p und p' und $l = r_g\,\vartheta$, dann liegt die Kegelspitze S des Fräsers auf einem Kreis mit dem Halbmesser $r_g - p$, und der zugehörige Punkt C auf dem Grundkreis r_g ist Momentanzentrum, durch den alle

Senkrechten auf der Schneckensteigung und auf den Flankenkurven gehen. Die Mantellinie des Fräsers berührt den Kreis $(r_g - p)$ (Abb. 3.75).

Die Anforderungen an die veränderliche Steigungsrichtung des Kegelfräsers stimmen mit den Bedingungen überein, die an das Ausschneiden gekrümmter Flankenlinien gestellt werden. In Abb. 3.73 sind die Schneidstreifen dargestellt, die ein Fräserzahn am großen und am kleinen Fräserdurchmesser bei der Durchdringung durch die Planradebene erzeugt. Die Streifen werden unsymmetrisch, ihr innerer Krümmungshalbmesser ϱ_i' wird groß und dadurch befähigt, die erhabene Flanke mit ihrem kleineren Krümmungshalbmesser ϱ_i einzuhüllen; der äußere Krümmungsradius des Streifens ϱ_a' bleibt klein und hüllt die hohle Flanke mit ihrem Krümmungsradius ϱ_a ein. Außerdem liegen am Innendurchmesser des Kegelfräsers stärkere Krümmungen der Schneidstreifen, passend zu der schärferen Krümmung am Innendurchmesser der Kegelradflanken. Je kleiner die Zähnezahl des Planrades wird und je näher man mit dem Innendurchmesser an den Grundkreis herankommt, desto schärfer ist die Flanke nach der Schleifen-

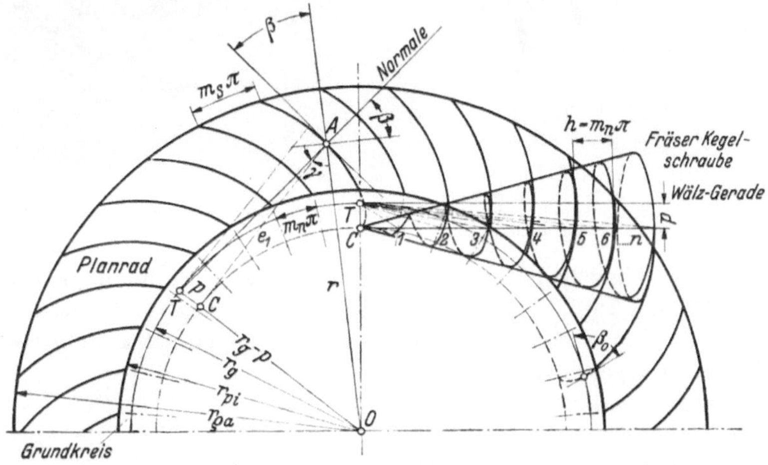

Abb. 3.75. Kegelschnecke mit Planrad kämmend erzeugt Schleifenevolventen.

evolvente gekrümmt. Dadurch ist sowohl die schneidbare Planradzähnezahl als auch der Halbmesser r_{pi} nach unten begrenzt, weil sonst $\varrho_a' > \varrho_a$ wird. Je größer auf der anderen Seite der Kegelwinkel δ_F des Fräsers gewählt wird, desto kleinere Planradzähnezahlen können noch geschnitten werden.

Praktisch brauchbar wurden diese Spiralkegelräder durch die konstruktive Aufteilung der Bewegungen in der Maschine nach Schicht und Preis und durch die Entwicklung zum Ballentragen in der Längsrichtung der Flanken, verwirklicht in der *Palloid*verzahnung der Firma Klingelnberg.

Palloidverzahnung. Der Längsballen wird nach dem älteren Verfahren durch einen besonderen rechtssteigenden Kegelfräser für das linkssteigende Kegelrad, meist das Ritzel, erzeugt (Abb. 3.76). Kennzeichnend ist die auf der nach der Kegelspitze zu gerichteten Flanke erst zunehmende und dann wieder abnehmende Teilung in der Mantellinie, während umgekehrt auf der anderen Fräserflanke die Mantellinienteilung erst ab- und dann zunimmt. Dadurch werden die Fräserzähne in der Mitte dünner und die erzeugten Ritzelzähne in der Mitte dünner. Auf diese Weise entsteht der erwünschte Längsballen (Abb. 3.77). Der Längsballen ist dabei durch den Hinterschliff des Ritzelfräsers festgelegt. Das rechtssteigende Gegenrad wird mit einem Fräser nach Abb. 3.73 geschnitten und erhält somit Schleifenevolventen im Teilmantel. Liegt der arbeitende Fräser mit $\delta_F = 30°$ [Gl. (3.92)] nach Abb. 3.75 kinematisch richtig mit der Kegelspitze S des Teilmantels auf einem Kreis mit dem Halbmesser $(r_g - m_n)$ und berührt die Mantellinie in der Planradebene diesen Kreis, so sind die äußersten Planradhalbmesser r_{pi} und r_p durch die Mantellängen d_0 und s_F des Fräsers bestimmt. Es gilt:

$$r_{pi} \geqq \sqrt{(r_g - m_n)^2 + d_0^2{}_F} \quad \text{und} \quad r_p = \sqrt{(r_g - m_n)^2 + (d_0{}_F + s_F^2)}. \tag{3.95a}$$

Der kleinste Wert r_{pi} mit dem größten Wert r_p bestimmt die größtmögliche Radbreite. Die
Werte d_{0F} und s_F sind Tafel XXIII zu entnehmen. Legt man das verwendete Stück der Flankenkurve nach dem kleinstmöglichen Wert von r_{pi}, erhält man die geringsten Größen des Spiralwinkels β, also den steilsten Verlauf der Flankenlinie mit dem geringsten Sprung, höchste
Werte von Spiralwinkel und Überdeckung
erhält man bei Verwendung der Kurve nach dem
größtmöglichen Außenradius r_p (Abb. 3.81).

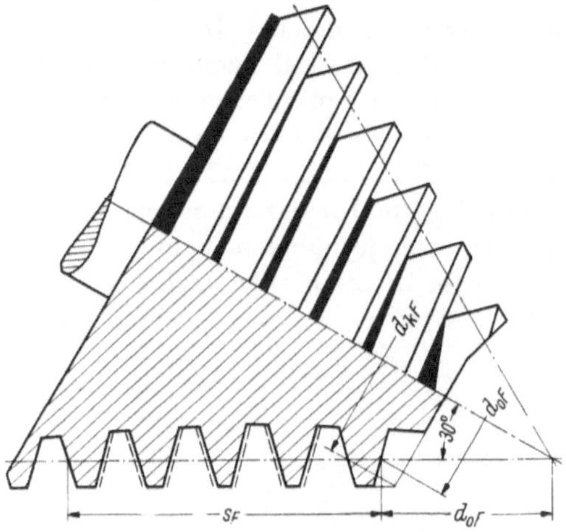

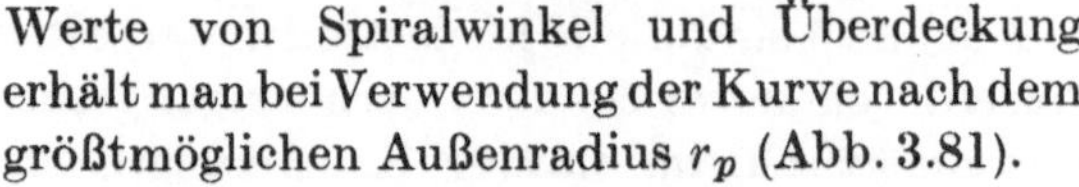

Abb. 3.76a. Palloidfräser zum Schneiden des linkssteigenden Rades (Ritzels). Steighöhe veränderlich.

Abb. 376b. Kegelradfräser (Werkfoto Klingelnberg).

Neuerdings wird der Längsballen dadurch erzeugt, daß an Stelle des Planrades ein Innen-
kegelrad mit dem Winkel $180° - \Delta\delta_p$ zur Erzeugung von Rad und Ritzel verwendet wird.
Die Mantellinie des Fräsers erhält durch eine zusätzlich angebrachte Schwenkvorrichtung an
der Maschine eine um $\Delta\delta_p$ geschwenkte Lage
nach Abb. 3.78. Durch Wahl von $\Delta\delta_p$ läßt
sich in jedem Falle der günstigste Längsballen
auch bei gegebenen Fräsern erzielen. Die
Zähnezahl z_w des Innenkegelrades ergibt sich
zu

$$z_w = z_p \cos \Delta\delta_p \qquad (3.95\,\mathrm{b}).$$

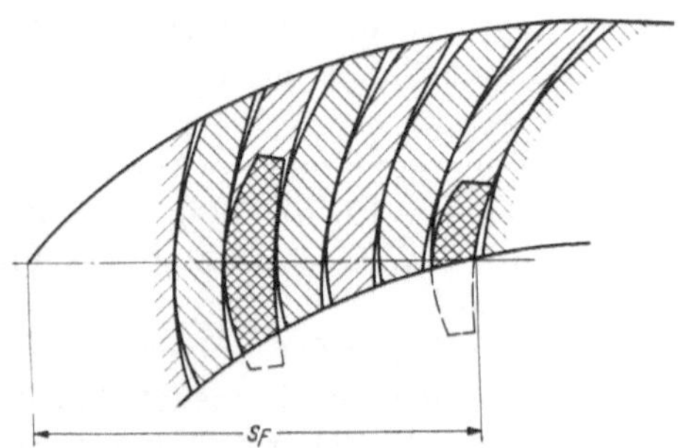

Abb. 3.77. Ballentragen der Palloidzähne.

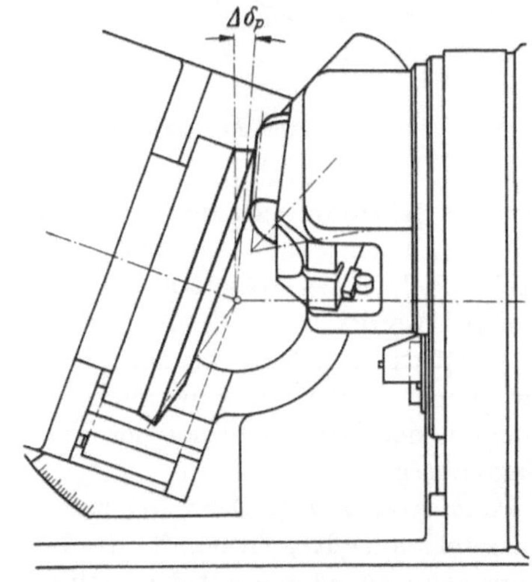

Abb. 3.78. Fräsermantellinie zur Erzeugung des Kegelrades in Richtung eines Innenkegelrades eingeschwenkt um $\Delta\delta_p$ ergibt Ballenträger.

Eine besondere Eigentümlichkeit dieses Verfahrens ist die „Winkelkorrektur". Durch die
Verschiedenheit der Spiralwinkel β_a und β_i ergeben sich innen und außen verschiedene Eingriffswinkel. Dies wird nach Abb. 3.79 dadurch ausgeglichen, daß der Zahn innen zusätzlich
eine positive Profilverschiebung $x\,m_n$ erhält, die sich als Korrekturwinkel w_k auswirkt. Dann
laufen die Profilmitten der Zähne am Innen- und Außendurchmesser des Kranzes etwa in gleicher Richtung.

$$\delta_{p1} = \delta_1 - w_k. \qquad (3.95\,\mathrm{c})$$

Ohne diese Winkelkorrektur entspricht eine radiale Deformation von gleicher Größe e_r
innen dem Abstand der Flanken von e_i und außen dem Werte e_a. Mit Winkelkorrektur ist außen

und innen etwa der gleiche Abstand e. Vielfach ist diese Art der Verschiebung auch nicht erforderlich. Durch diese Winkelkorrektur wird die Lage des Erzeugungsplanrades gegenüber den kinematischen Bedingungen verändert; das wird durch die Balligkeit der Flanken unschädlich gemacht. Der Winkel w_k ist in Abb. 3.80 in Abhängigkeit vom Übersetzungsverhältnis aufgetragen.

Die Palloidverzahnung gestattet Planradzähnezahlen bis herunter zu etwa 25, Zähnezahlen am Ritzel bis zu 3 (Abb. 3.82). Alle Kegelwinkel sind bis zum Planrad herstellbar. Der mittlere Spiralwinkel liegt über $30°$; er wird um so größer, je kleiner die Planradzähnezahl ist und je breiter der

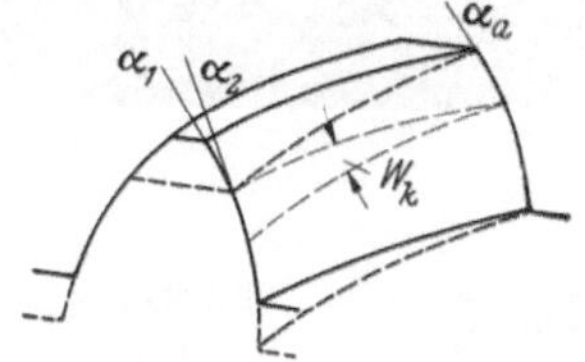

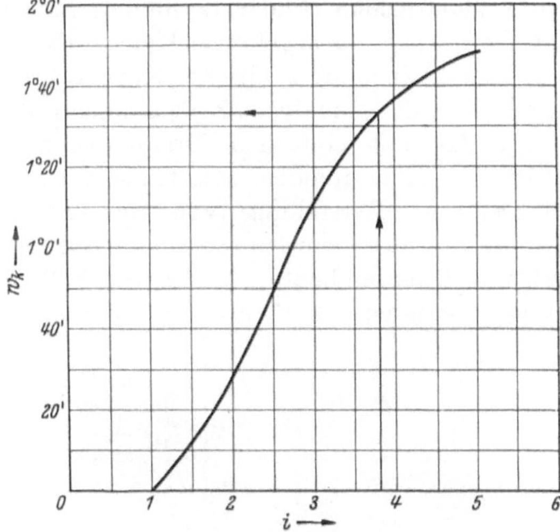

Abb. 3.79. Winkelkorrektur zur Angleichung der Flankenrichtung am äußeren und am inneren Durchmesser. $\alpha_2 < \alpha_a$; $\alpha_1 = \alpha_a$.

Abb. 3.80. Größe des Winkels w_k zur „Winkelkorrektur".

Kranz wird. Ein kleiner Spiralwinkel wird erreicht bei Lage des Innendurchmessers r_{pi} möglichst dicht an dem Grundkreis; um ein Zerschneiden der Flanke zu vermeiden, muß hier-

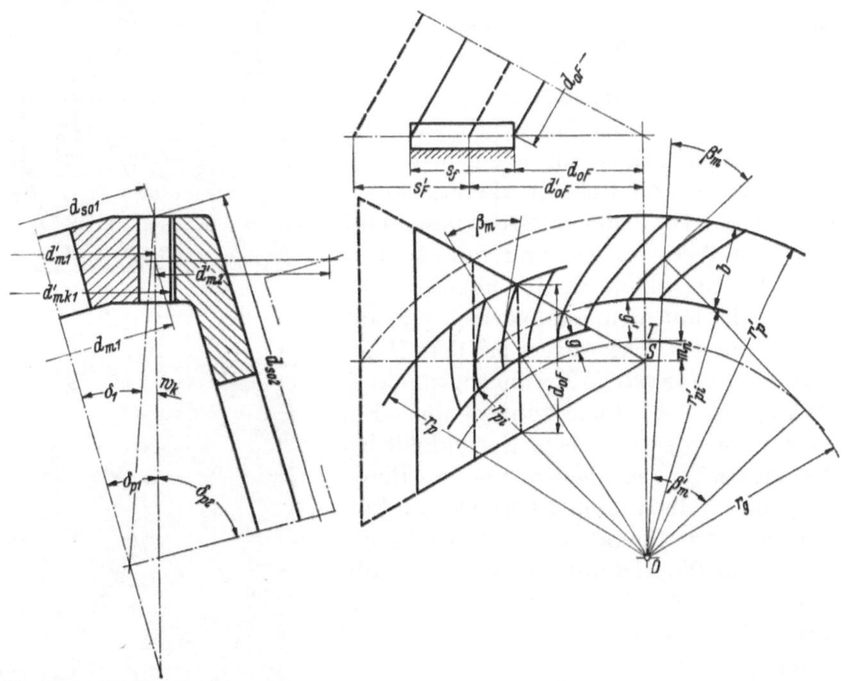

Abb. 3.81. Kegelradfräser erzeugt Palloidverzahnung. Vergrößerung von r_p auf r_p' ergibt größeren Spiralwinkel β_m' und erfordert Fräser mit größerem Durchmesser (gestrichelt). Wälzkegelwinkel δ_1 wird um w_k verringert.

bei ein Mindestabstand g gewahrt bleiben. Bei $z_p = 40$ gilt etwa $g \geq 3{,}2$ mm für $m_n = 2$, $g = 7$ mm bei $m_n \geq 6$.

Die Genauigkeit und Leistung der Klingelnberg-Maschine ist sehr wesentlich dadurch bedingt, daß nur durchlaufende Kreisbewegungen vorhanden sind. Eine besondere Teilbewegung ist, wie allgemein beim Wälzfräsen, nicht erforderlich. Die Maschine ist für Fertigung großer

Serien ebenso geeignet wie für Einzelfertigung, das letztere durch einfache Berechnungsmöglichkeit und leichte Einstellbarkeit der Maschine.

γ) Zykloidenzähne (Eloidverzahnung). Spiralkegelräder mit *epi- oder hypozyklischen* Kurven als Flankenlinien. Die Anwendung zyklischer Kurven bringt die Möglichkeit, die günstigen Zerspanungswinkel des Messerkopfes mit einfachen Drehbewegungen der Maschine im fortlaufenden, also teilschaltungsfreiem Verfahren zur Herstellung von Spiralkegelrädern auszunutzen. Diese wurden schon von BÖTTCHER angegeben und werden heute von Fiat (nach MAMMANO) und von Oerlikon als Eloidverzahnung ausgeführt.

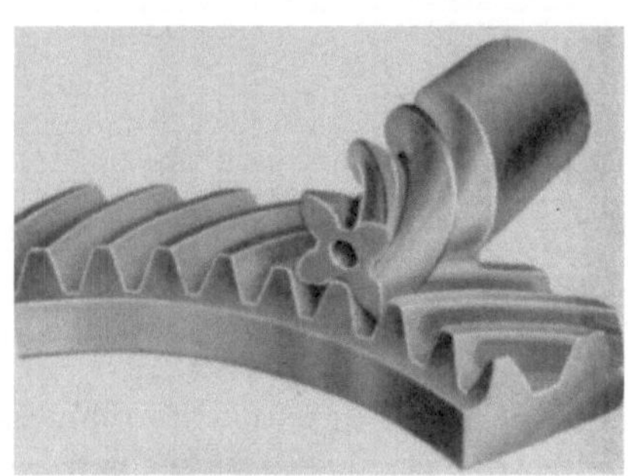

Abb. 3.82.   Palloidverzahnung mit vierzähnigem Ritzel (Werkfoto Klingelnberg).

Bei der *Eloidverzahnung* arbeitet ein Messerkopf (Abb. 3.83), der mit mehreren Messergruppen, bestehend aus einem Vorschneider und je einem Fertigschneider für die rechte und linke Werkstückflanke, versehen ist (Abb. 3.84). Jedes Messer beschreibt durch Drehung des Werkstückes und des Messerkopfes verlängerte Epizykloiden, indem sich der Messerkopf-Wälzkreis mit dem Halbmesser ϱ_M auf dem Planradwälzkreis des Werkstückes mit dem Halbmesser ϱ_p abwälzt. Der jeweilige Berührungspunkt C der beiden Wälzkreise ist Momentanzentrum. Ein Punkt des Wälzkreises ϱ_M würde eine Epizykloide beschreiben, die Messerflanken jedoch am mittleren Halbmesser r_M beschreiben eine „Verlängerte Epizykloide". Liegt der Mittelpunkt M des Messerkopfes auf dem Kreis um die Planradmitte O_p mit dem Halbmesser r_{pM}, so gilt für jeden Punkt P die Epizykloide auf dem Planradhalbmesser r mit Winkel $PO_pM = t'$ aus dem Dreieck O_pMP:

$$\cos t' = (r^2 + r_{pM}^2 - r_M^2)/2\,r\,r_{pM}. \quad (3.96\,\text{a})$$

Dann folgt aus Dreieck PCH für den Spiralwinkel β am Halbmesser r:

$$\mathrm{tg}\,\beta = (r - \varrho_p \cos t')/\varrho_p \sin t'. \quad (3.96\,\text{b})$$

Die Größe des Spiralwinkels läßt sich demnach durch Wahl von r_{pM} für die Einstellung des Messerkopfes in weitesten Grenzen dem Zweck der Verzahnung anpassen.

Abb. 3.83. Messerkopf für Eloidverzahnung schneidet ein Ritzel. Planscheibe der Maschine dreht den Messerkopf von unten nach oben, dadurch wird die Verzahnung auf volle Tiefe fertig geschnitten.

Für den Wälzkreishalbmesser ϱ_M erhält man bei der Messerzahl z_M:

$$\varrho_M = z_M\, r_{pM}/(z_p + z_M)\,. \tag{3.96c}$$

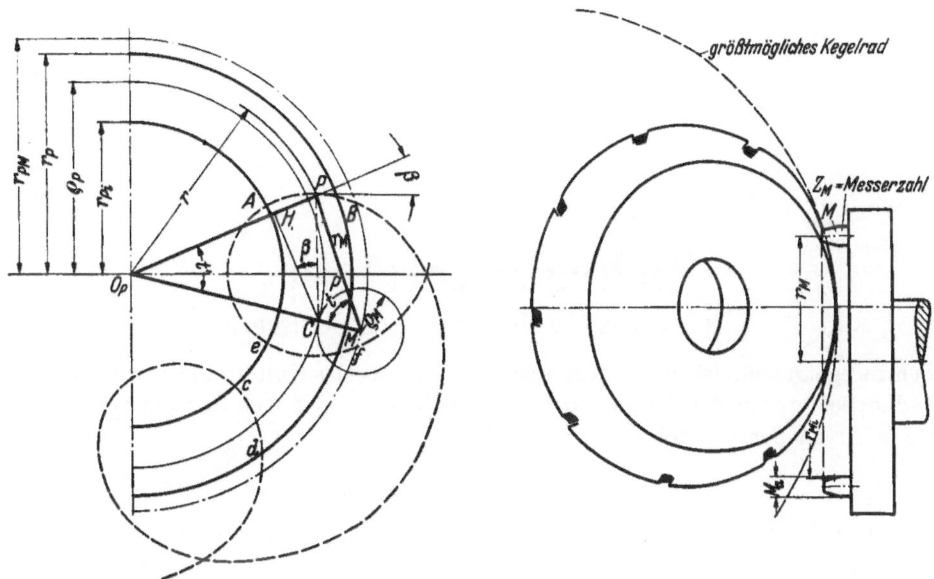

Abb. 3.84. Mathematische Grundlage der Epizykloiden.

Für die Bestimmung des Berührungsbogens l_b genügt Gl. (3.89). Die Verschiedenheit der Krümmungshalbmesser an der inneren und der äußeren Messerflanke, $r_{Mi} < r_{Ma}$, sichert die notwendige ballige Anlage.

Unter der Bezeichnung *Zyklo-Palloid*-Verzahnung wird von Klingelnberg eine Maschine für kleine Kegelräder gebaut, die ähnlich dem eben beschriebenen Verfahren arbeitet [*2.07*].

Ein kinematisch interessantes Verfahren nach BÖTTCHER verwendet hypozyklische Kurven, wo die Abwälzung auf einem Innenkreis erfolgt, zur Herstellung von Pfeilrädern [*2.08*] (Abb. 3.85). Man erhält aus einer Planetenbewegung des Messer-

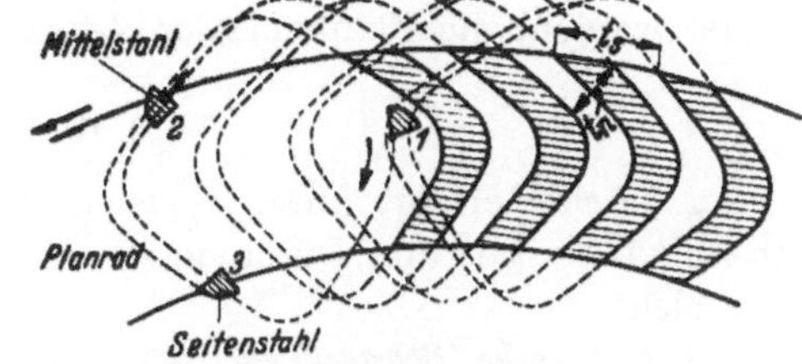

Abb. 3.85. Pfeilzahn-Flankenlinien nach verlängerten Hypozykloiden.

kopfes die Flankenlinie nach einer Hypozykloide, die einem Quadrat mit abgerundeten Ecken ähnelt. Wegen der kleinen Krümmungshalbmesser dieser Kurven ist allerdings der Messerkopf nur mit drei Messern möglich, je für eine Flanke und ein Mittelstahl. Infolgedessen bleibt die Zerspanungsleistung verhältnismäßig gering.

Teil IV

Schraubgetriebe.

(Getriebe für sich kreuzende Achsen.)

Bei Schraubgetrieben ist die Form der Verzahnung bestimmt durch die Grundform der beiden Radkörper, durch den Verlauf der Flankenlinien und durch das Zahnprofil. Es ergeben sich folgende Arten der Getriebe:

a) Schraubwälzgetriebe.

Der Antrieb erfolgt durch die Drehbewegung des Ritzels; im Gegensatz zu den in den vorhergehenden Abschnitten behandelten reinen Wälzgetrieben wird jedoch nur eine Komponente der Drehbewegung nutzbar, die andere äußert sich als Gleitung. Die Grundkörper sind *Umdrehungshyperboloide*, sie berühren sich in der erzeugenden Geraden. Gestalt und Durchmessergrößen sind durch die kinematischen Bedingungen bestimmt.

Zur leichteren praktischen Ausführung werden diese Räder durch *Schraubenstirnräder* oder *Schraubenkegelräder* angenähert. Die Räder können dann wie Räder mit schrägen Zähnen ausgebildet werden, die Flankenlinien der Zähne sind räumliche Kurven.

b) Reine Schraubgetriebe.

Der Antrieb erfolgt durch fortschreitende Bewegung in axialer Richtung des Trieblings (Schnecke). Gestalt und Durchmesser des Trieblings sind wählbar. Nach dem Grundkörper ergeben sich:

I. Zylindrische Schneckengetriebe. Schnecke mit zylindrischem Grundkörper kämmt mit Schneckenrad, das als Globoid, d. h. als Drehkörper mit Kreisbogen als Erzeugender, ausgebildet ist.

II. Globoidschneckengetriebe. Die Grundkörper bei Schnecke und Schneckenrad sind Globoide.

A. Schraubwälzgetriebe.

I. Hyperboloidräder.

a) Allgemeine Zusammenhänge.

Bei sich kreuzenden Achsen erhalten die Radkörper mit geradlinigen Zahnflächen eine hyperbolische Grundform. Die Lage der beiden Radachsen sei festgelegt durch den Kreuzungswinkel ψ und den kürzesten Abstand $a_v = O_1 O_2$ (Abb. 4.00).

Für ein unveränderliches Übersetzungsverhältnis $\omega_2/\omega_1 = z_1/z_2$ ergeben sich als Wälzflächen zwei Umdrehungshyperboloide, die sich in einer auf der kürzesten Entfernung $O_1 O_2$ senkrecht stehenden Geraden, der Momentanachse, $C_0 C$ berühren. Bei der Drehung rollen die Hyperboloide zwar senkrecht zur Momentanachse ohne Gleiten ab, in der Richtung der Momentanachse findet jedoch stetes Gleiten statt[1]. Die relative Bewegung der beiden drehenden Systeme ent-

---

[1] Die Ausdrücke „Wälzfläche" und „Wälzhyperboloid" bedeuten also nur, daß das *Wälzen* die treibende *Haupt*bewegung ist.

spricht somit einer Schraubung um die Momentanachse mit einer bestimmten Winkelgeschwindigkeit Ω und einer gleichzeitigen Fortschreitungsgeschwindigkeit g_a.

Die Bedingung des Rollens erfordert in jedem Punkte C der Momentanachse für beide Räder gleich große Geschwindigkeitskomponenten parallel zum kürzesten Abstand a, also $r_1\omega_1 = r_2\omega_2$. Führt man in diese Gleichung die Beziehung $C_0C = r_1/\sin\delta_1 = r_2/\sin\delta_2$ ein, so erhält man zur Festlegung der Richtung von der Momentanachse:

$$\sin\delta_2/\sin\delta_1 = \omega_1/\omega_2 = z_2/z_1 = i\,. \tag{4.00}$$

Die Geschwindigkeitskomponenten des Punktes C in der zur kürzesten Entfernung senkrechten Ebene sind für beide Räder $a_1\omega_1$ bzw. $a_2\omega_2$; ihre Zusammensetzung ergibt die in die Richtung der Momentanachse fallende Fortschreitungsgeschwindigkeit g_a. Das Geschwindig-

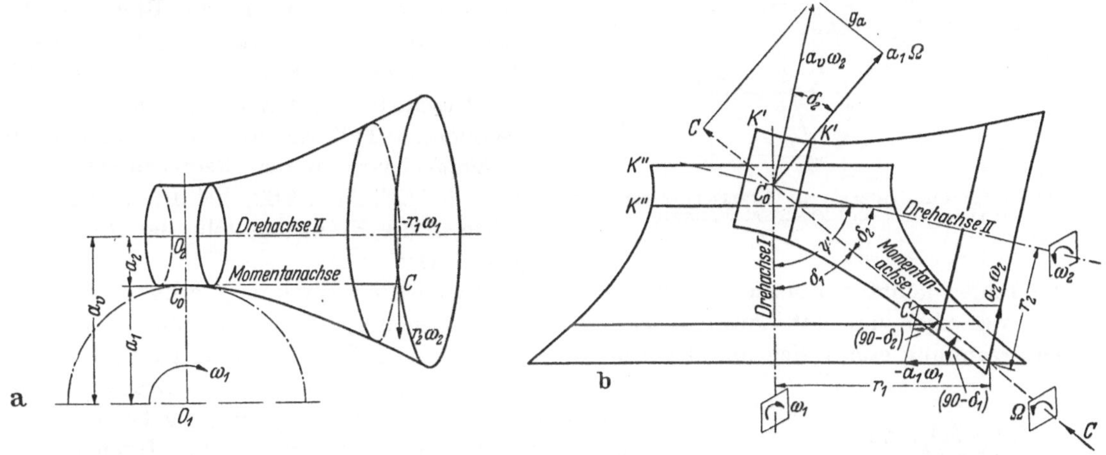

Abb. 4.00a und b. a Hyperboloidgetriebe mit geradliniger Erzeugender. b Hyperboloidräder, Bezeichnungen.

keitsdreieck liefert die Beziehung $a_1\omega_1/a_2\omega_2 = \cos\delta_2/\cos\delta_1$, die unter Benutzung der Gl. (4.00) umgeformt werden kann in:

$$a_1/a_2 = \mathrm{tg}\,\delta_1/\mathrm{tg}\,\delta_2\,. \tag{4.01}$$

Dieser Ausdruck bestimmt die kürzesten Entfernungen a_1 und a_2 der Momentanachse gegenüber den beiden Drehachsen.

Die Gln. (4.00) und (4.01) bestimmen die Momentanachse aus der Radachsenlage und dem Übersetzungsverhältnis i, wenn die Beziehung $a_1 + a_2 = a_v$ berücksichtigt wird.

$$\mathrm{ctg}\,\delta_1 = \mathrm{ctg}\,\psi + i/\sin\psi\,; \qquad \mathrm{ctg}\,\delta_2 = \mathrm{ctg}\,\psi + 1/i\sin\psi\,; \tag{4.02a}$$

$$a_1 = a_v(1 + i\cos\psi)/(1 + 2i\cos\psi + i^2)\,; \qquad a_2 = a_v - a_1\,. \tag{4.02b}$$

Die Gln. (4.02a) stimmen sinngemäß mit den Gln. (2.01) für Kegelräder überein. Die Wälzhyperboloide ergeben sich aus der Drehung der Momentanachse um die Radachsen.

Die Geschwindigkeiten g_a und Ω der relativen Schraubenbewegung bestimmt man aus der relativen Geschwindigkeit des Punktes O_1. Die relative Geschwindigkeit dieses Punktes ist lediglich die Umfangsgeschwindigkeit $a_v\omega_2$ um die Drehachse II, da der Punkt in der Drehachse I selbst liegt. Die Komponente von $a_v\omega_2$ in der Richtung der Momentanachse ist die Fortschreitungsgeschwindigkeit g_a, und die hierzu senkrechte Komponente ist die Umfangsgeschwindigkeit $a_1\Omega$ der drehenden Relativbewegung (Abb. 4.00b). Somit erhält man aus dem Geschwindigkeitsdreieck

$$g_a = a_v\,\omega_2\sin\delta_2 = a_v\,\omega_1\sin\delta_1\,, \tag{4.03a}$$

$$\Omega = a_v/a_1\cdot\omega_2\cos\delta_2 = a_v/a_2\cdot\omega_1\cos\delta_1 = \sqrt{\omega_1^2 + \omega_2^2 + \omega_1\,\omega_2\cos\psi}\,. \tag{4.03b}$$

Das Verhältnis der beiden Geschwindigkeiten, das die charakteristische Größe der Schraubung darstellt, berechnet sich mit

$$g_a/\Omega = a_1\,\mathrm{tg}\,\delta_2\,. \tag{4.04}$$

Das Zusammenwirken von Wälzdrehung und Fortschreitung entspricht einer „*Schrauben-zahnstange*" als Bezugselement. Diese, Abb. 4.01, tritt an Stelle der einfachen Zahnstange bei Stirnrädern und an Stelle des Planrades bei Kegelrädern zur Erzeugung der Verzahnung von Rad und Gegenrad, indem die Verzahnung auf dem schraubenförmigen Band sich in beide Räder einwälzt. Zur praktischen Ausführung sind diese Gedanken jedoch bisher nicht gekommen.

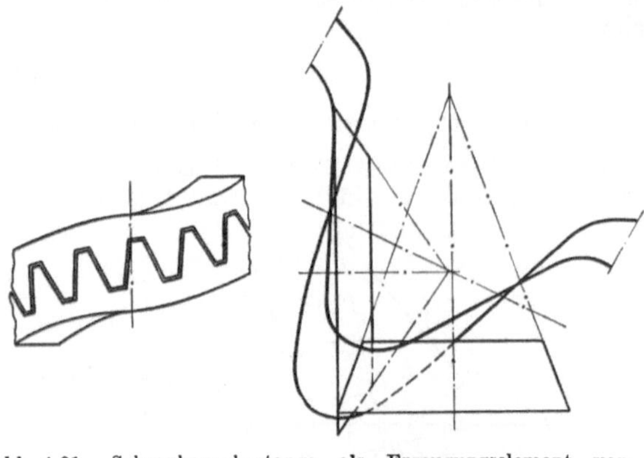

Abb. 4.01. Schraubenzahnstange als Erzeugungselement von Hypoidrädern nach Gleason-Patentschrift.

Zur Radausführung benutzt man einen begrenzten Teil der Momentanachse, dessen Umdrehung um die Radachsen die Teilriß-flächen der Räder liefert. Die Zähne müssen mit geradem Verlauf in die Richtung der Erzeugenden der Wälzflächen gelegt werden, damit bei der Bewegung das Abgleiten mit der Geschwindigkeit g_a erfolgen kann. Einen besonderen Fall der Anordnung stellen die *Kehlräder* dar mit den Begrenzungen $K'K'$ bzw. $K''K''$, Abb. 4.00, bei denen die Radmitte in die Kreuzungsstelle der Radachsen gelegt wird.

Die Räder könnten räumliche Zykloiden- oder Evolventenverzahnung erhalten, werden jedoch tatsächlich nur mit „angenäherten" Verzahnungen ausgeführt. Die räumliche Evolventenverzahnung ergibt sich aus der Annahme einer ebenen Eingriffsfläche parallel zu den Drehachsen, ihre Lage zwischen den Drehachsen ist vom Übersetzungsverhältnis unabhängig. Dadurch verlieren diese Räder den Charakter der Hypoloidräder im engeren Sinne und werden einfach zu Schraubenrädern. Räder nach dieser Theorie [*2.09*] besitzen zur Zeit keine praktische Bedeutung. Zur Zykloidenverzahnung wählt man eine aus zwei Schraubenflächen zusammengesetzte Eingriffsfläche [*2.10*; *2.11*], für welche die beiden Achsen, die Hilfsachsen, zu ermitteln sind. Auch diese Verfahren besitzen zur Zeit keine praktische Bedeutung.

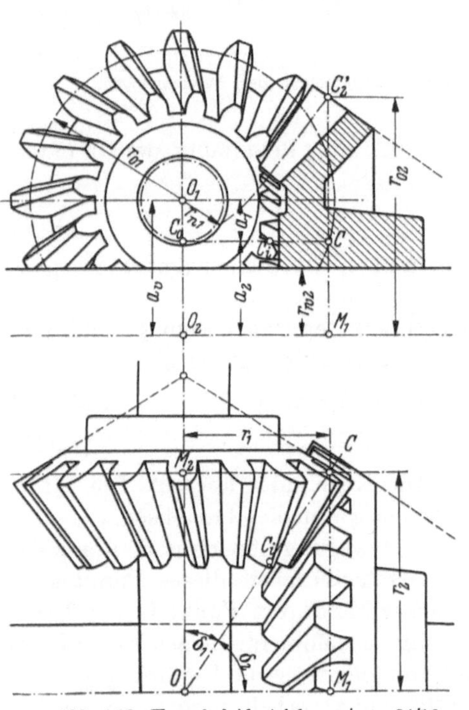

Abb. 4.02. Hyperboloidgetriebe. $z_2/z_1 = 24/16$.

b) Ausführung mit angenäherter Verzahnung für geradlinige Flanken.

Im Grenzfall des *Kehlrades* ist bei einem Kreuzungswinkel ψ von 90° nach Gl. (4.01) und (4.02a) $a_1/a_2 = 1/i_2 = (z_1/z_2)^2$. Das Verhältnis der Kehlkreishalbmesser wächst also quadratisch mit dem Übersetzungsverhältnis i. Je weiter die Räder von der Kreuzungsstelle weg angeordnet werden, desto mehr nähern sich die Teilkreishalbmesser r_0 dem einfachen Übersetzungsverhältnis. Die Hyperboloidräder treten dann dem Charakter der Kegelräder näher, so daß sich die Eingriffsverhältnisse der angenäherten Verzahnung günstiger gestalten.

Grundsätzlich ist die Achsentfernung a_v nur so groß zu halten, wie es der konstruktive Zweck erfordert. Dies wird fast immer dann erreicht sein, wenn die Achsen beider Räder aneinander vorbeigehen, Abb. 4.02, a_v wird also wenig größer als $(r_{w1} + r_{w2})$.

Die angenäherte Verzahnung wird für einen Ersatzkegel durchgeführt (Abb. 4.03, 4.04), der das Wälzhyperboloid in der Mitte der Zahnbreite berührt und dessen Spitze in O_1 liegt.

Maßgebend ist wie bei Kegelrädern die Verzahnung auf dem Ergänzungskegel, dessen Spitze O' ist. Bei der Verzahnung eines Rades vom Kehlkreishalbmesser a_v und dem Winkel δ_1 legt man

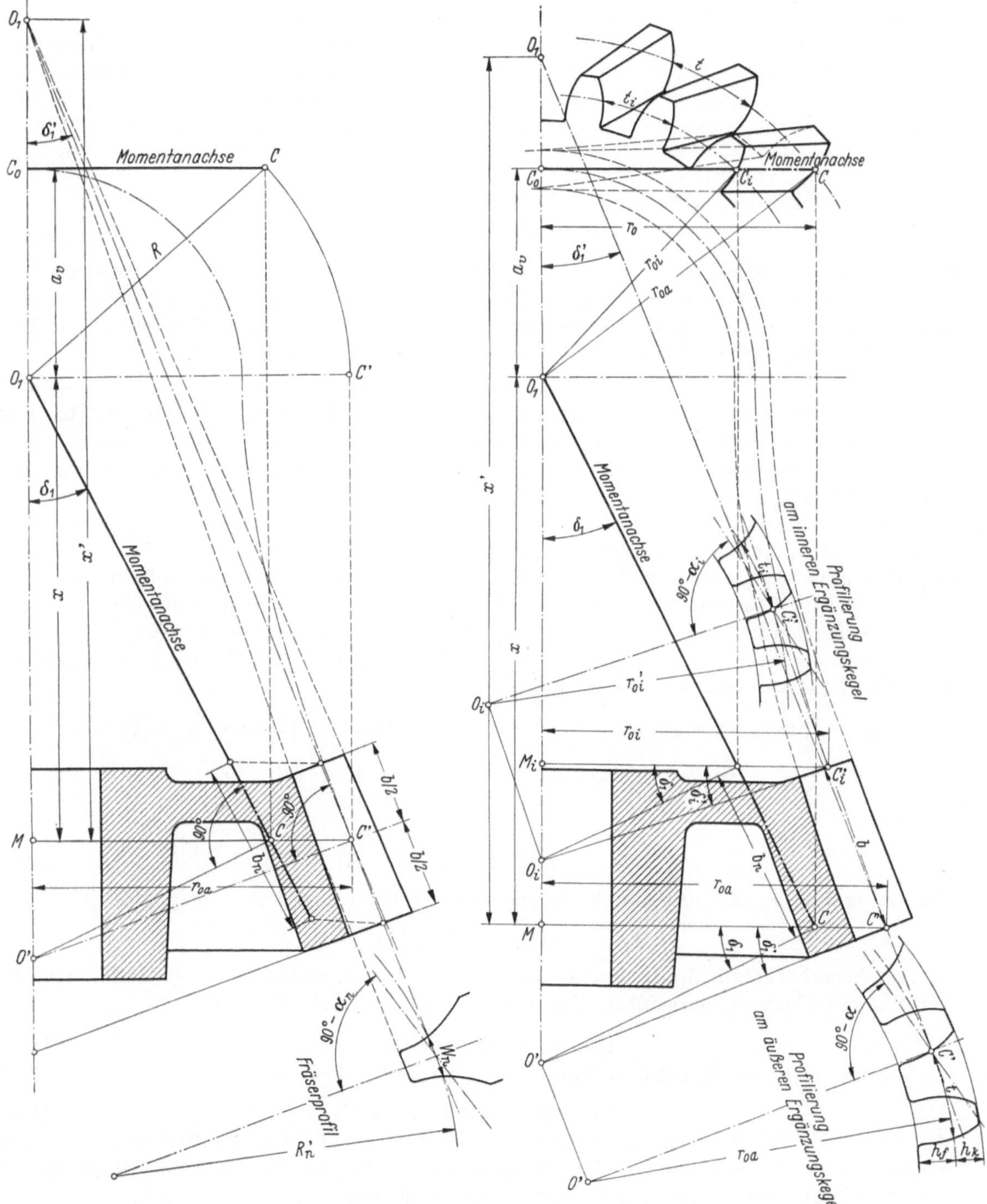

Abb. 4.03. Angenäherte Verzahnung für ein auf ein Kegelrad zurückgeführtes Rad eines Hyperboloidgetriebes.

Abb. 4.04. Grundriß zu Abb. 4.03.

zunächst die bei den Rädern gemeinschaftliche Zahnbreite $CC_i = b_n \leqq 6\,m_n$ fest (Abb. 4.04). Aus der gewählten Entfernung $OC = r_p$ ergibt sich $CM = r_0 = r_p \sin\delta_1$ und $OM = x = r_p \cos\delta_1$. Der äußere Teilkreishalbmesser r_{0a} ist die Hypotenuse eines rechtwinkligen Dreiecks mit den

Katheten a_v und r_0 (Seitenriß), daher

$$M C' = r_{0a} = \sqrt{a_v^2 + r_p^2 \sin^2 \delta_1}. \tag{4.05}$$

Die Stirnteilungen von zwei eingreifenden Rädern fällen ungleich groß aus.

Man ermittelt r_{0a} für verschiedene x und zeichnet die Umfangshyperbel des Wälzhyperboloids. Durch Ziehen der Geraden CO' senkrecht auf CO erhält man die Spitze O' des Ergänzungskegels. Seine Erzeugende $O'C'$ steht senkrecht auf der Erzeugenden $C'O_1$ des Tangierungskegels. Die Zahngestalt in C' entspricht ungefähr dem Schraubenzahn eines Kegelrades mit dem Winkel

$$\operatorname{tg} \delta_1' = M O'/M C' = r_0 \operatorname{tg} \delta_1 / r_{0a}. \tag{4.06a}$$

Mit $b \cos \delta_1' = b_n \cos \delta_1$ ergibt sich für den Schrägungswinkel β

$$\cos \beta = b/b_n = \cos \delta_1 / \cos \delta_1'. \tag{4.06b}$$

Das Zahnprofil im Ergänzungskegel ist daher ein schräger Schnitt des Schraubenzahnes unter dem Winkel β gegen den Normalschnitt. Die Verzahnung wird demnach in der abgewickelten Mantelfläche des Ergänzungskegels aufgezeichnet mit einem Teilkreishalbmesser $r_{0a}' = C'O'$ $= r_{0a}/\cos \delta_1'$, einem Eingriffswinkel $\operatorname{tg} \alpha_s = \operatorname{tg} \alpha_n / \cos \beta$, einer Teilung

$$t_s = t_n/\cos \beta = 2 r_{0a} \pi/z_1. \tag{4.06c}$$

Die Zahnprofile am inneren Ergänzungskegel $C_i'O_i'$ sind ebenso zu ermitteln. Werden das äußere und das innere Endprofil so auf den beiden Ergänzungskegeln angeordnet, daß die Teilkreispunkte in die Richtung der Erzeugenden des Wälzhyperboloides fallen und durch gerade Linien verbunden, so entstehen die Zahnflanken.

Rechnung: Bei der Berechnung legt man die Verhältnisse der Radmitte zugrunde (Punkt C_m). Normalmodul m_n ist aus der Beanspruchung und Lebensdauer zu schätzen. Die Breite b_n bleibt möglichst unter $6\,m_n$. In Rücksicht auf die Herstellung und ohnehin verschlechterte Überdeckung sind die Zähnezahlen so groß zu wählen, daß Unterschneidungen unterbleiben.

Da die geschätzten Werte m_n bzw. t_n und b_n in beiden Rädern der Paarung gleich groß sein müssen, sind aus ihnen die übrigen Werte bestimmt. Mit den Beziehungen der Gln. (4.06b), (4.06a) und (4.05) ergibt sich aus Gl. (4.06c) für r_{0m1}:

$$r_{0m1} = \frac{z_1}{2} m_n/\cos \beta = \frac{z_1}{2} m_n/\cos \delta_1' \left(\sqrt{1 + \operatorname{tg}^2 \delta_1'} \right) = \frac{z_1}{2} m_n\, r_{0m} / \sqrt{r_{0m}^2 \cos^2 \delta_1 + r_0^2 \sin^2 \delta_1}$$

$$= \frac{z_1}{2} m_n\, r_{0m} / \sqrt{r_{0m}^2 - v_a^2 \sin^2 \delta_1},$$

Somit:

$$r_{0m} = \sqrt{\left(\frac{z_1}{2} m_n \right)^2 + (a_v \sin \delta_1)^2}. \tag{4.07}$$

Die Entfernung x_m der mittleren Radebene von der Kreuzungsstelle

$$x_m = r_0 \operatorname{ctg} \delta_1 = \operatorname{ctg} \delta_1 \sqrt{r_{0m}^2 - a_v^2}.$$

Das Hyperboloidrad wird in der Gestalt eines Kegelrades, dessen Teilkegel das Hyperboloid auf Radmitte berührt, ausgeführt. Spitzenwinkel δ_1' nach Gl. (4.06a) aus:

$$\operatorname{ctg} \delta_1' = \operatorname{ctg} \delta_1\, r_{0m} / \sqrt{r_{0m}^2 - a_v^2}. \tag{4.08}$$

Entfernung x_m' der Kegelspitze von der mittleren Radebene e

$$x_m' = r_{0m} \operatorname{ctg} \delta_1' = \operatorname{ctg} \delta_1\, r_{0m}^2 / \sqrt{r_{0m}^2 - a_v^2}. \tag{4.09}$$

Aus Gl. (4.06b) ist der Schrägungswinkel β_m und die Radbreite b in der Richtung der Erzeugenden des Teilkegels bestimmt. Zur Bestimmung des Axialschubes A kann Gl. (3.72) verwendet werden, wenn statt δ_1 der Wert δ_1' eingesetzt wird.

c) Herstellung hyperbolischer Räder.

Das Fräsen der Zähne aus dem Ersatzkegelkörper ist auch hier wie bei Kegelrädern mit *Scheibenfräsern* angenähert möglich. Jede Zahnflanke wird durch einen besonderen Schnitt hergestellt. Der Fräser wird parallel zur Fußkante der Zahnflanken geführt und mit seiner Achse auf Radmitte unter dem Winkel β gegen die Erzeugende des Teilkegels eingeschwenkt.

Der Scheibenfräser muß einer Zahnteilung entsprechen, die kleiner als die Normalteilung t_n' an der inneren Radseite ist, damit er beim Durchgang durch die Zahnlücke die Gegenflanke nicht zerschneidet. Mit dem inneren Teilkreishalbmesser $r_{0\,i} = r_{0\,a} - b/2 \cdot \sin\delta'$ erhält man angenähert für die Teilung t_n'

$$t_n' = t_s \cos\beta \cdot r_{0\,i}/r_{0\,a} . \tag{4.10}$$

Der Fräser muß das Profil der inneren Lücke tragen und für eine Zähnezahl

$$z_n = z/\cos\delta' \cos^3\beta \tag{4,11}$$

passend gewählt sein.

Da das Hyperboloidrad annähernd einem Rad mit Schrägzähnen gleicht, läßt es sich auch als solches mit einem *Fingerfräser* schneiden. Auch hier wird der Fräser parallel zur Fußkante und mit dem Steigungswinkel β in der Mitte geführt. Schwierigkeiten bestehen durch den ungleichen Schrägungsverlauf des Hyperboloidzahnes, dessen Steigungswinkel β gegen die Kreuzungsstelle abnimmt, während der Winkel des Zahnes auf dem Ersatzkegel zunimmt. Ferner ist ein Anpassen des Eingriffswinkels α_n wie bei Kegelrädern schwer möglich, da zwei eingreifende Hyperboloidräder ungleiche Schrägungswinkel aufweisen.

Die Ungenauigkeiten der Annäherungsverfahren nötigen zu Radbreiten unter $6\,m_n$.

II. Schraubenräder.

a) Schraubenstirnräder.

Zur Übertragung der Bewegung bei kreuzender Achsenlage eignen sich auch Stirnräder mit *Schraubenzähnen*, „Schraubenräder". Gegenüber den genau verzahnten Hyperboloidrädern weisen sie verminderten Eingriff auf. Sie werden vornehmlich für Untersetzungen bis 1 : 4 angewendet, für größere Untersetzungen sind Schneckengetriebe vorzuziehen.

Jedes Rad wird symmetrisch zur Kreuzungsstelle der beiden Wellenachsen eingebaut (Abb. 4.05). Die Wahl der Schrägungswinkel β_1 und β_2 bei einem Kreuzungswinkel ψ muß die Beziehung berücksichtigen:

$$\beta_1 + \beta_2 = \psi \quad \text{und} \quad a_v = r_{s0\,1} + r_{s0\,2} . \tag{4.12}$$

Abb. 4.05. Schraubenstirnräder. $g_a = CG_1 \perp CG_2$.

Der Steigungssinn ist demnach meist in beiden Rädern gleichsinnig, also in beiden Rädern entweder rechts- oder linkssteigend.

Bei einer Berührung der Zähne im „Wälzpunkt" C findet während der Bewegung ein Gleiten der Zähne in der Richtung der gemeinschaftlichen Tangente T an den Schraubenverlauf der Zähne statt (Abb. 4.05). Aus dem Geschwindigkeitsdreieck $r_{s0\,1}\,\omega_1$ und $r_{s0\,2}\,\omega_2$ ergeben sich die Gleitgeschwindigkeiten g_a:

$$g_a = r_{s0\,1}\,\omega_1 \sin\beta_1 + r_{s0\,2}\,\omega_2 \sin\beta_2 , \tag{4.13a}$$

$$r_{s0\,1}\,\omega_1/r_{s0\,2}\,\omega_2 = \cos\beta_2/\cos\beta_1 . \tag{4.13b}$$

Das Untersetzungsverhältnis ist somit:

$$z_1/z_2 = \omega_2/\omega_1 = r_{s0\,1} \cos\beta_1/r_{s0\,2} \cos\beta_2 . \tag{4.13c}$$

Während bei den Hyperboloidrädern sowohl die Unterteilung des Kreuzungswinkels ψ als auch die Unterteilung der kürzesten Entfernung a durch das Übersetzungsverhältnis festgelegt ist, steht bei den Schraubenrädern die Wahl von einer der Unterteilungen frei; die andere Unterteilung ist dann nach Gl. (4.12) bestimmt.

Bei der Untersuchung der Kräfte und des Wirkungsgrades wird zur Vereinfachung die eigentliche Zahnreibung, die die abwälzende Relativbewegung verursacht, außer acht gelassen und nur die wesentlich größere Reibungskraft in der Längsrichtung der Zähne berücksichtigt. Die Zahnkraft N senkrecht zur Zahnrichtung ergibt einen der Gleitrichtung entgegengerichteten Reibungswiderstand μN (Abb. 4.06). Beide Kräfte ergeben eine Resultierende $N' = N/\cos\varrho$, die unter dem Reibungswinkel ϱ (tg$\varrho = \mu$) gegen die Gleitbewegung gerichtet ist. Die senkrecht auf den Drehachsen stehenden Komponenten dieser Resultierenden geben die Umfangskräfte P_1 und P_2, und die Komponenten in der Achsrichtung die Axialkräfte A_1 und A_2.

Für das treibende Rad gilt:

$$\left.\begin{aligned} P_1 &= N'\cos(\beta_1 - \varrho); \\ A_1 &= N'\sin(\beta_1 - \varrho). \end{aligned}\right\} \qquad (4.14\,\mathrm{a})$$

Für das getriebene Rad:

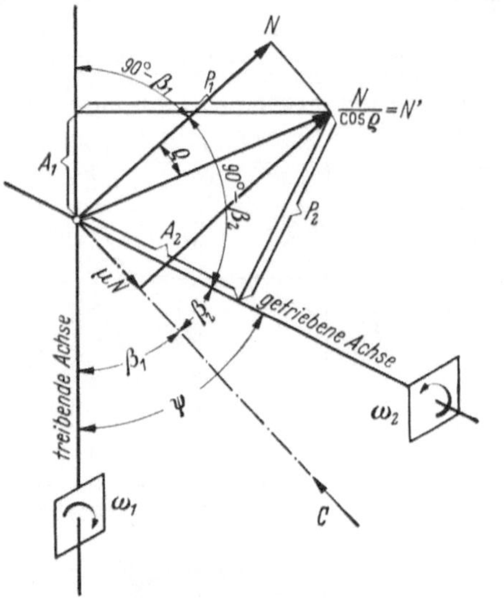

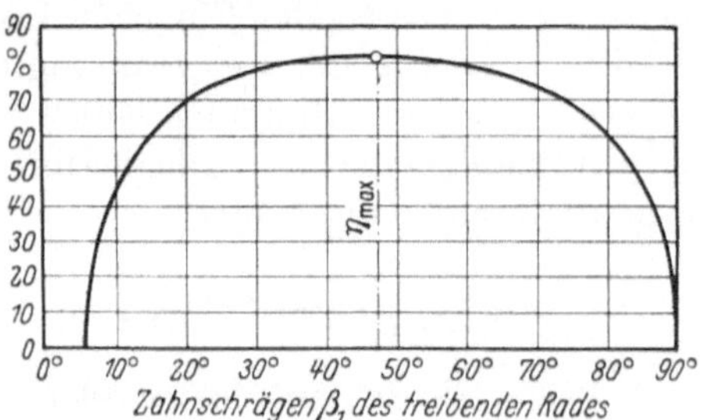

Abb. 4.06. Kräfte am Schraubenradgetriebe.

Abb. 4.07. Theoretische Wirkungsgradkurve für ein senkrecht kreuzendes Schraubenradgetriebe ($\mu = 0{,}1$).

$$P_2 = N'\cos(\beta_2 + \varrho); \qquad A_2 = N'\cos(\beta_2 + \varrho). \qquad (4.14\,\mathrm{b})$$

Bezogen auf die Umfangskraft P_2 am getriebenen Rad:

$$P_1 = P_2\cos(\beta_1 - \varrho)/\cos(\beta_2 + \varrho); \quad A_1 = P_2\sin(\beta_1 - \varrho)/\cos(\beta_2 + \varrho); \quad A_2 + P_2\,\mathrm{tg}(\beta_2 + \varrho). \quad (4.14\,\mathrm{c})$$

Der Wirkungsgrad des Getriebes:

$$\eta = P_2 v_2/P_1 v_1 = P_2 r_{so2}\,\omega_2/P_1 r_{so1}\,\omega_1 = \cos(\beta_2 + \varrho)\cos\beta_1/(\cos(\beta_1 - \varrho)\cos\beta_2)$$

$$\eta = (1 - \mu\,\mathrm{tg}\beta_2)/(1 + \mu\,\mathrm{tg}\beta_1). \qquad (4.15\,\mathrm{a})$$

Der Wirkungsgrad ist somit von den Zahnschrägen abhängig. Dies zeigt die Darstellung in Abb. 4.07 bei einer Reibungszahl $\mu = 0{,}1$ für ein Räderpaar mit senkrecht kreuzenden Achsen. Der Wirkungsgrad erreicht bei einer bestimmten Zahnschräge sein Maximum. Rechnerisch erhält man dieses aus Gl. (4.15a) durch Differenzieren von η nach β_1:

$$\partial\eta/\partial\varphi_1 = (1 + \mu\,\mathrm{tg}\beta_1)/\cos^2\beta_2 - (1 - \mu\,\mathrm{tg}\beta_2)/\cos^2\beta_1 = 0, \quad \mathrm{tg}(\beta_1 - \beta_2) = \mu. \quad (4.15\,\mathrm{b})$$

Bei dieser geringen Größe der Winkeldifferenz ist also praktisch der günstigste Wirkungsgrad erreicht, wenn $\beta_1 = \beta_2 = \psi/2$ ausgeführt wird. Nach Gl. (4.13) entspricht dann das Übersetzungsverhältnis i dem Verhältnis der Wälzkreishalbmesser $r_{so1}/r_{so1} = z_2/z_1$. Da im übrigen der Wirkungsgrad beiderseits des Maximums wenig abfällt, würden bei $\psi = 90°$ Zahnschrägen zwischen 30° und 60° durchaus tragbar sein. Beispiel Tafel XXV.

Die *Eingriffsverhältnisse* der Schraubenräder lassen sich mit einem Zahnstangeneingriff vergleichen (Abb. 4.08). Die Flanken einer Stirnzahnstange haben gerade Erzeugende in der Richtung der Zahnschräge und verschieben sich parallel bei fortschreitendem Eingriff mit der Geschwindigkeit v_1. Deshalb nehmen die Zahnflächen auch dann die gleichen Stellungen ein, wenn sie senkrecht zur Zahnschräge mit einer Geschwindigkeit $v = v_1\cos\beta_1$ verschoben werden. Diese Bewegung entspricht der Anordnung einer Zahnstange mit geraden Zähnen, deren Achsenlage zur Stirnradachse unter dem Winkel β_1 gekreuzt ist. Die Eingriffsverhältnisse bleiben die gleichen

wie bei der Stirnradzahnstange, jedoch findet ein Gleiten der Zähne längs ihrer Berührungslinien mit der Geschwindigkeit g_a statt.

Für das Profil der Schraubenzähne ist der Normalschnitt maßgebend mit der Zähnezahl
$z_n = z/\cos^3 \beta$ [Gl. (3.27)] und der Normalteilung t_n. Für
die Stirnteilung gilt nach Gl. (3.00)

$$t_n = t_{s1} \cos\beta_1 = t_{s2} \cos\beta_2 . \qquad (4.16)$$

Bei der gebräuchlichen Evolventenverzahnung bestimmt eine unter dem Eingriffswinkel α_n geneigte Eingriffsgerade die Zahnflanken des Normalschnittes und
es bleibt der Eingriff im Normalschnitte auf die innerhalb der beiden Kopfkreise liegende Eingriffstrecke IK
beschränkt (Abb. 4.09).

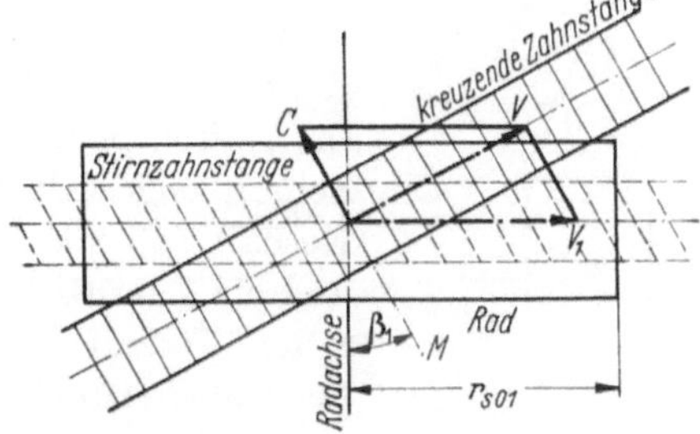

Abb. 4.08. Planverzahnung der Schraubenstirnräder.

Der Eingriff der Schraubenzähne vom Rade I mit
einer kreuzenden Zahnstange vollzieht sich in einer
Ebene, die durch die Eingriffsgerade IK des Normalschnittes hindurchgeht. Ihre Winkel-
neigung $(90° - \alpha_1)$ gegen die Kreuzungslinie ist gegeben durch $\mathrm{tg}\,\alpha_1 = \mathrm{tg}\,\alpha_n/\cos\beta_1$ [Gl. (3.01)].

Die Schraubenzähne des Rades II kommen mit der gleichen kreuzenden Zahnstange in
einer anderen Ebene, in der ebenfalls die Eingriffsgerade des Normalschnittes liegt, zum Ein-

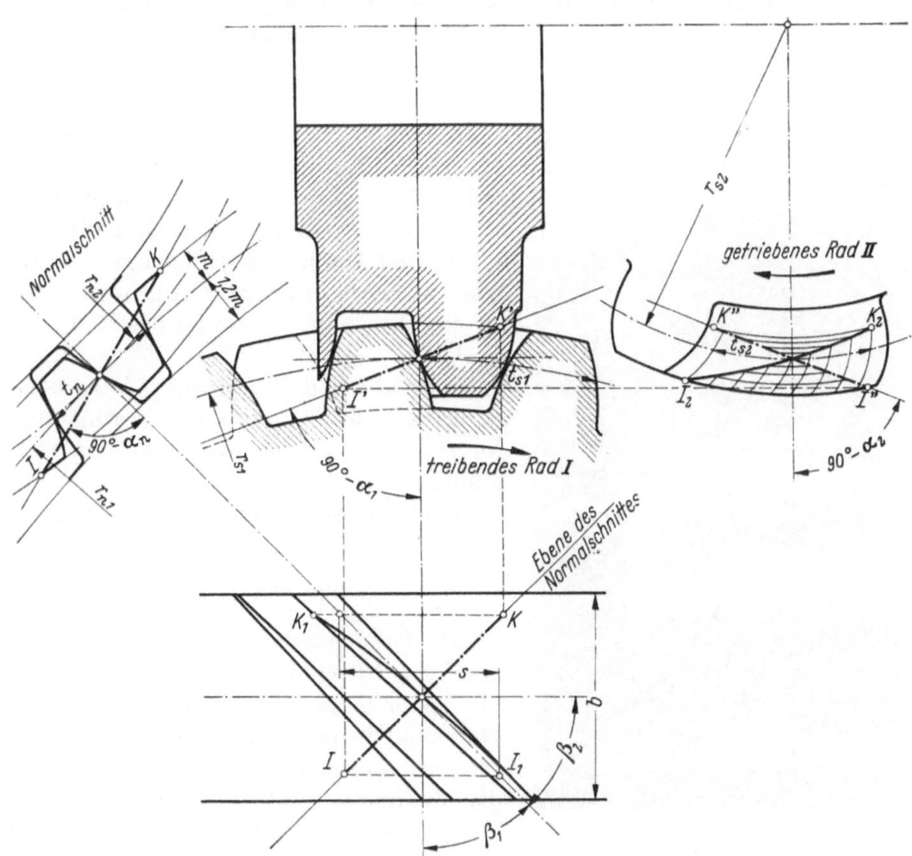

Abb. 4.09. Eingriffsbild der Schraubenräder.

griff. Eine entsprechende Beziehung $\mathrm{tg}\,\alpha_2 = \mathrm{tg}\,\alpha_n/\cos\beta_2$ bestimmt die Neigung der Eingriffsebene im Rade II.

Die beiden Eingriffsebenen der Räder I und II haben somit nur die Eingriffsgerade IK
des Normalschnittes gemeinsam. Die Schraubenzähne beider Räder können sich daher nur in

den einzelnen Punkten dieser Geraden berühren. *Momentan berühren sich die Zahnflächen nur immer in einem Punkte*, eine Linienberührung findet nicht statt. Die nacheinander zur Berührung gelangenden Punkte der Zahnflächen liegen in schräg über die Zahnflächen verlaufenden Linien $I_1 K_1$ und $I_2 K_2$, die aus dem Verzahnungsbild zu ermitteln sind.

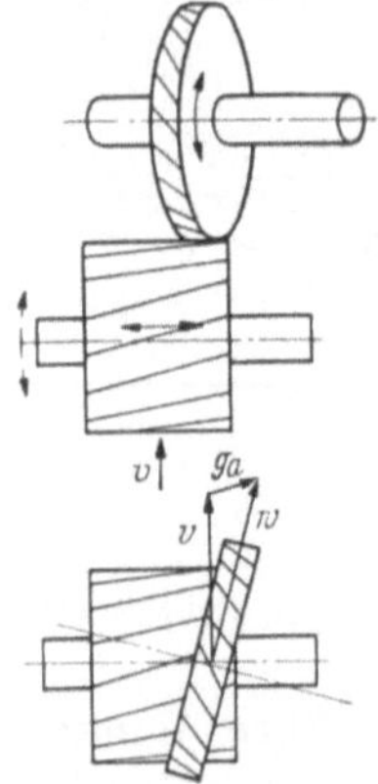

Wie aus den Verzahnungsverhältnissen in der mittleren Radebene des Rades I zu ersehen ist, steht der übrige Teil der Zahnflächen gegen die theoretisch richtige Form zurück. In dieser Mittelebene ergibt sich aus der Schraubengestalt des Zahnes eine axiale Bewegung des Profils vom Rade II. Deshalb soll die Verzahnung dort einer Evolventenzahnstange entsprechen, und die Zahnflanken müssen einen zur Eingriffslinie $I' K'$ senkrechten geraden Verlauf aufweisen. In Wirklichkeit treten aber die Flanken des Schraubenzahnes in gekrümmter Form zurück.

Der Überdeckungsgrad, innerhalb dessen die gesamte Zahneinwirkung erfolgt, ist verhältnismäßig groß. Er setzt sich zusammen aus der *Profilüberdeckung* ε_p, die sich aus der Profildrehung von I' nach K' ergibt zu $I' K'/\cos\alpha_1$ und der Sprungüberdeckung ε_s aus der Zahnschräge innerhalb der zum Eingriff gelangenden Radbreite. Die gesamte Überdeckung beträgt daher:

Abb. 4.10a. Schaben mit Schaberad.

$$\varepsilon = \varepsilon_p + \varepsilon_s = (I' K'/\cos\alpha_{s1} + s_1)/t_{s1} . \tag{4.17}$$

Diese Werte sind jedoch nicht mit denen anderer Verzahnungen vergleichbar, da nach dem vorigen Absatz nur Punktberührung der Zahnflanken stattfindet. Eine Vergrößerung der Radbreiten über die Eingriffsstrecke ist zwecklos. Bei senkrechter Kreuzung der Achsen ergibt sich als passende Radbreite $b = t_s$.

Beim Einlaufen und durch elastische Verformung verbreitert sich die Berührungsstelle zwischen den Flanken. Es ist jedoch nur mit der Hälfte der *Beanspruchungswerte* von Stirnrädern bei solchen Schraubgetrieben zu rechnen.

Als *Werkstoffe* kommen für geringere Umfangskräfte und Umfangsgeschwindigkeiten Gußeisen bei beiden Rädern in Frage. Für größere Beanspruchung ist das Ritzel aus Stahl und das Rad aus Rotguß zu fertigen.

Schraubenräder vertragen *keine Änderung* des Achsabstandes, da mit einer Verschiebung auch eine Änderung des Steigungswinkels verbunden sein müßte.

Rechenbeispiel siehe Tafel XXVI.

b) Das Schaben der Zahnräder.

Die bei den Schraubengetrieben durch Gl. (4.13a) gegebene Gleichung g_a an den Flanken entlang wird als spanabhebendes Verfahren, als *Schaben*, zur Glättung benutzt (Abb. 4.10a). Hierzu wird das flankengeschliffene Schraubenrad durch Nuten in der Zahnhöhe (Abb. 4.10b) zum Schneidwerkzeug als *Schaberad*; es nimmt wie ein Stirnradschraubgetriebe entsprechend Abb. 4.05 das Werkstück als Gegenrad mit. Die Kanten der Nuten schneiden kleine

Abb. 4.10b. Schabemaschine der Firma Hurth, München.

Fehler und Hüllschnittecken des vorherigen Wälzwerkzeuges weg; da nur Punktberührung stattfindet, klemmen sich die abgetrennten Spänchen nicht zwischen den Flanken ein. Die Berührungsstelle liegt meist in der Mitte des schmalen Schaberades, kann bei beschränktem Auslauf jedoch auch an eine Stirnseite gelegt werden. Das Werkstück mit einer Bearbeitungszugabe an den Flanken bis $50\,\mu$ wird in Richtung seiner Achse an dem schmalen Schaberad hin- und

hergeführt, wobei das Schaberad bei jedem Hub einen radialen Vorschub bis zu einem eingestellten Endwert erhält [*2.14, 2.15*].

Entsprechend Abb. 4.08 arbeitet das Lorenz-Michigan-Verfahren mit einer „Schabezahn-
stange" als Werkzeug (Abb. 4.11). Diese ist aus einzelnen Messern
zusammengesetzt, die Schabekanten bilden und einzeln geschärft
werden können. Das Werkzeug wird auf seinem Schlitten hydraulisch hin- und hergeführt und läuft so schlag- und fehlerfrei.

Das Schaben vor dem Härten ist für die größere Serienfertigung
von Zahnrädern eingeführt und erspart ein Schleifen der Flanken
nach dem Härten, wenn Härteverzüge durch Gestalt und Be-
handlung der Räder vermieden werden.

c) Kegelschraubgetriebe (Hypoidgetriebe).

Im Gegensatz zu den eben behandelten Schraubenstirnrädern
sind Kegelschraubgetriebe als Annäherungen an die Hyperboloidgetriebe namentlich bei Verwendung von Spiralverzahnungen zu
hochwertigen Getrieben entwickelt worden. Sie haben sich zum
Antrieb der Hinterachse in Kraftwagen unter der amerikanischen
Bezeichnung als *Hypoid*getriebe zunehmend eingeführt. Günstige
Annäherungen lassen sich um so leichter erreichen, je größer das
Übersetzungsverhältnis des Getriebes ist und natürlich je geringer
der Kreuzungsabstand a_v der Achsen gewählt wird. Es wird
empfohlen, den Kreuzungsabstand bei $i = 4$ nicht über 1/5 und bei
$i = 2$ nicht über 1/8 des Tellerradaußendurchmessers zu wählen.
Anderenfalls muß man mit der Beanspruchung zurückgehen
oder ist auf Sonderwerkzeuge bei der Fertigung angewiesen.

Bei der Herstellung aller Kegelschraubgetriebe wird das große
Rad wie ein gewöhnliches Kegelrad an seinem Planrad abgewälzt,
also so, daß seine Achse die Planradachse schneidet. Das Ritzel
wird entweder in geschränkter Lage geschnitten oder mit einem
anderen passenden Planrad nach besonderer Berechnung herge-

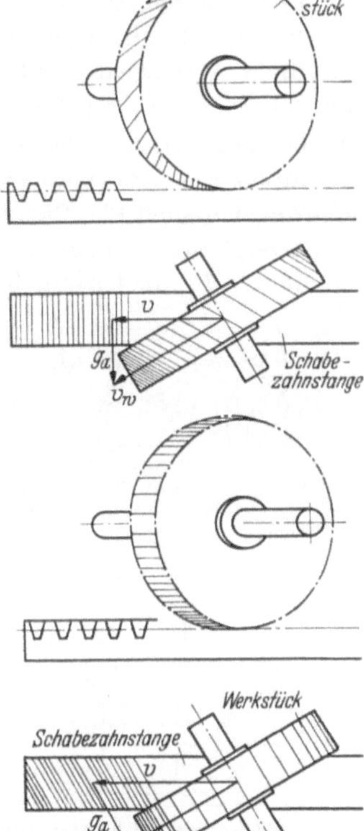

Abb. 4.11. Schaben mit Schabezahn-
stange (Lorenz-Michigan-Verfahren).

stellt [*2.13*]. Die Maschinen zur Herstellung von Spiralkegelrädern nach den eingeführten Verfahren gestatten auch die Erzeugung von Rädern für alle Arten von Kegelschraubgetrieben.

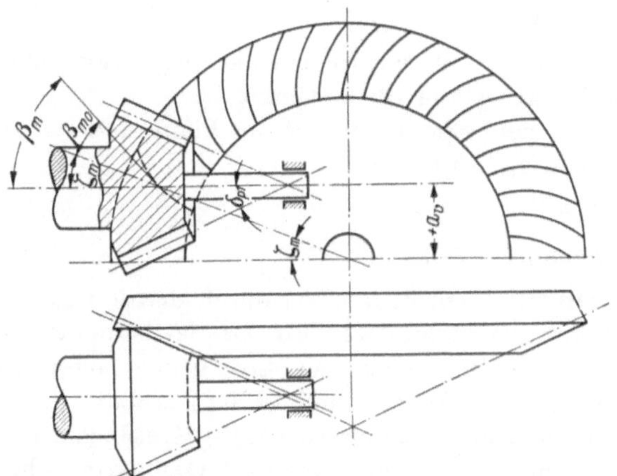

Abb. 4.12 a und b. Kegelschneckentrieb (Hypoidgetriebe), die Achsverschiebung ($+a_v$) erfolgt im Sinne der Spiralrichtung des Tellerrades.

Grundlegend für die entstehenden Eigenschaften eines Kegelschraubgetriebes mit Spiral-
verzahnung ist die Richtung des Kreuzungsabstandes a_v — hier meist als „Achsversetzung"
bezeichnet — in Beziehung zur Spiralrichtung. Erfolgt die Achsversetzung a_v in Richtung der
Spirale, so entsteht der „*Kegelschneckentrieb*" (Abb. 4.12a und b), *Hypoid*getriebe nach dem

amerikanischen Ausdruck; eine Achsversetzung gegen die Richtung der Spirale ergibt den
„*Kegelstirntrieb*" (Abb. 4.12c und d). Im Vergleich zum Spiralkegeltrieb mit sich schneidenden
Achsen ändern diese beiden Arten der Kegelschraubgetriebe ihre Verzahnungseigenschaften im
entgegengesetzten Sinne.

Hypoidgetriebe. In Abb. 4.14 ist ein Hypoidgetriebe mit unter 90° kreuzenden Achsen dargestellt. Die Berührungserzeugende $O_1 P$ kreuzt die Planradachse in einem Abstand a_0, der
nicht dem Getriebeabstand a_v entspricht und aus den Radabmessungen zu ermitteln ist. In
Abb. 4.14a und c sind die Wälzkegel des Getriebes dargestellt, in Abb. 4.14b die Abwicklung
der Wälzkegel in die Planfläche. Die Planfläche wird durch die beiden Mantellinien r_1 und r_2
des Ritzel- bzw. Radplanrades in der Kranzmitte P_m gelegt, wobei die Verwendung einer gemeinsamen ebenen Planfläche nur eine Annäherung ist (Abb. 4.12a und 4.01). Die Kegelspitze O_1
des Ritzelplanrades liegt im Aufriß auf der Mantellinie $O_2 P_m$ des Radkegels. Da aber die Erzeugende $O_1 P_m$ im Grundriß den Abstand a_v von der Radachse O_2 haben muß, ergibt sich aus

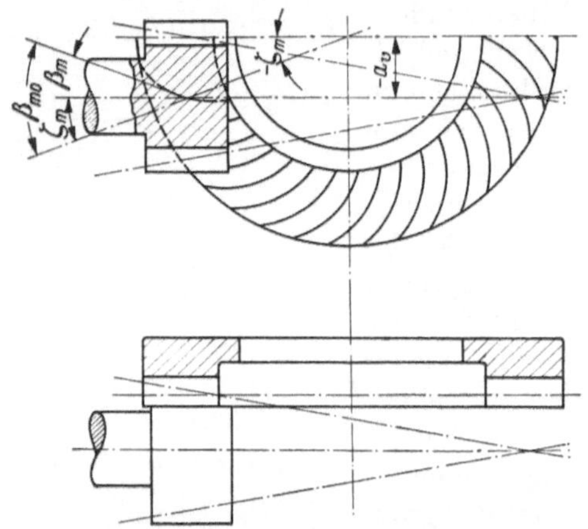

Abb. 4.13a und b. Kegelstirntrieb. Die Achsverschiebung $(-a_v)$ erfolgt im Gegensinne der Spiralrichtung.

$O_1 P' = r_1 \, \mathrm{tg}\,\delta_2$ (im Aufriß) $= Q P_m = r_1 \, \mathrm{ctg}\,\delta_1 \cos\zeta_m$ (im Grundriß), wobei im Grundriß und
nach Abb. 4.09c der Versetzungswinkel ζ_m bestimmt ist durch:

$$\sin\zeta_m = a_v/r_2 \tag{4.18}$$

und schließlich:

$$\mathrm{tg}\,\delta_1 \, \mathrm{tg}\,\delta_2 = \cos\zeta_m . \tag{4.19}$$

Ist der mittlere Durchmesser $r_{0\,m2}$ des Tellerrades und sein Kegelwinkel δ_2 — als Anhalt
dient Gl. (2.00) $\mathrm{tg}\,\delta_2 = z_2/z_1$ — gewählt, so ist δ_1 nach Gl. (4.19) bestimmt.

Verläuft die Zahnschräge im Punkte P_m unter dem Spiralwinkel β_2 im Planrad, so ist für
das Ritzel die Schräge um den Versetzungswinkel ζ_m vergrößert:

$$\beta_1 = \beta_2 + \zeta_m \tag{4.20a}$$

$$r_{m1} = z_1 \, m_n/2 \cos(\beta_2 + \zeta_m) . \tag{4.20b}$$

Diese Gleichung für den Durchmesser zeigt, daß bei Hypoidgetrieben durch den um ζ_m vergrößerten Spiralwinkel des Ritzels dessen Durchmesser vergrößert wird. Das ist besonders bei
kleinen Zähnezahlen sehr vorteilhaft, weil der Wellendurchmesser so stark genug bleibt. Die
Überdeckung wird ebenfalls durch die Vergrößerung des Winkels auf $(\beta + \zeta)$ erhöht.

Bei den eingeführten Verfahren zur Herstellung von Hypoidgetrieben — Kreisbögen nach
GLEASON, Palloidverzahnung nach KLINGELNBERG und Eloidverzahnung nach OERLIKON — liegt
der Schwerpunkt der Gedankengänge neben der Wahrung der kinematischen Bedingungen in
den „Wälzebenen" jedoch vor allem in räumlicher Betrachtung zur Erzielung möglichst günstiger Flankenanlagen. Dies wird durch die Ausführung von „Ballenträgern" erleichtert.

So wird z. B. bei der Palloidverzahnung von KLINGELNBERG der Kegelwinkel des Ritzels am
Kegelschraubgetriebe in Anlehnung an die Winkelkorrektur (Abb. 3.80) so bestimmt, daß am

Innen- und Außenkranz gleich große Eingriffswinkel α_i entstehen. Die dabei entstehende Verringerung des nach Gl. (4.19) berechneten Ritzelkegelwinkels δ_1 auf δ_1'' ermäßigt außerdem vorteilhaft den gegenüber Kegeltrieben mit sich schneidenden Achsen erhöhten Axialdruck des Ritzels nach Gl. (3.74), in der an Stelle von δ_1 hier der Wert $(\delta_1 + \zeta_m)$ erscheint. Demnach wird die Rechnung nicht auf einen Punkt P_m der Kranzmitte bezogen, sondern nach Abb. 4.14

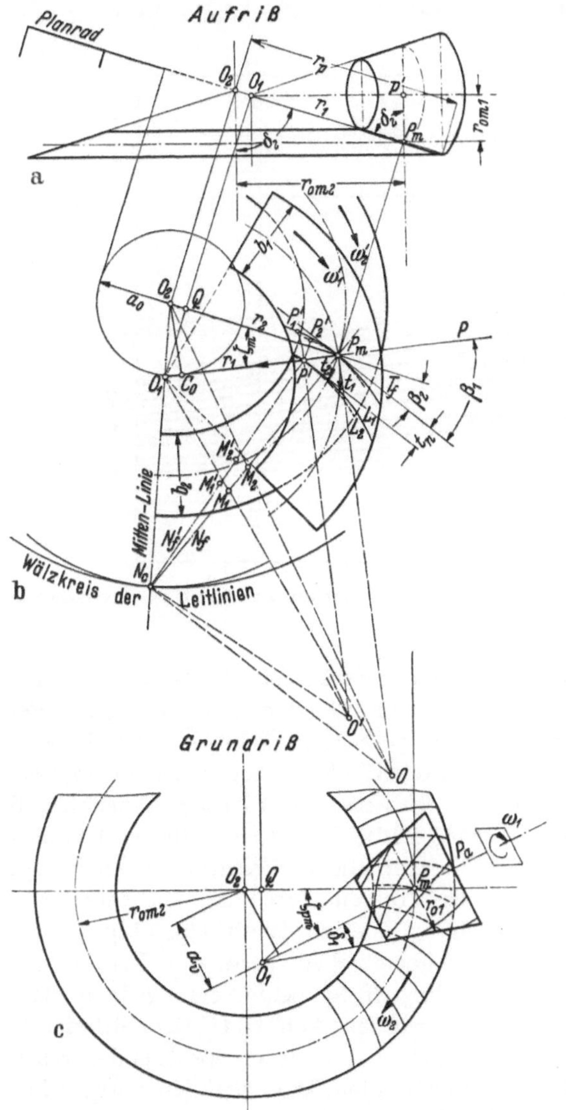

und 4.15 auf die Punkte P_i und P_a mit den Spiralwinkeln β_i und β_a und den Versetzungswinkeln ζ_i und ζ_a. Nach Annahme einer vorläufigen Planradzähnezahl z_p', die dem gewöhnlichen Kegeltrieb entspricht, also bei rechtwinkligen Achsen $z_p' = \sqrt{z_1^2 + z_2^2}$, sind die Durchmesser d_{0i} und d_{0a} für gleich große Eingriffswinkel zu bestimmen. Bei sinngemäßer Anwendung von Gl. (4.20b) erhält man für den Grundkreishalbmesser der Höhenevolvente r_{gi} auf dem Ergänzungskegel $2r_{gi} = d_{0i}\cos\alpha_i/\cos\delta_1''$ $= m_n z_1 \cos\alpha_i/\cos(\beta_i + \zeta_i)\cos\delta_1''$. Mit Hilfe von Gl. (3.01) und der allgemeinen Beziehung

$$\cos\alpha_i = 1/\sqrt{1 + \operatorname{tg}^2\alpha_i} \text{ ergibt sich}$$

$$r_{gi} = m_n z_1 / \sqrt{\cos^2(\beta_i + \zeta)\cos^2\delta_1'' + \operatorname{tg}\alpha_n^2}$$

$$\sim m_n z_1 / \sqrt{\cos^2(\beta_i + \zeta_i) + \operatorname{tg}^2\alpha_n},$$

wenn $\cos\delta_1' = 1$ vereinfachend gesetzt wird. Nach Abb. 4.15 gilt mit b_1' als Projektion von $P_i P_a$

$$\operatorname{tg}\delta_1' = (d_a - d_i)/2\,b_1' = (r_{ga} - r_{gi})\cos\alpha_i/b_1'.$$

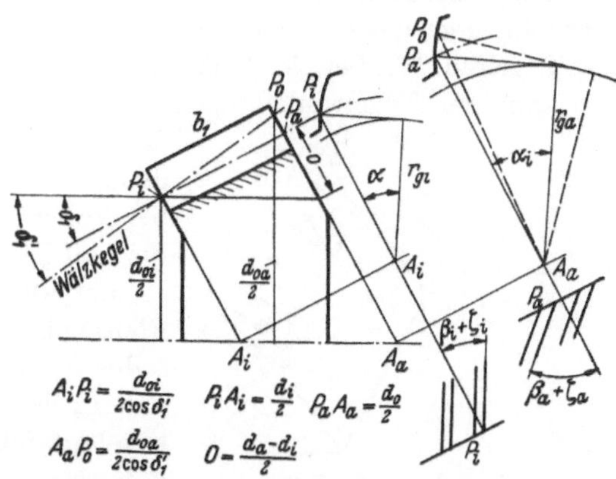

Abb. 4.14a–c. Kegelschneckentrieb (Hypoidgetriebe). a Aufriß, b Planradebene, c Grundriß.

Abb. 4.15. Bestimmung des kleinsten Ritzelkegelwinkels δ_1 des Kegelschneckentriebes bei Palloidverzahnung.

Setzt man $b_1 = 7\,m_n$, so läßt sich aus den entwickelten Beziehungen der vorläufige Ritzelkegelwinkel δ_1'' als Funktion der Spiralwinkel und damit der Planradzähnezahl z_p' sowie der auf den Modul bezogenen Achsversetzung $e = a_v/m_n$ ausrechnen. Man erhält also

$$w = f(z_p', e) \quad \text{und} \quad \sin\delta_1'' = z_1 \cdot f(\beta, \zeta) = z_1 w/14. \tag{4.21}$$

Die Werte w sind in Abb. 4.16 dargestellt und ermöglichen für den praktischen Gebrauch sofort die Ablesung. Unbeschadet der veränderten Lage der Ritzelkegelspitze kann aus Gl. (4.19) mit dem mittleren Versetzungswinkel ζ_m, nach den Werten des vorläufigen Planrades berechnet, jetzt der endgültige Radwinkel δ_2 bestimmt werden. Die weitere Berechnung des Rades entspricht der üblichen des Spiralkegelrades. Durch Wiederholung der Rechnung mit den tatsächlichen Größen des Planrades sind auch die Abmessungen des Ritzels bestimmt.

Kegelstirntrieb. Entsprechend der veränderten Richtung der Achsversetzung im Vergleich zur Spiralrichtung bleiben die Gleichungen für die Hypoidgetriebe auch für die Kegelstirntriebe gültig, wenn die Achsversetzung a_v und der Versetzungswinkel ζ mit negativen Vorzeichen versehen werden. In der Gl. (4.20b) erscheint dann also mit $(\beta - \zeta)$ die Winkeldifferenz und

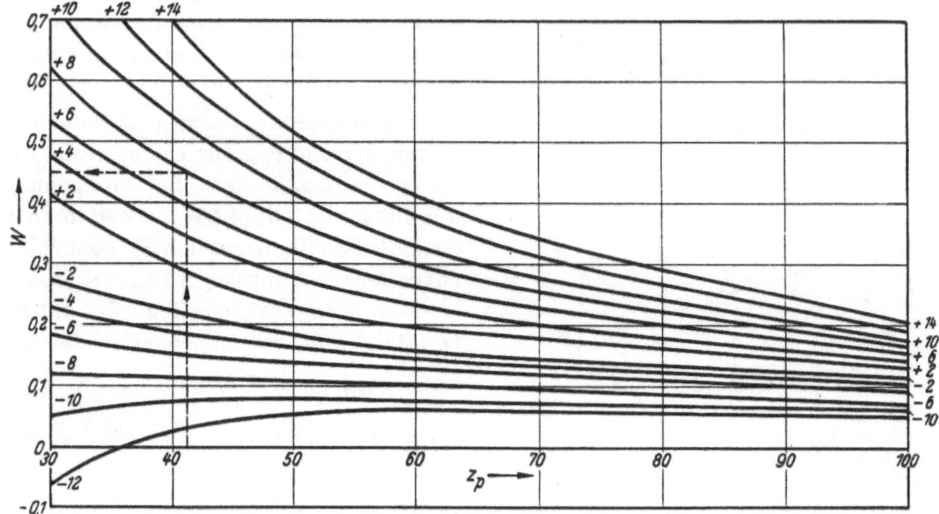

Abb. 4.16. Werte w für den vorläufigen kleinsten Ritzelkegelwinkel δ_1'' für Hypoid- und Kegelstirngetriebe mit Palloidverzahnung. Negative Werte für Kegelstirntrieb.

der Durchmesser des Ritzels wird kleiner als beim einfachen Spiralkegelrad. Dasselbe gilt für die Sprungüberdeckung. Der Kegelstirntrieb ist daher nur für Getriebe mit geringerer Beanspruchung geeignet. Nach Abb. 4.16 wird der vorläufige Ritzelkegelwinkel δ_1' kleiner als beim Spiralkegelrad. Wird er gleich oder kleiner als der Winkel w_k der Winkelkorrektur nach Abb. 3.80, dann kann der Kegelwinkel gleich null gesetzt werden, es wird also das Ritzel zylindrisch und das Rad wird plan (Abb. 4.13). In diesem Falle ergeben sich denkbar einfache Drehkörper und der Kegelstirntrieb bringt bei voller konstruktiver Freiheit durch die Achsversetzung für mäßige Beanspruchung eine wirtschaftliche Lösung.

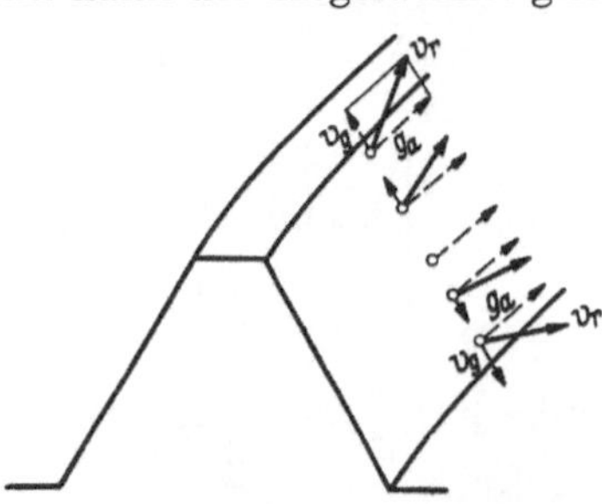

Abb. 4.17. Höhengleiten der Verzahnung und Längsgleiten des Schraubgetriebes ergeben eine resultierende Gleitung, die sich in Größe und Richtung über die Zahnhöhe wenig verändert.

Bei allen Kegelschraubgetrieben kann der Verlauf der Flankenlinien aus dem Eingriff der beiden erzeugenden Planräder O_1 und O_2 abgeleitet werden (Abb. 4.14). Die Leitlinien L_1 und L_2 der Planräder ergeben, auf die entsprechenden Wälzkegel gewickelt, die Flankenlinien. Die Leitlinien entsprechen den Profilen eines Planhyperboloidgetriebes, sie müssen bei der Drehung der beiden Planräder ohne Gleiten aufeinander abwälzen. Wird daher im Eingriffspunkt P_m die gemeinsame Flankentangente T_f unter den Zahnschrägen β_2 gegen r_2 und $(\beta_2 + \zeta)$ gegen r_1 geneigt eingezeichnet, so ergibt der Schnittpunkt der Flankennormalen N_f mit der Mittellinie $O_1 O_2$ den Wälzpunkt N_c, durch den im weiteren die gemeinsamen Flankennormalen stets verlaufen müssen. Die Strecken $O_1 N_c$ und $O_2 N_c$ sind die Wälzkreishalbmesser der beiden Planräder.

Die Eingriffslinie dieses Plantriebes kann nicht frei gewählt werden, denn sie soll wegen der Fortschreitbewegung der Schraubung mit seiner Momentanachse zusammenfallen. Somit ist ein solches Getriebe nur für größere Entfernungen r_1 und r_2 ausführbar, weil die Eingriffslinie Tangente an Kreis a_0 ist und bei kleinen Halbmessern sehr starke Krümmungen entstehen. $O_1 P$ ist nur die Momentanachse des Plantriebes. Für das Hypoidgetriebe stellt sich eine andere durch P_m verlaufende Achse ein. Ihr Winkelunterschied wird um so größer, je kleiner Kegelwinkel δ_2 gewählt wird. Praktisch erleichtert wird das Einlaufen der Flanken durch die durchweg verwendeten Längsballen, durch die Unstimmigkeiten der Flankenlage ausgeglichen werden.

Wie bei Hyperboloidrädern tritt eine *Längsgleitung* g_a auch bei Kegelschraubgetrieben auf, die nach Gl. (4.03a) berechnet werden kann, wenn der hier verwendete Kegelwinkel δ_2 annähernd als Lage der Momentanachse betrachtet wird. Diese Gleitung setzt sich mit der Gleitung v_g in Richtung der Zahnhöhe, die nach Gl. (1.22) bestimmt ist, zu einer resultierenden Gleitung v_r zusammen. Aus Abb. 4.17 sieht man, daß diese letztere sich längs der Zahnhöhe in Größe und Richtung sehr wenig ändert, während die sonst nur vorhandene Höhengleitung beim Durchlaufen der Zahnhöhe sich in der Richtung um 180° und von einem negativen zu einem positiven Größtwert in der Größe ändert. Die wenig schwankende Gesamtgleitung der Kegelschraubgetriebe ist ein wesentlicher Grund für ihren ruhigen Lauf. Außerdem wird das Läppen der Getriebe sehr erleichtert.

Auf der anderen Seite verlangt die mit der Achsversetzung wachsende Gleitung gleitfeste *Werkstoffe*. Es genügt bei den üblichen Werten von a_v die Verwendung von gehärtetem Stahl, beim Ritzel mit Rockwellhärten von 64, am Rad von 62. Außerdem ist die Verwendung von „*Hypoidöl*" wünschenswert, das durch Zusätze von Blei und Schwefel auch bei höherer Gleitung ausreichend schmiert.

Die Kegelschraubgetriebe sind so weit entwickelt, daß die *Beanspruchungs*werte, die für Spiralkegelräder zulässig sind, auch bei ihnen verwendet werden können.

B. Reine Schraubgetriebe.

Reine Schraubgetriebe werden als *Schneckengetriebe* ausgeführt. Die *Schnecke* ist eine ein- oder mehrgängige Schraube und greift in die zum Schraubengang passenden Zähne des Schneckenrades ein. Die Anpassung und dementsprechend der Eingriffsverlauf sind um so vollkommener, je größer die Übersetzung ist. Dies hängt mit der Lage der Momentanachse zusammen, die bei großen Übersetzungen sehr nahe an die Schneckenachse herantritt (Abb. 4.00). Bei der relativen Schraubung des Getriebes um die Momentanachse verschraubt sich dann die Schnecke annähernd in ihrer eigenen Schraubenfläche.

Jeder Schraubengang bedeutet für die Schnecke einen Zahn; in Gl. (1.09) für das Übersetzungsverhältnis i erscheint daher die Gangzahl als z_1

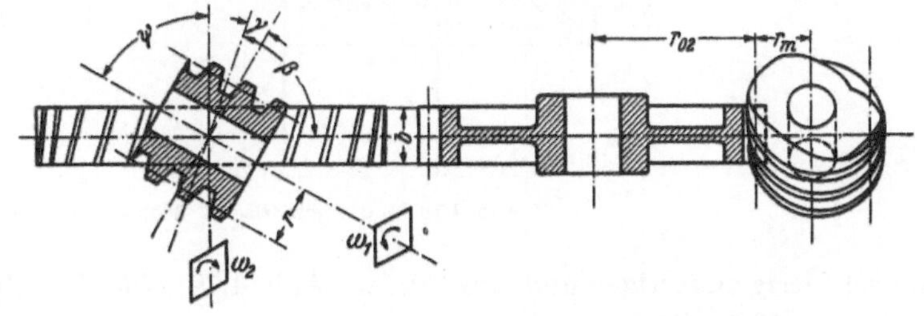

Abb. 4.18. Schneckentrieb für einen Kreuzungswinkel ψ.

und die Zähnezahl z_2 des Schneckenrades $i = z_2/z_1$.

Wegen des Abstandes zwischen Eingriffort und Momentanachse vollzieht sich der Zahneingriff unter verhältnismäßig großen Gleitgeschwindigkeiten. Diese Reibungsverluste vermindern den Wirkungsgrad; durch steilgängige Gewinde, wie sie in mehrgängigen Schnecken erreichbar sind, und Flankenformen mit sicherer Schmierfilmbildung sind jedoch die Unterschiede im Wirkungsgrad gegenüber Stirnrädern nicht mehr so erheblich. Abtrieb durch die Schnecke verschlechtert den Wirkungsgrad gegenüber dem Antrieb durch die Schnecke; bei kleinen Schneckensteigungen tritt Selbsthemmung ein, die in manchen Fällen erwünscht ist. Die hohe Gleitung zwingt zu hohen Oberflächengüten und guter Schmierung.

Schneckengetriebe sind für alle Kreuzungswinkel der Wellenachsen ausführbar (Abb. 4.18). Für einen beliebigen Kreuzungswinkel ψ gilt für die Hüllkörper als *Fall 1*, daß das Rad und die Schnecke zylindrisch sind. Für rechtwinklige Kreuzung wird diese Form nur für weniger belastete Getriebe verwendet, um das Rad ohne Sonderwerkzeug verzahnen zu können. Für rechtwinklige Kreuzung sind drei weitere Fälle für die Form der Hüllkörper möglich. Im *Falle 2* ist die Schnecke zylindrisch und das Rad globoidisch (kugelig) als Hohlkugelausschnitt. Da die Fertigung und der Einbau einfach und dementsprechend genau sind, ist dies die meist gebrauchte Form (Abb. 4.19). Im *Falle 3* ist die Schnecke globoidisch und das Rad wie im Falle 1 zylindrisch, so daß hier dieselben Vorteile und Beschränkungen für die Verwendung vorliegen (Abb. 4.20). Im *Falle 4* sind Schnecke und Rad globoidisch. Solche „*Globoidschnecken*"-Getriebe

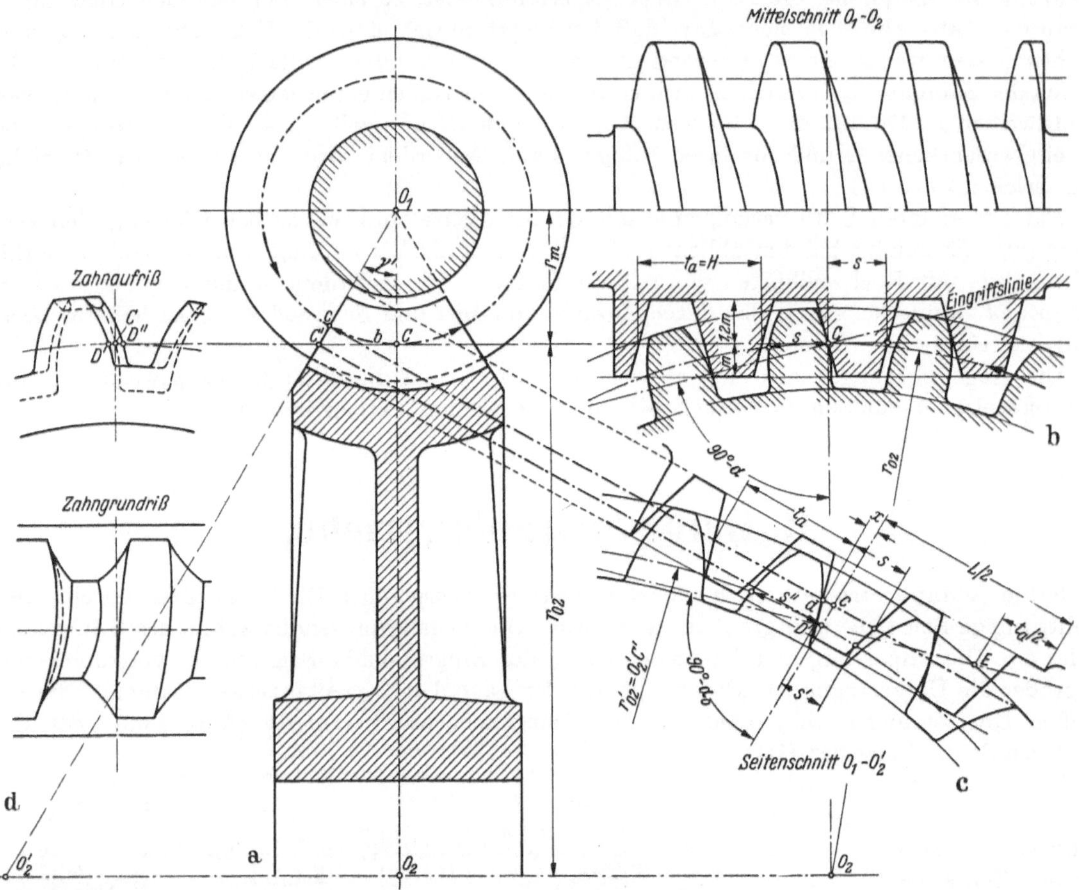

Abb. 4.19 a—d. Zylindrisches Schneckengetriebe.

sind schwierig zu fertigen und einzubauen (Abb. 4.79). Die Zahl der eingreifenden Zähne erreicht bei ihnen Höchstwerte.

Bei allen Schneckengetrieben ist die Flankenform der Schneckenzähne sehr wesentlich durch die Art der Fertigung mit bestimmt, das Rad wird für guten Eingriff durch ein Schneckenwerkzeug auf einer Wälzfräsmaschine verzahnt, das in seiner Form der späteren Getriebeschnecke entspricht und so die passende Lücke auswälzt.

I. Zylindrische Schneckengetriebe.

a) Allgemeine Zusammenhänge.

In Abb. 4.19 ist ein Schneckengetriebe für rechtwinklige Kreuzung mit zylindrischer Schnecke und globoidischem Rad dargestellt. In der Radmittelebene (Abb. 4.19b) ergibt sich ein einfaches Eingriffsbild. Die drehende Schnecke zeigt hier ein gleichmäßiges Wandern der unveränderlichen Zahnprofile in axialer Richtung; die Schneckenprofile bilden eine Zahnstange, die in die Zahnprofile der Radmitte eingreifen. Die Wälzbahnen des Mittelschnittes bestimmen nun die Wälzflächen des Getriebes, den Wälzkreis des Rades mit dem Halbmesser r_{02} und die Wälzebene der Schnecke, welche den Wälzzylinder des Rades in der Wälzachse CC' berührt. Die *Zahnteilung* t_a wird in der Achsrichtung der Schnecke als genormte Modulteilung ausgeführt.

$$d_{02} = 2\,r_{02} = z_2\,m\,. \qquad (4.21)$$

Bei z_1 Gängen ist die *Steighöhe* H (Ganghöhe) der Schnecke

$$H = z_1\,t_a = z_1\,m\cdot\pi\,. \qquad (4.22)$$

Wie schon bei den angenäherten Schraubwälzgetrieben ist Teilzylinderhalbmesser r_m oder der *Steigungswinkel* γ_0 der Schnecke wählbar. Es ist üblich, mit dem Steigungswinkel γ_0 und nicht mit dem Schrägungswinkel β_0 zu rechnen. Beide Winkel ergänzen sich zu dem Kreuzungswinkel ψ, also fast ausschließlich zu 90°. Zur Erhöhung des Wirkungsgrades wird der Steigungswinkel bis 45° bei mehrgängigen Schnecken gewählt. Für festgelegten Halbmesser r_0 gilt aus der Abwicklung

$$\mathrm{tg}\gamma_0 = H/2\,r_m\,\pi = z_1\,m/2\,r_m;\quad \text{allgemein}\quad \mathrm{tg}\gamma = H/2\,r\,\pi\,. \qquad (4.23)$$

Will man den Steigungswinkel erhöhen, so kann das durch Mehrgängigkeit der Schnecke oder durch Verringerung des Durchmessers geschehen.

Die räumliche Lage von Achs-Normal- und Stirnschnitt entspricht der Schrägzahnstange von Abb. 3.04, wenn die Mittelebene als Abwicklung der Schnecke und die geraden Flankenlinien als Tangenten im Teilzylinder an die irgendwie gekrümmten Flankenlinien der Schnecke aufgefaßt werden. Die Beziehungen der Gln. (3.00) und (3.01) sind daher auch hier verwendbar und nehmen die Form an:

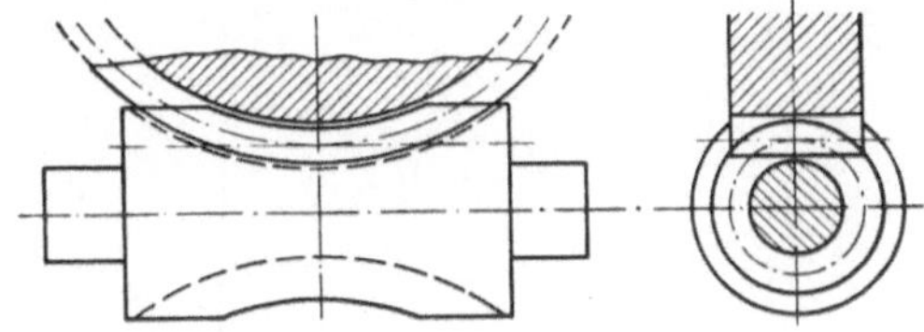

Abb. 4.20. Schnecke globoidisch und Rad zylindrisch.

$$t_{n0} = t_{a0}\cos\gamma_0 = H/z_1\cdot\cos\gamma_0;\quad (4.24\mathrm{a}) \qquad t_{s0} = t_{n0}/\sin\gamma_0 = t_{a0}\,\mathrm{ctg}\gamma_0 = H/z_1\cdot\mathrm{ctg}\gamma_0,\quad (4.24\mathrm{b})$$

$$\mathrm{tg}\alpha_{n0} = \mathrm{tg}\alpha_{s0}\cdot\sin\gamma_0 = \mathrm{tg}\alpha_{a0}\cos\gamma_0;\quad (4.25\mathrm{a}) \qquad \mathrm{tg}\alpha_{s0} = \mathrm{tg}\alpha_{a0}\,\mathrm{ctg}\gamma_0 = \mathrm{tg}\alpha_{n0}/\sin\gamma_0\,. \quad (4.25\mathrm{b})$$

Das Zahnbild im Mittelschnitt wird übereinstimmend mit der Stirnradverzahnung gestaltet und bemessen. Die Zahnhöhe wird bei Steigungen bis zu 20° gewöhnlich 2,2 m, bei größeren Steigungswinkeln wie bei Schraubenrädern jedoch nach dem Normalmodul bemessen, also verringert. Bei Modul m im Achsschnitt gilt dann:

$$h_k \sim m\cos\gamma_0;\qquad h_f \sim 1{,}2\,m\cos\gamma_0\,. \qquad (4.26)$$

Von Pfauter wird empfohlen, den Eingriffswinkel α_{n0} vom Steigungswinkel γ_0 abhängig zu machen.

γ_0	bis 10°	bis 25°	bis 35°	über 35°
α_n	15°	20°	25°	30°

Für die Werkzeughaltung ist es zweckmäßig, nicht den Achsschnitt nach genormten Modulwerten, sondern den Normalschnitt danach zu bemessen.

Die *Eingriffsverhältnisse.* Die auf einem Punkte der Schneckenfläche errichtete Flächennormale nimmt in der Eingriffslage des Punktes P' eine bestimmte Raumstellung N' ein (Abb. 4.21), die sich aus dem Verhalten des Eingriffes in den einzelnen senkrecht zur Radachse gelegten Schnittebenen ableiten läßt. In diesen Radschnitten arbeiten die aus der Schnecke herausgeschnittenen Längsprofile als Zahnstangen mit den Zahnprofilen des Rades zusammen. Die Wälzkreise aller Radschnitte haben den gleichen Halbmesser r_{02}, weil die axial fortschreitende Bewegung der Schneckenprofile, die aus der Drehung der Schraubenfläche entsteht, in allen Schnitten gleich groß ist.

Im Aufriß der Abb. 4.21 ist das Profil eingezeichnet, das die durch P' gehende Radebene aus der Schneckenfläche herausschneidet. Die Spur dieser Schnittebene geht im Seitenriß (links) durch $P'\cdot$parallel zu O_1O_2. Soll im Schneckenpunkt P' (Aufriß) Eingriff bestehen, so muß nach dem allgemeinen Verzahnungsgesetz die Projektion seiner Profilnormalen durch den Wälzpunkt C gehen. Da sich aber die Profilnormale $P'C$ des Aufrisses mit der Projektion der Flächennormalen deckt, besteht die Bedingung, daß die in die Längsansicht der Schnecke projizierte Flächennormale durch C gehen muß. Bezogen auf die hier vorliegenden räumlichen Verhältnisse ergibt sich als *Eingriffsgesetz* des Schneckentriebes:

„Ein Punkt der Schneckenfläche tritt dann in Eingriff, wenn seine Flächennormale eine Gerade, die *Wälzachse*, schneidet, die durch den Wälzpunkt C parallel zur Radachse verläuft."

An Stelle des Wälzpunktes bei der ebenen Betrachtung der Stirnradverzahnung tritt bei der räumlichen Schneckenverzahnung die Wälzachse; sie entspricht der Berührungsgeraden der Wälzebene der Zahnstange mit dem Wälzzylinder des Schraubenrades.

Den mathematischen Ausdruck für das Eingriffsgesetz liefert die Projektion des Streckenzuges $O_1 A' C'$ im Seitenriß auf die Kreuzungslinie $O_1 O_2$. Die Eingriffslage der Flächennormalen

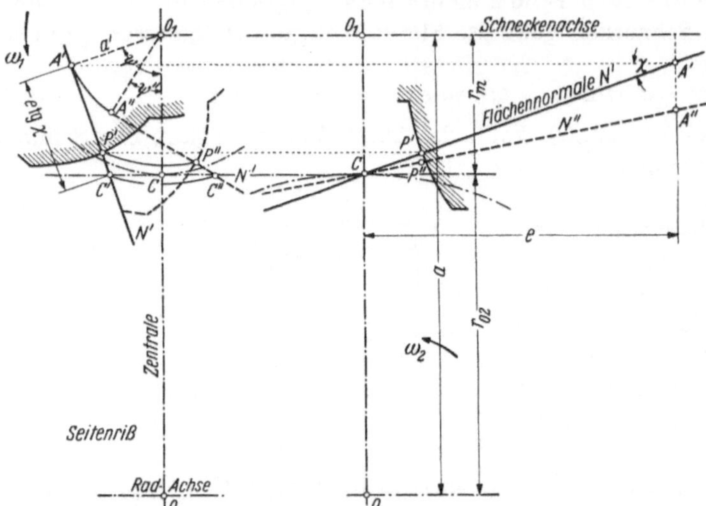

Abb. 4.21. Eingriffslagen der Flächennormale. CC' Wälzachse.

N' kreuzt hier im Abstand a', der mit $O_1 O_2$ den Winkel ψ einschließt, die Schneckenachse im Punkte A' und schneidet in C' die Wälzachse. Liegt die Kreuzungsstelle A' in der axialen Länge e von $O_1 O_2$ und kreuzt die Flächennormale die Schneckenachse unter dem Winkel χ, so beträgt $A'C' = e \operatorname{tg}\chi$. Das Eingriffsgesetz lautet dann:

$$a' \cos\psi + e \operatorname{tg}\chi \sin\psi = r_0 . \tag{4.27}$$

Die Eingriffslage einer Flächennormalen wird nach dieser Gleichung aus ihren durch die besondere Art der verwendeten Schraubenfläche gegebenen Bestimmungsstücken e, a' und χ dadurch ermittelt, daß im Schneckenquerschnitt ein rechter Winkel von den Schenkellängen a' und $e \operatorname{tg}\chi$ so einzudrehen ist, daß der Schenkelendpunkt C' auf die Wälzachse fällt. Im allgemeinen gelangt jeder Schneckenpunkt zweimal, in P' und P'', in Eingriff und außer der Eingriffslage N' besteht noch eine zweite N'' unter dem Winkel ψ'', da beim Eindrehen die Wälzachse zweimal geschnitten wird.

b) Die Flankenformen E, A, N und K der Geradflächenschnecke.

Die *Flankenform* der Schnecke ist durch die Herstellung bedingt. Bei der einen Art der verwendeten Formen, den *Geradflächen*-Schnecken, wird eine „Schraubenregelfläche" durch eine um die Achse rotierende und proportional zur Drehung axial fortschreitende Gerade erzeugt. Diese Erzeugende ist durch zwei Bestimmungsstücke gegeben, die ihrerseits also auch die Flankenform bestimmen: Nämlich Abstand a' der Erzeugenden von der Schneckenachse und Neigung β' der Erzeugenden gegen diese Achse. Man unterscheidet nach der Größe von a' die Flankenformen E und A als Grenzfälle sowie N und K als Zwischenformen (Abb. 4.32). Bei der anderen Art, der nach Gedankengängen von NIEMANN entwickelten *Hohlflächen*schnecke, rotiert als Erzeugende der Flanken eine gekrümmte Linie.

Die Profile des mittleren und anderer Längsschnitte sind punktweise aus dem allgemeinen Gesetz der Schraubenlinie zu finden. Dreht sich ein Punkt der Erzeugenden um den Winkel 2π, so wird die dabei zurückgelegte axiale Verschiebung als Steighöhe H bezeichnet. Für einen beliebigen veränderlichen Drehungswinkel ψ_p ergibt sich aus dem Schraubengesetz eine axiale Verschiebung x_p nach dem Verhältnis $\psi_p/2\pi = x_p/H$ zu

$$x_p = H \cdot \psi_p/2\pi . \tag{4.28}$$

Zunächst sei der Grenzfall der *Evolventen*schnecke, *Form E*, betrachtet. Hier erreicht der Abstand a' mit dem Wert r_g (Grundkreishalbmesser) seinen größten Wert. Die Flanken bilden im Stirnschnitt Evolventen. Schon Abb. 3.03 für Schrägzahnräder zeigt die Flanken eines Schrägzahnrades als Geradenfläche. Die erzeugende Gerade berührt bei der Rotation, die der Abwicklung der Fadengeraden entspricht, den Grundzylinder r_g. Für die bei Schnecken in Frage kommenden Größenverhältnisse zeigt Abb. 4.22 die Erzeugung der evolventischen Schraubenfläche. Eine zweite spiegelbildlich zur Achse liegende Gerade erzeugt die Fläche für die andere Schneckenflanke. Eine *eingängige* Evolventenschnecke liegt also vor, wenn man mit großem Schrägungswinkel β und entsprechend geringem Steigungswinkel γ ein Schrägzahnrad mit *einem* Zahn — allgemein mit der Zähnezahl der Gangzahl — nach den Regeln der Evolventenverzahnung ausführt. Die Radbreite ist gleich der Schneckenlänge. Die erzeugende Gerade berührt dann den Grundzylinder der Schnecke mit dem Durchmesser d_g. Die Gleichungen für die Schrägzahnräder bleiben dann gültig, nur wird üblicherweise an Stelle des Schrägungswinkels β der Steigungswinkel γ eingeführt. Gl. (3.02) für den Grundkreisdurchmesser erhält somit die Form:

$$d_g = d_0 \cos\alpha_{s0} \qquad (4.29\,\text{a})$$

oder mit Gl. (4.23) und Gl. (4.30)

$$d_g = H/\pi \cdot \text{ctg}\gamma_g = H/\pi \cdot \text{tg}\beta'. \qquad (4.29\,\text{b})$$
$$\text{Allgemein } d = H/\pi \cdot \text{ctg}\gamma. \qquad (4.29\,\text{c})$$

Dabei ergibt sich sinngemäß nach Gl. (3.03a) für den Steigungswinkel γ_g auf dem Grundzylinder mit γ_0 nach Gl. (4.23):

$$\text{tg}\gamma_g = \text{tg}\gamma_0/\cos\alpha_{s0}; \qquad t_{s0} = 2r_0\pi/z_1 = t_n/\sin\gamma_0. \qquad (4.29\,\text{d})$$

Zu denselben Ergebnissen kommt man, wenn man das Schneckengetriebe als ein Hyperboloidgetriebe auffaßt und den Grundkreisdurchmesser als Durchmesser des Kehlzylinders $2a$ nach Abb. 4.00b.

Der Schraubensteigungswinkel γ_g am Grundzylinder ist Komplementwinkel zum Neigungswinkel β' der Erzeugenden (Abb. 4.32 und Abb. 4.23); ferner ist Winkel γ_g gleich dem tangentialen Flankenwinkel α_t. Es gilt also für die Evolventenschnecke:

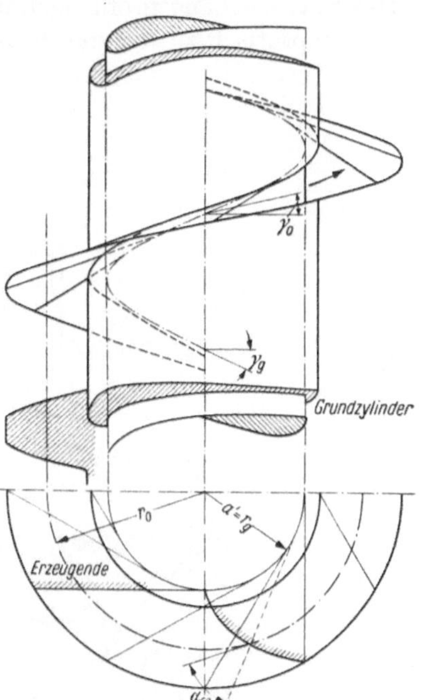

Abb. 4.22. Erzeugung der Evolventenschnecke durch eine Gerade, die den Grundkreis berührt.

$$\gamma_g = R - \beta' = \alpha_t. \qquad (4.30)$$

In den Gln. (4.29b, c und d) vertauschen sich also entsprechend die Funktionen zwischen γ_g und β' von tg zu ctg. Mit $H/2\pi = r\,\text{tg}\gamma$, Gl. (4.29c), geht Gl. (4.29b) in die Form über:

$$r_g = r\,\text{tg}\gamma\,\text{tg}\beta' \quad \text{oder} \quad r_g = r\,\text{tg}\gamma\,\text{ctg}\alpha_t. \qquad (4.31)$$

Die Flanken des *Stirnprofils* entstehen als gemeine Evolventen durch Abwickeln einer Geraden am Grundkreis r_g. Der Pressungswinkel α_s eines beliebigen Punktes am Halbmesser r, das ist der Winkel, den die Profiltangente mit r einschließt, berechnet sich übereinstimmend aus Gl. (4.31):

$$\cos\alpha_s = r_g/r = \text{tg}\gamma\,\text{ctg}\alpha_t. \qquad (4.32)$$

Der Eingriffswinkel α_{n0} im Normalschnitt — also senkrecht zur mittleren Schraubensteigung — ist im Sinne der Abb. 3.04 $\text{tg}\alpha_{n0} = \text{tg}\alpha_{s0}\sin\gamma_0$ entsprechend Gl. (4.25b).

Die *Profile im Längsschnitt* entstehen durch achsenparallele ebene Schnitte, sie sind außer im Abstand r_g stets erhaben gekrümmt.

Zur Ermittlung des mittleren Längenprofils (Achsschnitt), Abb. 4.23, wird nach Gl. (4.28) um O_1 ein Hilfskreis mit dem Halbmesser $H/2\pi$ gelegt. Um z. B. den am Halbmesser r liegenden Punkt des mittleren Längenprofiles zu finden, wird im Seitenriß der Schnittpunkt P_e' des Kreises r mit der durch den Wälzpunkt C verlaufenden Evolvente des Stirnprofils aufgesucht und die Bogenlänge x_p, die die Schenkel des Winkels $P_e O_1 P_e'$ auf dem $H/2\pi$-Kreis herausschneiden, im Aufriß auf der im Abstand r von der Schneckenachse gezogenen Ordinate von der Kreuzungs-

linie aus nach P aufgetragen. Die Verbindung der Punkte P für verschiedene r ergibt das
mittlere Längsprofil.

Ebenso können die Profilpunkte in einer zur Längsmittelebene in beliebigem Abstand parallel
geführten Ebene gefunden werden. Punkt U' als der am Halbmesser r liegende Punkt des Tan-
gentialgegenprofils ist im Seitenriß um den Winkel $U'O_1U_0'$ zu drehen, bis er in die Spurlinie CU_0'
der rechts oben gezeichneten Schnittebene fällt. Die Schenkel dieses Winkels schneiden dann
wieder am $H/2\pi$-Kreis die axiale Entfernung des gesuchten Punktes U von der Spur O_1C der
Stirnebene im Tangentialschnitt heraus.

Das mittlere Längsprofil beginnt senkrecht zur Erzeugenden des Grundzylinders und verläuft asymptotisch zu der durch den Winkel α_t gegebenen Richtung. Die Profile fallen daher

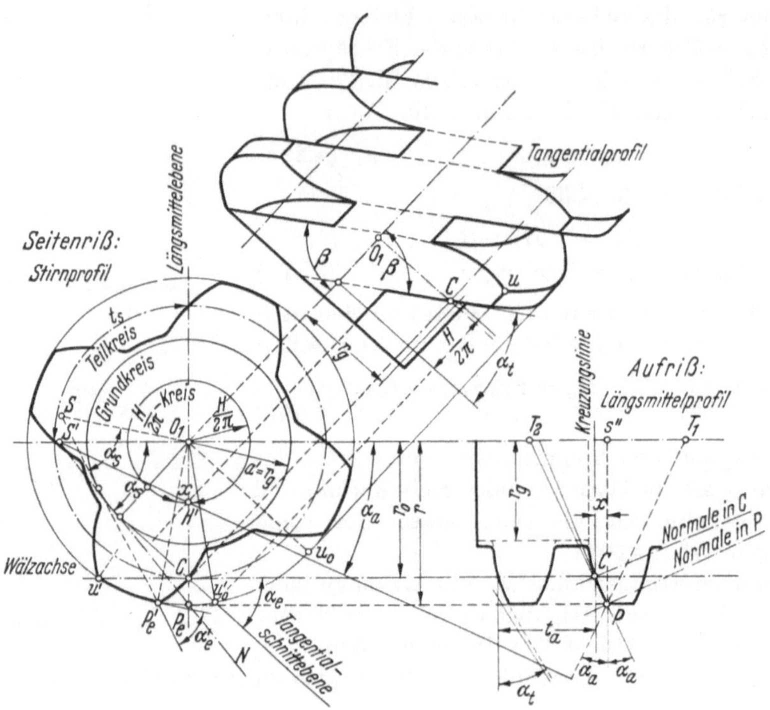

Abb. 4.23. Viergängige Evolventenschnecke.

um so flacher aus, je größer α_t ist. Die Zahnwinkel α_a im Längsschnitt, das sind die von den
Profiltangente mit den Halbmessern r eingeschlossenen Winkel, stehen mit dem Pressungs-
winkels α_n des Normalschnittes in der Beziehung

$$\operatorname{tg}\alpha_a = \operatorname{tg}\alpha_n/\cos\gamma\,, \tag{4.33a}$$

woraus mit Gl. (4.25a) sinngemäß folgt:

$$\operatorname{tg}\alpha_a = \operatorname{tg}\alpha_s \operatorname{tg}\gamma\,. \tag{4.33b}$$

Mit Einführung des Wertes für $\operatorname{tg}\alpha_s$ nach Gl. (4.32) ist:

$$\operatorname{tg}^2\alpha_t = \operatorname{tg}^2\gamma + \operatorname{tg}^2\alpha_a \tag{4.33c}$$

und

$$\operatorname{tg}\alpha_a = \operatorname{tg}\alpha_t \sin\alpha_s\,. \tag{4.33d}$$

Die Subnormale O_1S des Stirnprofils für einen beliebigen Punkt P_e' kann dem Seitenriß
der Abb. 4.50 entnommen werden: $O_1S = r \operatorname{ctg}\alpha_s$. Wird in dieser Gleichung für $r = H\operatorname{ctg}\gamma/2\pi$
und für $\operatorname{tg}\alpha_s$ der Wert aus Gl. (4.33b) eingesetzt, so erhält man eine Beziehung, die eine einfache zeichnerische Ermittlung der Tangenten und Normalen des Längsprofils zuläßt:

$$O_1S = H\operatorname{ctg}\alpha_a/2\pi\,. \tag{4.33e}$$

Man dreht einen Punkt P'_e des Stirnprofils in die Spur der Längsebene, z. B. für den Mittel-schnitt in die Kreuzungslinie nach P_e und zieht von da die Tangente an den Grund-kreis r_g; dann ist $P_e S'$ die Profilnormale des Stirnschnittes in P_e. Zieht man weiter eine Gerade von S' zum Schnittpunkt H' des $H/2\pi$-Kreises mit der Spurlinie, so ist $O_1 S'$. $2\pi/H = \operatorname{ctg} O_1 S' H' = \operatorname{ctg} \alpha_a$. Eine Normale zu $H'S'$ in P ergibt im Aufriß das Spiegelbild der Profiltangente in P, die durch symmetrische Übertragung $T_1 S'' = S'' T_2$ in $T_2 P$ gefunden wird. Senkrecht zu ihr verläuft die Profilnormale des Längsschnittes. Auf ähnliche Weise sind auch die Tangenten an beliebige Längs-profile in zur Schneckenachse parallel geführten Schnittebenen zu finden.

Die Profilnormalen des Stirn- und Längsschnittes sind auch die Risse der Flächennormalen. Diese liegen bei der Evolventenschnecke mit der Erzeugenden in der gleichen Berührungsebene an den Grundzylinder r_g.

Der Flankenwinkel des Längsprofils in den Wälzpunkten C entspricht dem mittleren Eingriffswinkel α_{a0} des Längs-profils. Er wird nach den Gln. (4.33 b u. c) berechnet aus:

$$\operatorname{tg}\alpha_{a0} = \operatorname{tg}\gamma_0 \operatorname{tg}\alpha_{s0}$$

oder
$$\operatorname{tg}^2\alpha_{a0} = \operatorname{tg}^2\alpha_t - \operatorname{tg}^2\gamma_0 .$$

$$(4.33\,\text{e})$$

Auf den mittleren Eingriffswinkel des Normalschnittes bezogen ist

$$\operatorname{tg}\alpha_{a0} = \operatorname{tg}\alpha_{n0}/\cos\gamma_0 . \qquad (4.33\,\text{f})$$

Entsprechend der geometrischen Er-zeugung der Evolventenschneckenfläche als Geradenfläche erfolgt auch ihre tech-nische Herstellung. Ein Werkzeug mit gerader Schneidkante unter dem Winkel α_t, z. B. ein Drehstahl, wird zum Schneiden der Schneckenflanke so eingestellt, daß er mit dieser geraden Kante den Grundkreis berührt (Abb. 4.24 e). Der eine Stahl steht also um den Grundkreishalbmesser r_g über und der andere unter Mitte. Eine fehler-freie Erzeugung erfolgt auch durch ein ro-tierendes Werkzeug von beliebigem Durch-messer wie Lückenfräser oder Schleif-scheibe, wenn seine gerade Kante ent-sprechend über bzw. unter Mitte steht

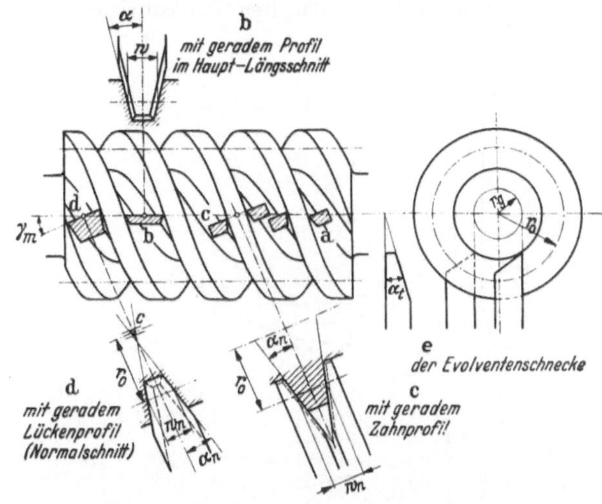

Abb. 4.24. Herstellung verschiedener Schneckenformen durch Dreh-stähle. Anstellung von zwei Stählen auf Mitte für je eine Flanke nach a) oder Anstellung eines Stahles in der Lücke für beide Flanken nach b) ergibt eine Spiralschnecke. Anstellung entsprechend durch Einschwenkung um γ_m nach c) oder d) ergibt Schneidkanten wenig unter oder über Mitte und erzeugt Schneckenform N. Anstellung von zwei Stählen unter und über Mitte um das Maß r_g ergibt Evolventen-schnecken, Fall e).

Abb. 4.25. Schneidrad erzeugt eine Evolventenschnecke auf der Wälz-fräsmaschine.

und die Scheibe unter dem Steigungswinkel γ_g in die Gangrichtung der Schnecke ein-geschwenkt ist.

Evolventenschnecken können auch durch Schneidräder mit Evolventenzähnen auf Wälzfräsmaschinen in kinematischer Umkehrung geschnitten werden, indem die zu schneidende Schnecke an der Stelle des sonst gebrauchten Wälzfräsers und das Schneidrad an Stelle des Werkstückes aufgespannt wird (Abb. 4.25).

Schneidet man die Evolventenschnecke durch eine achsparallele Ebene, die den Grundkreis berührt, so wird das eine Flankenprofil, das in die Richtung der Erzeugenden fällt, gerade, das andere erhaben gekrümmt. In jedem anderen Längsschnitt, also auch im Achsschnitt, sind beide Flanken gekrümmt [*2.16*].

Der andere Grenzfall der Geradflächenschnecke, *die Spiralschnecke*, liegt vor, wenn die erzeugende Gerade die Achse schneidet (Abb. 4.32). Die Flanken bilden dann Trapezgewinde und verlaufen im Achsschnitt gerade. Im Stirnschnitt erscheint die Flanke als *Archimedische Spirale*, das ist eine Schleifenevolvente, deren Abstand p [Gl. (1.38)] gleich dem Grundkreishalbmesser r_g

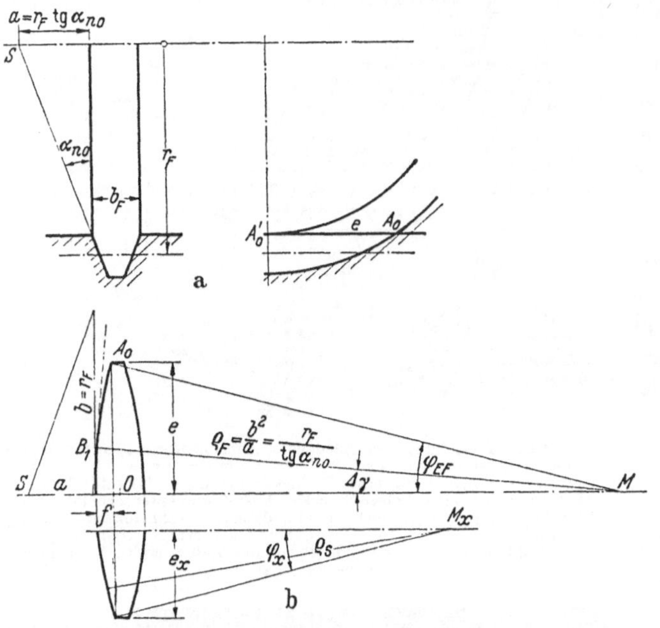

Abb. 4.26 a u. b. Schnitt eines geradflankigen Scheibenfräsers in eine ebene Fläche.

ist. Diese Schneckenform wird mit *Form A* bezeichnet. Zur Herstellung ist ein Schneidstahl mit gerader Schneidkante, die auf die Achse gerichtet ist, also der Stahl, der „auf Mitte steht", erforderlich. Mit *einem* Formstahl gleichzeitig beide Flanken nach Abb. 4.24 b zu schneiden, ist nur bei kleinem Steigungswinkel γ möglich, da der Keilwinkel des Werkstückes an einer Flanke (an der rechten in Abb. 4.24) um den Steigungswinkel verkleinert werden muß. Nach Abb. 4.24 a werden zwei Formstähle, für jede Flanke einer, verwendet, so daß gleiche Schneidwinkel der Stähle an beiden Flanken entstehen und auch bei großen Steigungswinkeln mehrgängiger Schnecken keine Schwierigkeiten auftreten. Ein geradflankiger Lückenfräser als rotierendes Werkzeug kann nur zum Vorschneiden, aber nicht zum Fertigschneiden verwendet werden, ebensowenig eine gerade abgezogene Schleifscheibe. Es müßte vielmehr mit einer in Abhängigkeit vom Werkzeugdurchmesser gekrümmt abgezogenen Schleifscheibe, wie aus dem nächsten Abschnitt hervorgeht, geschliffen werden. Deshalb werden diese Schnecken nicht für genaueste Bearbeitung verwendet.

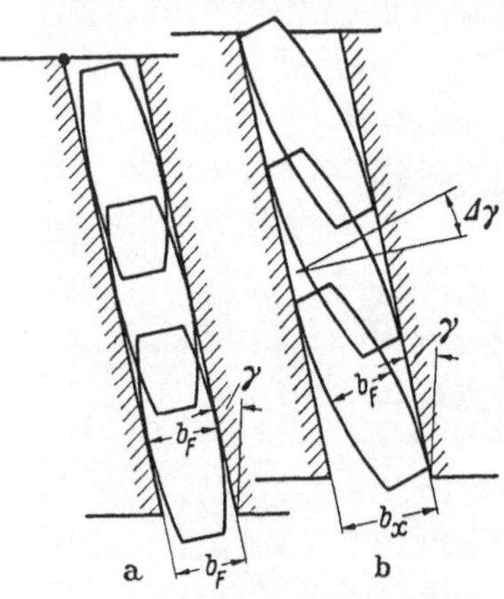

Abb. 4.27 a u. b. Schneidstreifen in der Zahnlücke.

a) Im Steigungswinkel γ genau eingeschwenkt. — b) Richtungsunterschied $\varDelta\gamma$ zwischen Richtung der Zahnlücke und Richtung des Schneidstreifens.

Zwischen den beiden Grenzfällen der Evolventen- und der Spiralschnecke, den behandelten Formen E und A, liegen die *Formen N* und K mit Flanken, die im Stirnschnitt nach *Schleifenevolventen* (Abb. 1.41) verlaufen. Das Werkzeug erhält gerade Flanken, deren Verlängerung die Schneckenachse schneidet, und wird in die Richtung der mittleren Schneckensteigung eingeschwenkt.

Ein Formstahl nach Abb. 4.24 c oder d schneidet im Normalschnitt eingeschwenkt die Form N, dasselbe etwa erreicht man mit einem Werkzeug kleinen Durchmessers, wie Fingerfräser oder Fingerstein. Diese Form wird in Rücksicht auf die Lage nach dem Normalschnitt mit N bezeichnet. Im Achsschnitt ist die Abweichung von der geraden Linie nur unbedeutend. Die im Stirnschnitt gebildete Schleifenevolvente weicht nur wenig von der Archimedischen Spirale ab.

Bei der Bearbeitung mit Werkzeugen größeren Durchmessers entsteht *Form K*, es muß zur Bestimmung des Schneckenprofils der Schneidvorgang im einzelnen verfolgt werden. Da die Steigungswinkel der Schneckenflanke sich nach Gl. (4.23) in Abhängigkeit vom Durchmesser verändern, liegt im Fuß ein größerer und im Kopf ein kleinerer Steigungswinkel als im Teilzylinder, so daß im Kopf und Fuß der auf die Steigung im Teilzylinder eingeschwenkte Fräser in der Lücke „vor-" und „nach"schneidet und das Flankenprofil im Sinne einer Krümmung gegenüber dem Werkzeugprofil verändert. Als einfachster Fall des Schneidvorganges ist in Abb. 4.26 ein Scheibenfräser dargestellt, der mit Zahnstangenprofil in eine ebene Fläche eine Lücke schneidet. Im Grundriß erscheint ein tonnenförmiger Schneidstreifen als Durchdringung des rotierenden Trapezprofils in der Schneidebene. Die seitliche Begrenzung des Streifens ist eine Hyperbel als Schnitt des Flankenkegels mit der Spitze S und dem Kegelwinkel $R - \alpha_{n0}$ (Abb. 4.26a). Mit den Halbachsen $a = r_f \operatorname{tg}\alpha_{n0}$ und $b = r_f$ folgt nach Hütte I für den Krümmungsradius ϱ_F der Hyperbel im Scheitelpunkt

$$\varrho_F = b^2/a = r_f/\operatorname{tg}\alpha_{n0}. \qquad (4.34\,\mathrm{a})$$

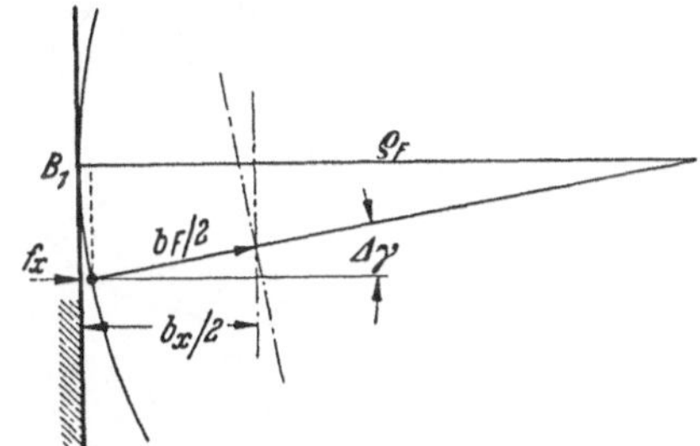

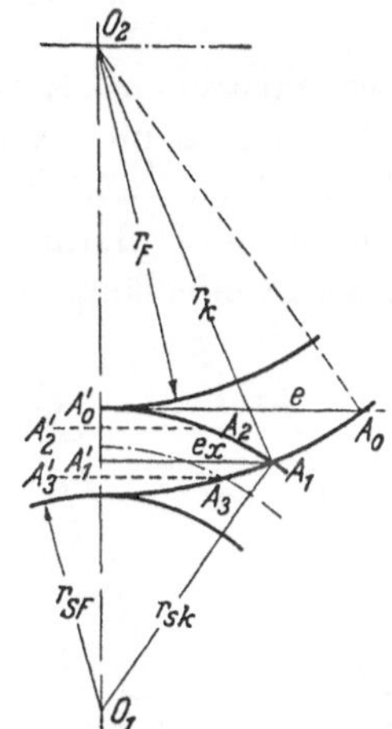

Abb. 4.28. Berührungsstelle der Einhüllenden, Vergrößerung der Abb. 4.27 b.
Abb. 4.29. Schnitt eines geradflankigen Scheibenfräsers in den Schneckenzylinder.

Die Einhüllenden der Schneidstreifen begrenzen nach Abb. 4.27a die Breite der geschnittenen Lücke. Sind die Schneidstreifen in die Richtung der zu schneidenden Lücke eingeschwenkt und bewegt sich das Werkzeug durch den Vorschub in Richtung dieser Lücke, so erhält die Lücke die Breite b_F, die der Breite des Schneidstreifens und des Fräsers entspricht.

Ist dagegen nach Abb. 4.27b und 4.26a ein Richtungsunterschied $\Delta\gamma$ zwischen der Einschwenkung des Fräsers und der Vorschubrichtung vorhanden, so erscheint die Lücke, wie ersichtlich, auf die Größe b_x verbreitert. Nach Abb. 4.28, die eine Vergrößerung der Abb. 4.27 an dem Berührungspunkt B_1 darstellt, ergibt sich die vergrößerte Breite b_x zu $(b_F/\cos\Delta\gamma + 2f_x)$, also mit Pfeilhöhe $f_x = \varrho_F(1 - \cos\Delta\gamma)$:

$$b_x = b_F/\cos\Delta\gamma + 2r_f(1 - \cos\Delta\gamma)/\operatorname{tg}\alpha_{n0}. \qquad (4.34\,\mathrm{b})$$

Die Breite der Lücke wächst also bei gleicher Fräserbreite mit dem Richtungsunterschied $\Delta\gamma$ und dem Durchmesser $(2r_f)$ des Werkzeuges.

Dieser einfache Fall muß nun auf den hier vorliegenden Fall, daß die Lücke als Schneckengang mit den Halbmessern r_{Sf} und r_{Sk} auf einem Zylinder aufgewickelt ist, übertragen werden (Abb. 4.29). Der Krümmungsradius des Schneidstreifens in Ebene A_1A_1 wird jetzt kleiner als im Falle der Abb. 4.26a, da der Zylinder im Punkt A_1 in der Entfernung e_x von der Mittellinie durchdrungen wird, während vorher die Ebene A_0A_0' in der Entfernung e im Punkt A_0 durchstoßen wurde (Abb. 4.29). Dabei ist $e^2 = r_k^2 - r_F^2$ und e_x ist als Höhe in dem Dreieck $O_1A_1O_2$ mit den Seiten $(r_k + r_{Sf})$, r_k und r_{Sk} nach Hütte bestimmt. Setzt man $s' = (2r_k + r_{Sf} + r_{Sk})/2$, so gilt

$$e_x = 2\sqrt{s'(s' - r_k - r_{Sf})(s' - r_k)(s' - r_{Sk})}/(r_k + r_{Sf}).$$

Für die halben Mittelpunktswinkel φ_F (Abb. 4.26 im Grundriß oben) und φ_S (im Grundriß unten) ergibt sich $\sin\varphi_F = e/\varrho_F$ bzw. $\sin\varphi_S = e_x/\varrho_S$. Da die Pfeilhöhe f in beiden Fällen dieselbe bleibt, ergibt sich $f = \varrho(1 - \cos\varphi_F)$ und

$$f = \varrho_S(1 - \cos\varphi_S) = \varrho_S\left(1 - \sqrt{1 - (e_x/\varrho_S)^2}\right) = \varrho_S - \sqrt{\varrho_S^2 - e_x^2}\,.$$

$$\varrho_S - \sqrt{\varrho_S^2 - e_x^2} = \varrho_F(1 - \cos\varphi_F)\,. \tag{4.34c}$$

Diese Gleichung kann zur zahlenmäßigen Berechnung des Krümmungshalbmessers ϱ_S verwendet werden. Auch in diesem Falle bleibt für die vergrößerte Rückenbreite b_x Gl. (4.34b) maßgebend, wenn für ϱ_F der Wert ϱ_S nach Gl. (4.34a) eingesetzt wird. In dieser Beziehung ist für die Profilform der Schnecke auch der Einfluß des Schneckendurchmessers enthalten. Je kleiner er wird, desto geringer wird die Balligkeit der Schneckenflanke auch bei großem Werkzeugdurchmesser.

Der Schneidstreifen A_1A_1' ist der größte auftretende Streifen, denn nach dem Schneckenkopf z. B. in Ebene A_2A_2' verkürzt das austretende Werkstück und nach dem Fuß, Ebene A_3A_3', das auslaufende Werkzeug die Streifenlänge. Außerdem durchläuft der

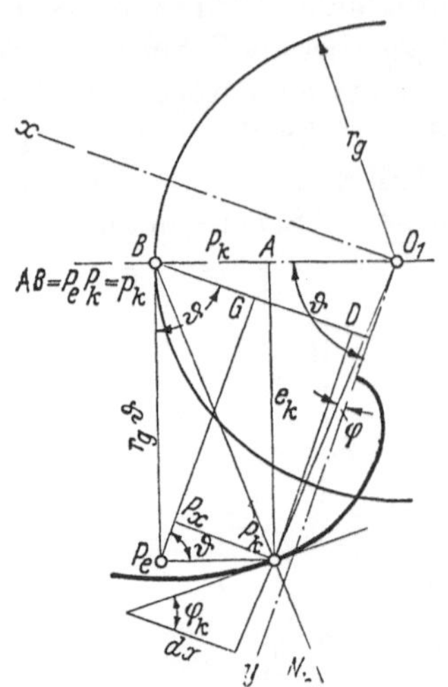

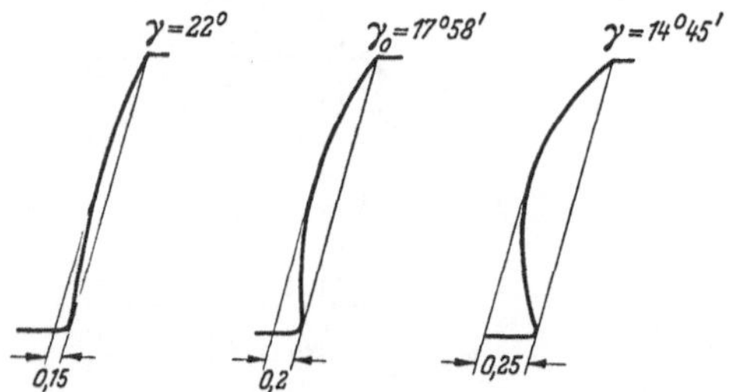

Abb. 4.30. Gemessene Balligkeit einer geschliffenen Schneckenflanke in Abhängigkeit vom eingestellten Schwenkwinkel γ.

Abb. 4.31. Die Geradflächenschnecke im Stirnschnitt der allgemeinen Form K.

ebene Schneidstreifen jetzt verschiedene Durchmesser zwischen Kopf und Fuß und somit verschiedene Werte von $\Delta\gamma$, man kann sich jedoch mit dem Wert auf der Mittellinie O_1O_2 begnügen. Je größer der Werkzeugdurchmesser wird, desto mehr liegt der größte Streifen nach dem Schneckenfuß. Bekommt man bei Einschwenkung nach dem Steigungswinkel im Teilzylinder eine bestimmte Krümmung der Flanke (Abb. 4.30), so verringert sich die Balligkeit bei Einschwenkung nach dem Steigungswinkel im Fußzylinder β_f, weil der größte Schneidstreifen einen geringen Wert $\Delta\gamma$ aufweist, bei Einschwenkung nach dem Kopfwinkel β_k ergibt sich dagegen eine starke Balligkeit, weil der verhältnismäßig weit abliegende größte Schneidstreifen einen großen Winkelunterschied $\Delta\gamma$ hat.

c) Eingriffsverhältnisse der Geradflächenschnecke.

α) **Eingriffsgleichung der Form K. (Allgemeine Form.)** Bei der Geradflächenschnecke zeigt der Stirnschnitt allgemein das Bild der Schleifenevolvente (Abb. 4.31). Für die Form K hat die erzeugende Gerade e_k den Abstand p_k in Richtung auf den Mittelpunkt vom Grundkreis r_g. (Siehe auch Abb. 1.41.) Der Berührungspunkt B des Fadens der reinen Evolvente bleibt auch für die Schleifenevolvente sowohl Momentanzentrum, von dem sich nach der Entstehung der Evolventen der Faden abwickelt, als auch Krümmungsmittelpunkt und Schnittpunkt der Kurvennormalen für Punkt P_k. Dementsprechend gehen für alle Geradflächenschnecken die Profilnormalen N_e, N_s und N_k (Abb. 4.32 bis 4.34) in den Evolventenpunkten P_e, P_s und P_k, die auf einer Abszisse im Abstand y liegen, alle durch denselben Punkt B.

Der Beweis, daß die Profilnormale durch den zugehörigen Berührungspunkt B der Fadengeraden geht, ergibt sich analytisch aus den Gln. (1.37a u. b) für die Richtung φ_k der Schleifenevolvente:

$$\operatorname{tg}q_k = \frac{dy}{dx} = \frac{dy}{d\vartheta}\cdot\frac{d\vartheta}{dx} = \frac{r_g\,\vartheta\,\cos\vartheta + p_k\,\sin\vartheta}{r_g\,\vartheta\,\sin\vartheta - p_k\,\cos\vartheta}.$$

Die geometrische Bedeutung dieses Ausdruckes ist aus Abb. 4.31 ersichtlich, wenn für die einzelnen Summanden im Zähler und Nenner die Strecken eingesetzt werden, da $DG = P_k P_x$:

$$\operatorname{tg}\varphi_k = \frac{BG + DG}{GP_e - P_e P_x} = \frac{BD}{r_k'D}.$$

Dieser letztere Ausdruck bedeutet in dem rechtwinkligen Dreieck DPB den Tangens des Winkels DPB, so daß also PB, die Verbindungslinie des Punktes P_k mit dem Berührungspunkt B der Fadengeraden, auch die Profilnormale der Schleifenevolvente darstellt.

Die Flächennormale muß aber auch senkrecht auf der Schraubenlinie des Punktes P_k (Aufriß, Abb. 4.32) stehen. Im Grundriß erscheint der rechte Winkel allerdings nur bei der Spiralschnecke (Form A) in wahrer Größe (Abb. 4.32c). Die Gleichsetzung der Werte für die axiale Entfernung zwischen den Punkten P und B aus dem Auf- und Schrägriß ergibt die Beziehung:

$$y\,\operatorname{tg}\beta' = r_g\,\operatorname{ctg}\gamma\cdot\cos\varepsilon. \tag{4.35a}$$

Hierin bedeutet ε den Winkel, den der dem Punkte P_k zugehörige Halbmesser r_k', an dem der Steigungswinkel γ besteht (Abb. 4.32, Seitenriß), mit dem Seitenriß der Erzeugenden einschließt, Winkel $P_kO_1P_s$. Es ist $\sin\varepsilon = a'/r_k' = (r_g - p)/r_k'$. Mit $y = r_k'\cos\varepsilon$ gilt:

$$r_k'\,\operatorname{tg}\beta' = r_g\,\operatorname{ctg}\gamma. \tag{4.35b}$$

P_k sei ein Schneckenpunkt am Halbmesser r_k' in der axialen Entfernung x von der Kreuzungslinie. Der Halbmesser r_k' schließt mit der Tangente an den Kehlkreis $a' = r_g - p$ den Winkel ε ein und mit dem Kreuzungsabstand $a' = O_1A_k = r_k'\cos\tau$ der Normalen den Winkel τ ein. Der Winkel der Profilnormalen N_k zur Projektion des erzeugenden Strahles e_k ist $90 - (\tau + \varepsilon)$. Winkel $O_1BA_k = \tau + \varepsilon$ berechnet sich im Dreieck BO_1A_k $\sin(\tau + \varepsilon) = r_k'\cos\tau/r_g$. Die Bestimmungsstücke der Eingriffsgleichung (4.27) können nun für den allgemeinen Fall der Geradflächenschnecke, Form K (oder N), wobei der erzeugende Strahl e_k von der Mitte den Abstand $r_g - p_k$ hat, aus Abb. 4.32 entnommen werden. Der Kreuzungsabstand a' der Normalen von der Schneckenachse O_1 ist $a' = r_k'\cos\tau$. Der Abstand $e\,\operatorname{tg}\chi = A_kC_k = A_kP_k + P_kC_k$ folgt mit $A_kP_k = r_k'\sin\tau$ und $P_kC_k = P_kQ/\sin(\tau + \varepsilon)$, wobei aus dem Aufriß $P_kQ = x\,\operatorname{ctg}\beta'$ zu entnehmen ist, zu $e\,\operatorname{tg}\chi = r_k'\sin\tau + x\,\operatorname{ctg}\beta'/\sin(\tau + \varepsilon)$.

Somit lautet die allgemeine Eingriffsgleichung der Geradflächenschnecke für einen beliebigen Punkt P_k mit dem Halbmesser r_k':

$$r_k'\cos\tau\cos\psi + [r_k'\sin\tau + x\,\operatorname{ctg}\beta'/\sin(\tau + \varepsilon)]\sin\psi = r_0$$

oder vereinfacht:

$$r_k'\cos(\psi - \tau) + x\,\operatorname{ctg}\beta'\sin\psi/\sin(\tau + \varepsilon) = r_0, \tag{4.36a}$$

wobei

$$\sin(\tau + \varepsilon) = r_k'\cos\tau/r_g \quad \text{und} \quad \sin\varepsilon = (r_g - p)/r_k. \tag{4.36b}$$

Aus diesen allgemeinen Gleichungen lassen sich die speziellen Werte für die beiden Grenzfälle der Spiral- und der Evolventenschnecke ableiten. Dies ist im folgenden unter Beschränkung auf rechtwinklige Achsenkreuzung durchgeführt.

β) **Der Eingriff der Spiralschnecke.** Form A. Die Erzeugende schneidet die Schneckenachse und bildet mit ihr den Eingriffswinkel α_a im Längsschnitt (Abb.4.32c). Es gilt also $\beta' = (90° - \alpha_a)$. Die beiden Flanken werden durch zwei symmetrisch liegende Strahlen erzeugt. Im Stirnprofil entsteht die Flanke als Archimedische Spirale. Zwischen dem Wälzpunkt C (Abb. 4.33) des geraden Längsprofils und einem beliebigen anderen Profilpunkt S am Halbmesser r' besteht ein axialer Abstand von $(r' - r_0)\,\operatorname{tg}\alpha_a$. Die Schraubenlinie des Punktes S trifft die durch C gelegte Stirnebene im Punkte S_0, nach der Schraubengleichung (4.28) ist für den Verschraubungswinkel ψ_p von der Mittelebene $\psi_p/2\pi = (r' - r_0)\,\operatorname{tg}\alpha_a/H$. Wird aus Gl. (4.29b) die Größe r_g und $\beta' = (90° - \alpha_a)$ eingeführt, so ergibt sich $r_g\psi_p = r' - r_0$. Man trägt daher zur Ermittlung der Flankenspirale den radialen Abstand $r' - r_0$ der Punkte im Bogenmaß auf dem r_g-Kreis

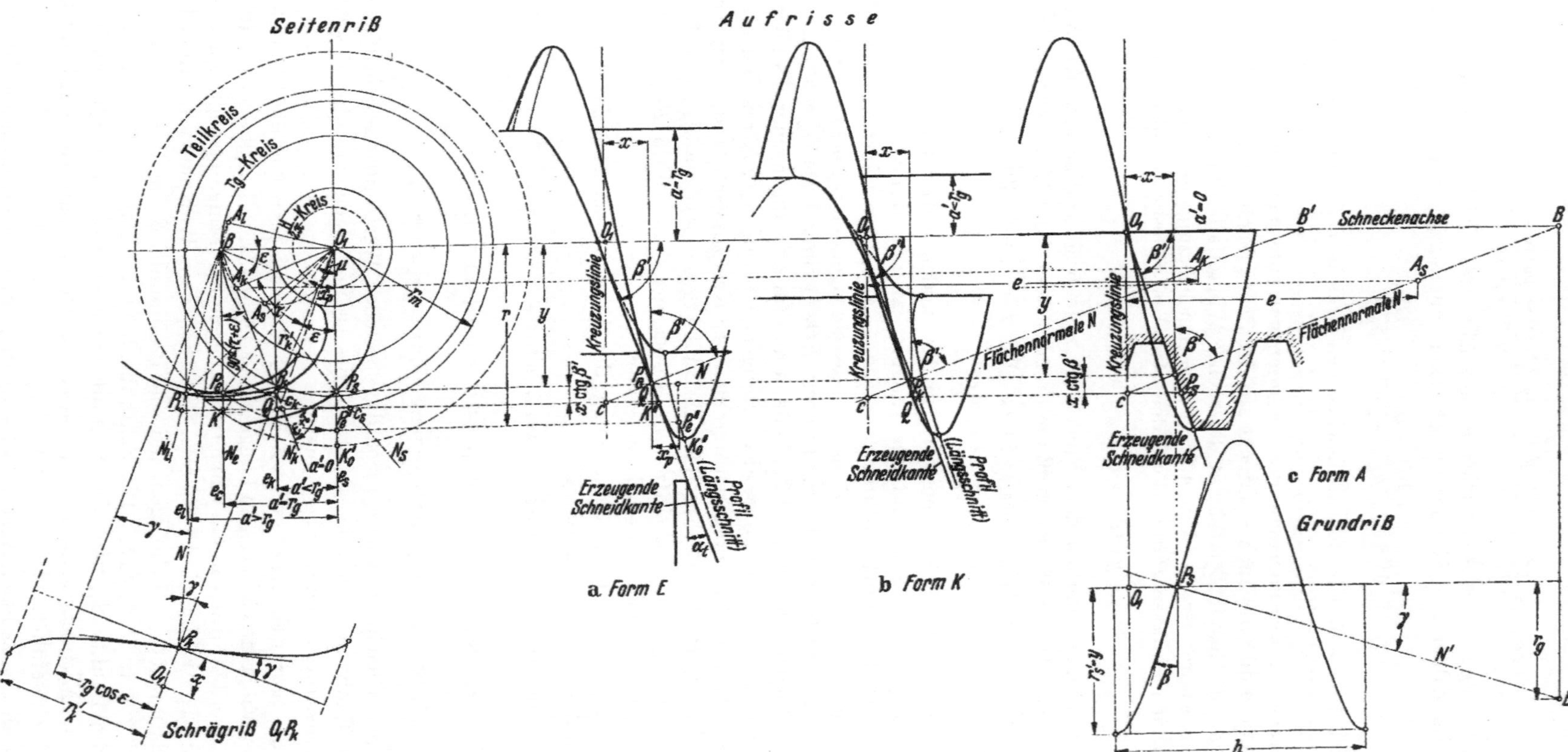

Abb.4.32. Geradflächenschnecken.

a) Evolventenschnecke, Form E. Erzeugende e_a berührt den Grundzylinder. — b) Verlängerte Evolventenschnecke, Form N und K. Erzeugende e_k hat vom Grundzylinder den Abstand p_k. — c) Spiralschnecke, Form A. Erzeugende e_a geht durch die Achse $(p_k = r_g)$.

auf und projiziert die Punkte S' radial von O_1 nach S_0 auf die Kreise vom zugehörigen Halbmesser r' (Abb. 4.33).

Die Eingriffspunkte. Mit $\beta' = 90 - \alpha_a$ und $p = r_g$ wird $\varepsilon = 0$ [Gl. (4.36)] und die Eingriffsgleichung für die Spiralschnecke ergibt nach Gl. (4.35)

$$r \cos(\psi - \tau) + x\,\mathrm{tg}\alpha_a \sin\psi/\sin\tau = r_0\,.\tag{4.37}$$

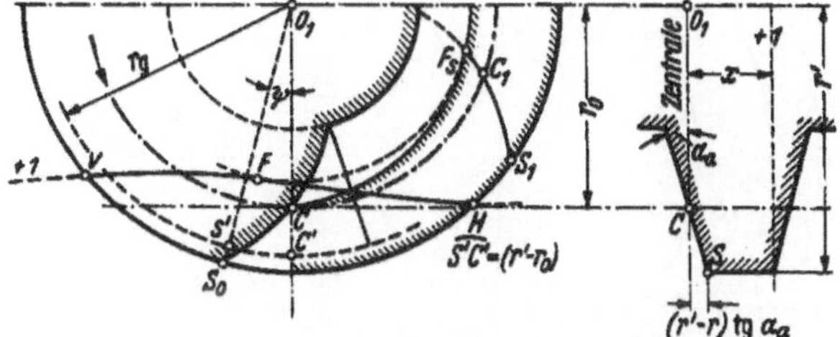

Abb. 4.33. Stirnprofil der Spiralschnecke, Form A. O_1C Kreuzungsabstand. In der Gl. (1.37) der allgemeinen Evolvente wird $p = r_g$.

Diese Gleichung erlaubt eine einfache zeichnerische Ermittlung der Eingriffslinie im Stirnschnitt für einen Punkt P mit Halbmesser r und Abstand x von der Kreuzungslinie O_1C (Zentrale). Positives Vorzeichen von x gilt für den vorderen Teil der Schnecke, das ist diejenige Längshälfte, in der das Schneckenrad seinem Drehsinn gemäß den Eingriff beginnt. Man bestimmt den Grundkreis r_g nach Gl. (4.29b) zu $r_g = H\,\mathrm{ctg}\alpha_a/2\pi$, trägt ihn senkrecht zu PO_1 nach O_1B auf und erhält in PB die Projektion der Flächennormalen N. Das Lot a' schließt mit der Kreuzungslinie den Winkel τ ein. Von P aus wird nach außen bei $+x$ und nach innen bei $-x$ der Wert $PQ = x\,\mathrm{tg}\alpha_a$ aufgetragen. Eine Senkrechte auf QO_1 in Q schneidet PB in R und es ist $PR = PQ/\sin\tau = x\,\mathrm{tg}\alpha_a/\sin\tau$. Die Eingriffslagen P' und P'' des Punktes P werden dadurch erhalten, daß man von R die Tangenten RS' und RS'' an den Teilkreis r_0 zieht und die Berührungspunkte S und S'' von O_1 radial auf den Kreis r herausprojiziert. Die zweite Eingriffslage P'' kann auch durch Übertragen der Strecke $RP' = RP''$ gefunden werden.

Die Ermittlung des Schnittpunktes G' einer zu $P'O_1$ Senkrechten O_1G' auf dem Grundkreis gestattet schließlich das Eintragen der Flächennormalen N' bei Eingriffsstellung P'.

Die Eingriffsfläche. Ermittelt man so die Eingriffspunkte für mehrere Schneckenpunkte mit gleichem Abstand x von C und verschiedenen Halbmessern r, so erhält man die *Eingriffslinie EE* des Stirnschnittes im Abstand x (Abb. 4.34). Die gesamte *Eingriffsfläche* wird durch eine Schar von Eingriffslinien dargestellt (Abb. 4.35, 4.40), die den in gleichen axialen Zwischenabständen liegenden Stirnschnitten angehören. In den Abb. 4.35 bis 4.37 (siehe auch Tafel XXIX) sind die Eingriffslinien ermittelt für Punkte mit den

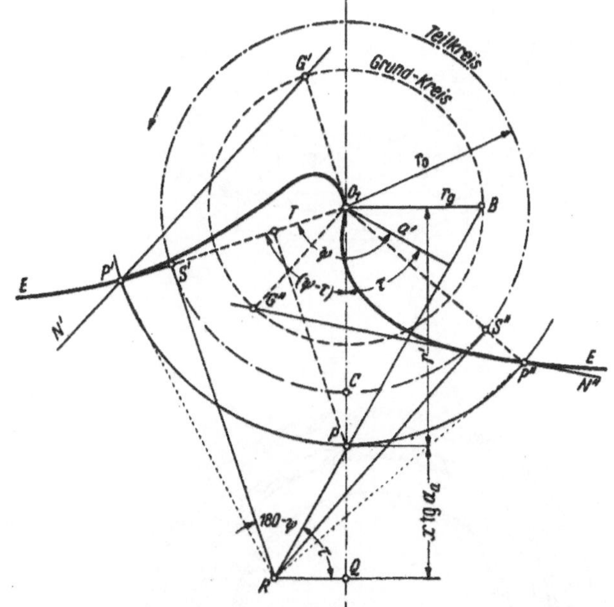

Abb. 4.34. Ermittlung der Eingriffspunkte der Spiralschnecke im Abstand x vom Kreuzungspunkt C. Eingriffslinie EE.

Halbmessern r, die sich um $0{,}1\,t$ unterscheiden und in Stirnschnitten liegen, deren Abstand voneinander $0{,}1\,t\,\mathrm{ctg}\alpha_0$ ist, da so die Punkte P des einen Schnittes als Punkte Q des nächsten verwendet werden.

Die in den gewählten Abständen gelegten Stirnebenen sind in der Längsansicht der Schnecke (Abb. 4.36) mit $0, \pm 1, \pm 2$ usw. bezeichnet; die zugehörigen Eingriffslinien im Seitenriß (Abb. 4.35) sind ebenso bezeichnet. Die Eingriffslinie O der Schneckenmitte verläuft geradlinig, die anderen Eingriffslinien sind kurvenförmig.

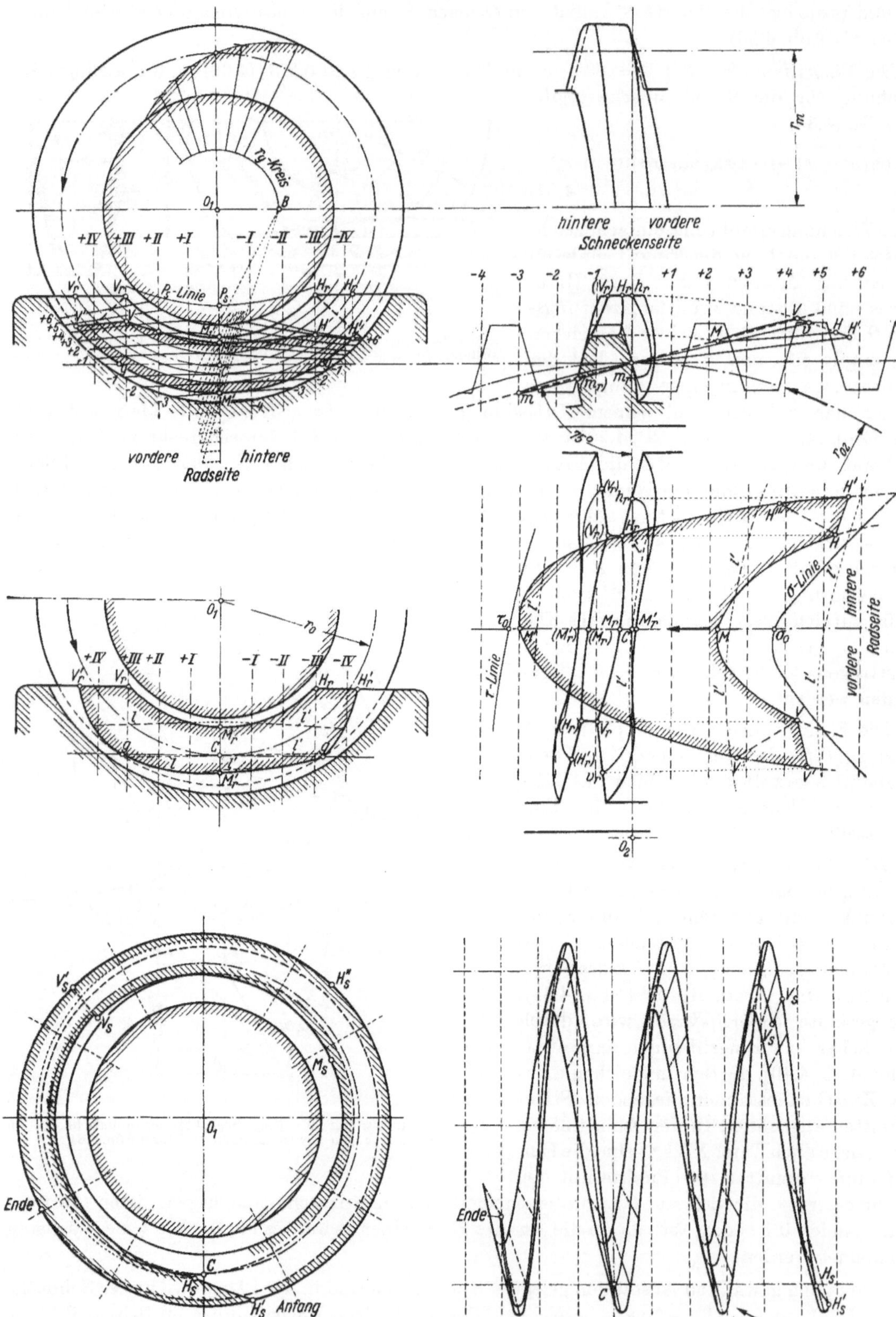

Abb. 4.35 bis 4.39. Eingriff einer eingängigen Schnecke, $\gamma_0 = 6°$, $z_2 = 30$.

Für den Verlauf der Eingriffslinien ist allein die Lage des Berührungspunktes B und damit der Grundkreis r_g maßgebend. Nach Gl. (4.29b) $r_g = H/2\pi\,\mathrm{tg}\beta_g$ und nach Gl. (4.23) $H/2\pi = r_0\,\mathrm{ctg}\beta_0 = r_0\,\mathrm{tg}\gamma_0$ läßt sich mit dem hier zutreffenden Wert $\beta_g = 90 - \alpha_a$ schreiben:

$$r_g = r_0\,\mathrm{tg}\gamma_0\,\mathrm{tg}\beta_g = r_0\,\mathrm{tg}\gamma_0\,\mathrm{ctg}\alpha_a . \qquad (4.38)$$

Demnach liegt Punkt B auf dem Teilkreis r_0, wenn Steigungswinkel γ_0 und der Eingriffswinkel α_a im Längsschnitt gleich groß sind. Bei kleinerer Steigung liegt B innerhalb des Teilkreises, dann nähern sich (Abb. 4.35) alle Eingriffslinien asymptotisch der mittleren Eingriffslinie gg. Ist γ_0 größer als α_a, liegt B außerhalb des Teilkreises r_0 (Abb. 4.43); die Eingriffslinien aller Stirnschnitte gehen dann in der Projektion durch einen gemeinsamen Punkt E. Seine Lage erhält man, wenn man von B aus eine Tangente an den Teilkreis r_0 zieht und den Berührungspunkt radial von O_1 aus auf die mittlere Eingriffsgerade projiziert.

Aus der Schar der Eingriffslinien in den Stirnschnitten läßt sich die Eingriffslinie jeder beliebigen Radebene senkrecht zur Radachse ermitteln. Im Seitenriß der Abb. 4.42 sei $+\mathrm{I}$ die Spur einer solchen Ebene, man hat die in dieser Spur liegenden Punkte der einzelnen Eingriffslinien auf die zugehörigen Schneckenstirnschnitte $+1$, $+2$ usw. hinüber zu projizieren. Die Verbindung der einzelnen Punkte ergibt die Eingriffslinie der betrachteten Radebene $+\mathrm{I}$.

Die *Eingriffsfläche* der Spiralschnecke ist eine gekrümmte Fläche, die zwei Gerade in den Mittelschnitten von Schnecke und Rad aufweist. Eine dritte Gerade, die parallel zur Schneckenachse

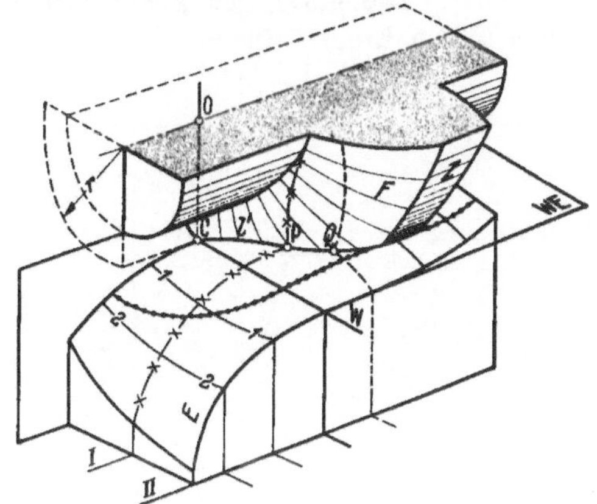

Abb. 4.40. Eingriffsfläche, schematisch.
OC Kreuzungslinie, CW Wälzachse, WE Wälzebene, F beliebige Flankenfläche, E Eingriffsfläche rechte Hälfte.
...... Grenze des Eingriffsfeldes (Schnitt von E mit Z).
× × × × Schnitt durch P einer Längsebene mit E und F.
– – – – Schnitt durch Q einer Querebene mit E und F.
$CPQ = l'$ Linie gleichzeitigen Eingriffes.

verläuft und durch den Punkt E (Abb. 4.45) hindurchgeht, stellt sich bei $\gamma > \alpha_a$ ein. Die Mittelebene der Schnecke zerschneidet die Eingriffsfläche in die Teile der *vorderen* und *hinteren* Radhälfte. Vorn ist jene Radhälfte, in die die Schneckenprofile bei der Drehung zuerst eintreten. Die Eingriffsfläche verläuft um so flacher, je weiter sie von der Radmittelebene zurücksteht. Vordere Radebenen weisen daher stärker geneigte Eingriffslinien auf als die hinteren Radebenen.

Die Ermittlung der theoretischen Radzahnfläche. Man ermittelt die zu einer bekannten Schneckenfläche gehörige Radzahnfläche in einer Lage, in der sie im Wälzpunkt C im Eingriff steht. Die durch einen Eingriffspunkt P gehende Schraubenlinie trifft das Mittelprofil der Schnecke in P' (Abb. 4.41). Während der Eingriff von P nach C fortschreitet, vollführt das Mittelprofil eine axiale Bewegung $P_w C$. Dabei dreht sich das Rad um die gleiche Länge $\overset{\frown}{P_{1w}C} = \overline{P_w C}$ im Wälzkreise r_{02} und der Streckenzug $O_2 P_{1w} P$ kommt in die Lage $O_2 C P_r$. Der Punkt P_r ist nun der eingreifende Punkt der Radzahnfläche, deren Lage einer mittleren Eingriffsstellung im Wälzpunkt C entspricht.

Die Länge $C P_w$ kann rechnerisch nach dem axialen Abstand y der Punkte P und P_w gefunden werden. Steht P im Winkel ψ_p von der Radmittelebene ab, so ist sein axialer Abstand von P' nach Gl. (4.28) gleich $H\psi_p/2\pi$, und da jener des Punktes P' von P_w gleich $(r'-r_0)\,\mathrm{tg}\alpha_a$ ist, wird $y = H\psi_n/2\pi - (r'-r_0)\,\mathrm{tg}\alpha_a$.

Zeichnerisch werden die Glieder dieser Gleichung gefunden, wenn man nach den Ausführungen zu Gl. (4.28) den $H/2\pi$-Kreis und eine durch C unter dem Winkel α_a gegen die Zentrale geneigte Hilfsgerade im Querschnitt der Schnecke (Seitenriß) einträgt. Die Bogenlänge ST am $H/2\pi$-Kreis ist dann $ST = H/2\pi \cdot \psi_p$ und die Hilfsgerade schneidet aus der im Abstand r' errichteten Senkrechten zur Zentralen eine Strecke $P'Q' = (r'-r_0)\,\mathrm{tg}\alpha_a$ heraus. Der gesuchte

Radwälzkreisbogen wird durch zeichnerische Summierung $CP_{1w} = x + y = x + ST - P'Q$ gefunden.

Die so ermittelte Zahnfläche ist in Abb. 4.37 und 4.38 dargestellt. Sie zeigt vor und hinter der Radmitte einen ungleichen, zur Gegenfläche am gleichen Zahn verkehrt symmetrischen Verlauf.

Verlauf der Linien gleichzeitigen Eingriffes. Diese Linien werden als Schnitte der Eingriffsfläche mit irgendeiner Lage der Schneckenfläche erhalten. Man schneidet beide Flächen durch eine Anzahl von Ebenen, O, $+1$, $+2$ usw., senkrecht zur Schneckenachse und bringt ihre Schnittlinien miteinander zum Schnitt. Die Verbindung der erhaltenen Schnittpunkte liefert die Linien $l'l'$ (Abb. 4.37) des gleichzeitigen Eingriffes. Da die Schneckenfläche an mehreren Stellen in die Eingriffsfläche eintritt, ergeben sich zu jeder Schneckenlage mehrere Eingriffs-

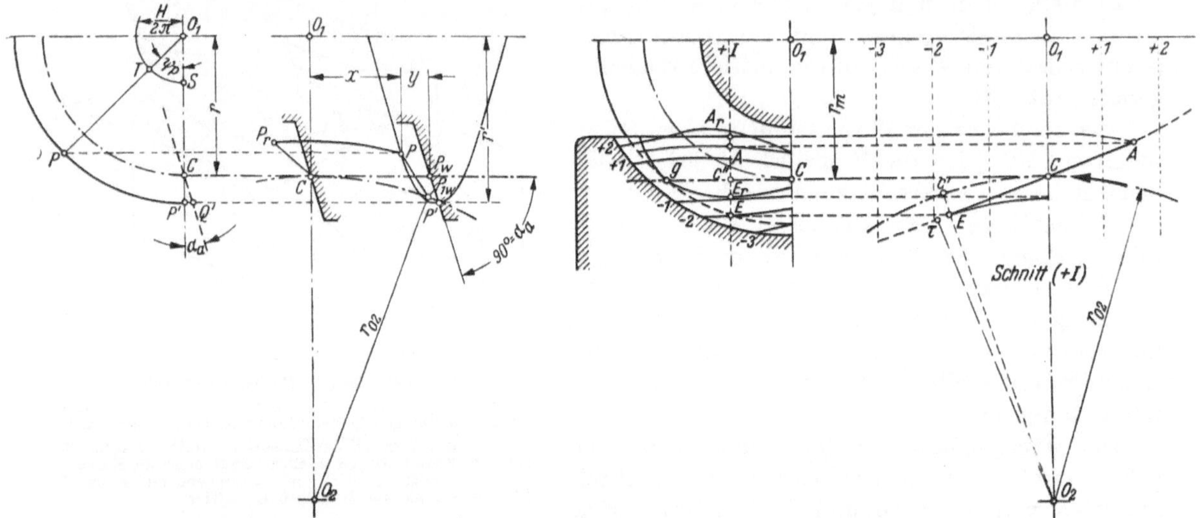

Abb. 4.41. Ermittlung eines Radzahnpunktes.   Abb. 4.42. Eingriffslinie der Radebene.

linien. Aus der Lage der schwach gekrümmten Linien ist zu ersehen, wie der Eingriff nach dem eingezeichneten Pfeil fortschreitet.

Zeichnerische Ermittlung. Das Stirnprofil der Schnecke, das für alle Stirnschnitte gleiche Gestalt besitzt (Abb. 4.33), steht bei einem Stirnschnitt im Abstande x von der Schneckenmitte vom Stirnprofil der Mitte im Bogenmaß ab um $CC_1 = 2r_0 \pi x/H$. Man kopiert das Stirnprofil auf Pauspapier und legt es in C_1 auf; sein Schnitt mit der Eingriffslinie der zugehörigen Stirnschnittebene liefert einen Punkt der Linien des gleichzeitigen Eingriffes. So sind in Abb. 4.35 die einzelnen Punkte ermittelt und in den zugehörigen Grundriß (Abb. 4.38) übertragen.

Bestimmung des Eingriffsfeldes. Die Drehflächen, die die äußeren Zahnbegrenzungen von Rad und Schnecke umhüllen, schneiden aus der Eingriffsfläche das *Eingriffsfeld* heraus, in dem sich die eigentliche Einwirkung der Zahnflächen aufeinander vollzieht. Im praktischen Falle wird meist die Feststellung des *Feldgrundrisses* (Abb. 4.37) genügen.

Der Kreisumfang $V'M'H'$ (Abb. 4.35 und 4.37) als Projektion des Kopfzylinders der Schnecke bestimmt die Abgrenzung des Feldes im Seitenriß. Durch das Übertragen der Abstände, die die in den Außenkreis der Schnecke fallenden Punkte der einzelnen Eingriffslinien O, $+1$, $+2$ usw. von der Radmittelebene haben, auf die Spuren der zugehörigen Stirnebenen im Grundriß (Abb. 4.37) gelangt man zu einer Punktreihe, deren Verbindungslinie $V'M'H'$ die Begrenzung des Feldgrundrisses durch den äußeren Schneckenumfang ergibt. Die Linie schließt das Feld auf der hinteren Schneckenseite vollständig ab. Auf der vorderen Seite wird die Abgrenzung erst durch den Einschnitt der Radumhüllungsfläche geschlossen; seine Ermittlung erfolgt punktweise in den einzelnen Radebenen O, $+\mathrm{I}$, $+\mathrm{II}$ usw.

In Abb. 4.42 ist z. B. A_r der äußerste Zahnpunkt der Radebene $+\mathrm{I}$. Es wird ihre Eingriffslinie im Aufriß bestimmt und zum Schnitt mit dem Radkreise gebracht, auf dem A_r liegt. Der

Schnittpunkt A ist dann ein Abgrenzungspunkt des Feldes. Durch Projizieren auf die Spur der zugehörigen Radebene bringt man ihn zur Darstellung im Seiten- und Aufriß. Es genügt, jenen Teil der Eingriffslinie einzuzeichnen, der voraussichtlich im Bereiche des Schnittes A liegt, also in dem Fall der Abb. 4.42 von dem Teile zwischen den Stirnebenen $+1$ und $+2$. Die einzelnen Radebenen werden zweckmäßig so gewählt, daß sie besonders charakteristische Punkte der Zahnumgrenzung enthalten, z. B. in Abb. 4.35 die Punkte V_r und H_r. Die Umhüllungsfläche der mittleren zur Schnecke konzentrischen Zahnbegrenzung $V_r M_r H_r$ schneidet

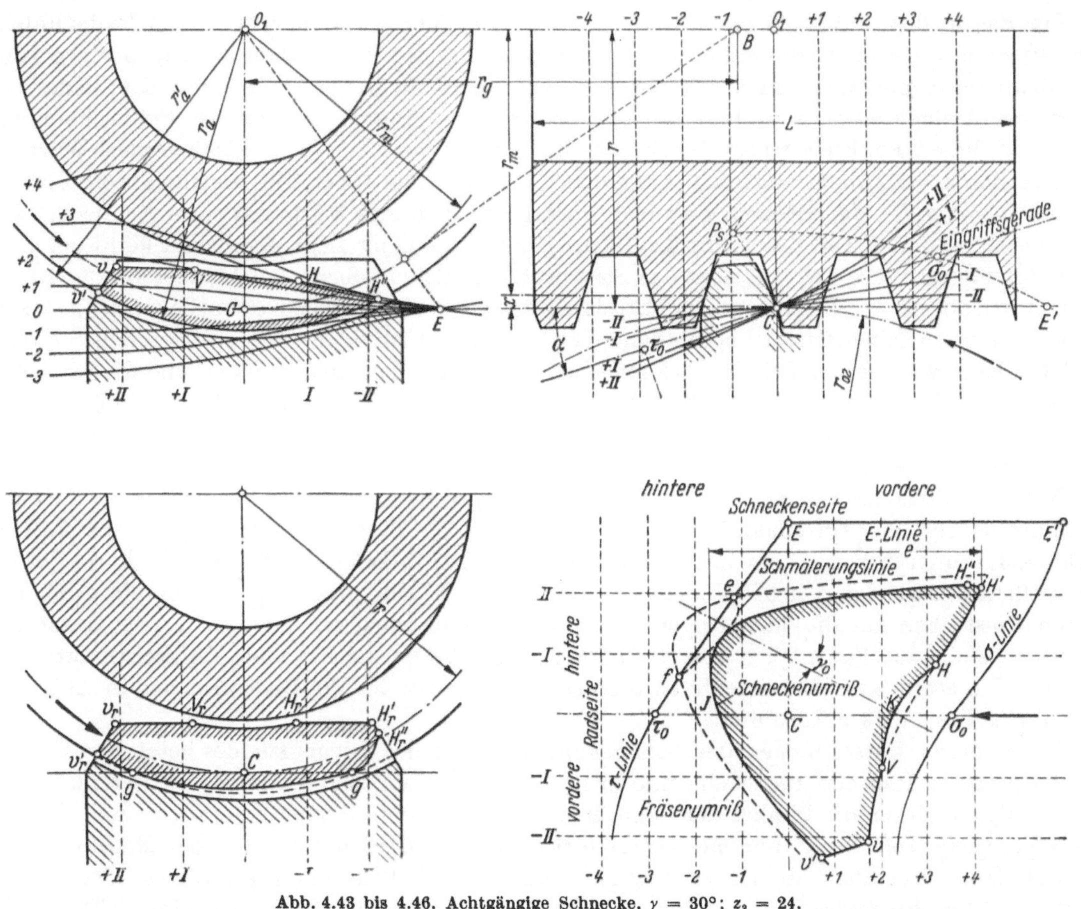

Abb. 4.43 bis 4.46. Achtgängige Schnecke, $\gamma = 30°$; $z_2 = 24$.

die Eingriffsfläche in der Linie VMH (Abb. 4.37) und die zylindrischen Seitenbegrenzungen schließen das Eingriffsfeld vollends in den beiden Linien $V'V$ und HH' ab.

Der Feldgrundriß hat die Gestalt eines Hufeisens, dessen Schenkel in der vorderen Schneckenhälfte liegen. Die Achse liegt ungefähr senkrecht zum Schraubengang der Zähne. Bei größerer Steigung der Schnecke liegt daher der Feldgrundriß stärker gegen die mittlere Radebene verdreht.

Der längere Feldteil in der vorderen Schneckenfläche zeigt dort einen größeren Überdeckungsgrad an als in der hinteren Hälfte. Wie aus den Linien $l'l'$ des gleichzeitigen Eingriffes (Abb. 4.37) hervorgeht, vollzieht sich der Eingriff im vorderen Feldteil auch in längerer Linienberührung der Zahnflächen.

Die Eingriffslinien in den hinteren Radebenen verflachen sich mit zunehmender Entfernung von der Radmitte (Abb. 4.44), während in den vorderen Radebenen ein steiler Anstieg auftritt, so daß sich hier ein größerer Zahndruck einstellt. Der um den Wälzpunkt zentral liegende Teil des Feldes bietet somit das beste Eingriffsverhalten. Die Ungleichmäßigkeit im Verlauf der Eingriffslinien nimmt mit dem Grundkreishalbmesser r_g zu. Nach Gl. (4.38) wächst r_g mit dem Steigungswinkel γ, größere Eingriffswinkel α dagegen mindern die Entfernung.

Bestimmung der eingreifenden Radzahnfläche. Der eingreifende Teil der Radzahnfläche reicht vom Außenmantel des Rades bis innen zum Außenmantel der Schnecke. Demnach begrenzt in Abb. 4.42 der Außenkreis der Schnecke im Punkte E den Eingriffsbereich der Eingriffslinie von der Radebene $+$ I. In der Spur dieser Ebene im Seitenriß reicht daher das Zahnfeld bis zu einem Punkte E_r, der im Halbmesser O_2E von der Radachse absteht. Er bestimmt sich durch das Übertragen des radialen Abstandes $C'E$ vom Wälzkreise nach $C''E$. Man verwendet für die Ermittlung zweckmäßig solche Punkte E, in denen die Eingriffslinien des Seitenrisses den Außenkreis der Schnecke treffen.

Für das in den Abb. 4.35 bis 4.37 dargestellte Getriebe ist in Abb. 4.38 das Radzahnfeld schraffiert eingezeichnet; die Zahnfeldpunkte sind durch die Buchstaben der zugehörigen Eingriffsfeldpunkte mit dem Index r bezeichnet. Die innere Begrenzungslinie des Zahnfeldes berührt den Außenkreis in zwei Punkten gg, die auf der Eingriffsgeraden der Schneckenmitte liegen; in diesen Punkten dringt der Eingriff am weitesten in den Zahnfuß ein. Auch hier ist die vordere Hälfte des Zahnes mit einer größeren Fläche am Eingriff beteiligt als die hintere Fläche.

Bestimmung der eingreifenden Schneckenfläche. Mit Hilfe des Stirnprofils der Schnecke läßt sich der eingreifende Teil der Schneckenfläche finden. Bei einer Lage der Schnecke in der Eingriffsstellung im Wälzpunkte C liegt das Stirnprofil der Schnittebene $+1$ (Abb. 4.33) des Axialschnittes in der Lage C_1S_1, die von der Mittelstellung des Profils im Teilkreisbogen $CC_1 = 2r\pi x/H$ absteht. Der im Eingriffsfelde befindliche Teil der Eingriffslinie für die Schnittebene $+1$ sei VFH. Überführt man den der Schneckenachse O_1 zunächst liegenden Punkt F und die weitesten Punkte V und H in Kreisen auf das Stirnprofil C_1S_1, so erhält man in der Profillänge F_sS_1 den tatsächlich zum Eingriff kommenden Profilteil; F_s und S_1 liegen demnach auf der Begrenzungslinie des eingreifenden Schneckenfeldes.

Für die vollständige Feldermittlung hat man entsprechend zunächst die Teilkreispunkte der Stirnprofile für die einzelnen Schnittebenen O, $+1$, $+2$ usw. im Seitenriß der Schnecke (Abb. 4.39) einzutragen. Dann entnimmt man mit dem Zirkel die radialen Abstände der im Eingriffsfeld liegenden Eingriffslinienteile aus Abb. 4.35 und überträgt sie in die Abb. 4.39 durch Einstechen auf die zugehörigen Stirnprofile, deren einzelne Lagen man sich durch das Auflegen eines auf Pauspapier kopierten Profils auf die entsprechenden Teilkreispunkte verschafft. Die ermittelten Punkte bilden die gesuchte Grenzlinie. Ihr Bild erscheint in Abb. 4.39 im Aufriß besonders anschaulich.

Nach diesen Darstellungen des Schneckenfeldes und des Eingriffsfeldes setzt der Eingriff in der hinteren Radseite zuerst ein, und zwar mit dem Schneckenpunkt H'_s im Feldpunkt H'. Von $V_sV'_s$ an wirken die Punkte der Schneckenfläche auf beide Radseiten ein. Der zum Eingriff herangezogene Teil der Zahnhöhe verbreitert sich im weiteren bis zu einem Maximum und nimmt dann allmählich ab, bis er in einem Punkt des Außenumfanges aufhört. Der größere Teil des Schneckenfeldes liegt auf der vorderen Radseite; denn dort gelangt eine größere Windungslänge der Schraube und eine größere Zahnhöhe zur Einwirkung. Auf der hinteren Schneckenseite greifen nur Punkte außerhalb des Teilzylinders r_0 ein. Die Eingriffslänge der vorderen Schneckenseite bestimmt somit die größte Ausführungslänge der Schnecke.

Bei mehrgängigen Schnecken besteht die gesamte eingreifende Schneckenfläche aus den gleich begrenzten Teilfeldern der einzelnen Schneckengänge.

Beschränkungen des Eingriffsgebietes. Durch die Verzahnungsgesetze ist der „Verwendbare Teil der Eingriffslinie" (s. Bd I S. 6 u. 7) beschränkt. Zunächst ist die Höhe des Radzahnes nur bis zum Schnitt P_s (Abb. 1.45) der beiden Flanken möglich. Abb. 4.44 und 4.45 zeigt die Zahnspitze P_s für die mittlere Radebene, sie käme in σ_0 zum Eingriff. Die Punkte P_s für alle Radebenen ergeben in ihren radialen Abständen von der Radachse die P_s-Linie des Seitenrisses (Abb. 4.35) und entsprechend die σ-Linie im Grundriß. Diese begrenzt in der vorderen Schneckenseite die brauchbare Eingriffsfläche. Annähernd schneidet ein Radkreis durch die mittlere Spitze P_s (Abb. 4.44) aus den Eingriffslinien des Aufrisses als E' die Punkte σ ab, die in den Grundriß (Abb. 4.46) zu übertragen sind.

Nach innen zu ist der Radzahn im Sinne von Abb. 1.14 durch den der Radachse zunächst liegenden Punkt, z. B. τ_0 in Abb. 4.44, begrenzt, da sonst ein rückläufiges Profil entstehen würde. Aus diesen Punkten für alle Radebenen ergibt sich die τ-Linie als Grenzlinie für das verwendbare Eingriffsgebiet auf der hinteren Schneckenseite. Sie wird bei steilen Schnecken ($\gamma \sim 30°$) wirksam.

Für eine Radebene im Abstand CE von der Mitte (Abb. 4.43) — E-Schnittpunkt der Eingriffslinien bei $\gamma > \alpha_a$ (S. 77) — besteht eine gerade Eingriffslinie EE', die den Radwälzkreis berührt. Eingriffsfähig ist nur noch der Kopfpunkt der Radflanke. Hinter der Ebene EE' würden die Eingriffslinien in entgegengesetzter Neigung verlaufen und unbrauchbare Flankenteile ergeben. Die zur Schneckenachse parallele Gerade, die E-Linie, schließt an die τ- und σ-Linie an (Abb. 4.46). Sie begrenzt den verwendbaren Teil der Eingriffsfläche auf der hinteren Radseite. Ebenso legt E den Außenumfang der Frässchnecke fest. Durch Vergrößerung des Eingriffswinkels α_a kann nach Gl. (4.38) Punkt E weiter nach außen gelegt werden. Dadurch lassen sich Schneckensteigungen bis 45° ausführen.

Demnach ist das verwendbare Gebiet der Eingriffsfläche zwischen σ-, τ- und E-Linie gelegen.

Berührungslänge und *Überdeckungsgrad* ε kann aus dem gezeichneten Eingriffsfeld ermittelt werden. Sinngemäß sind die Gedankengänge zu den Abb. 3.09 und 3.10 der Schrägzahnräder

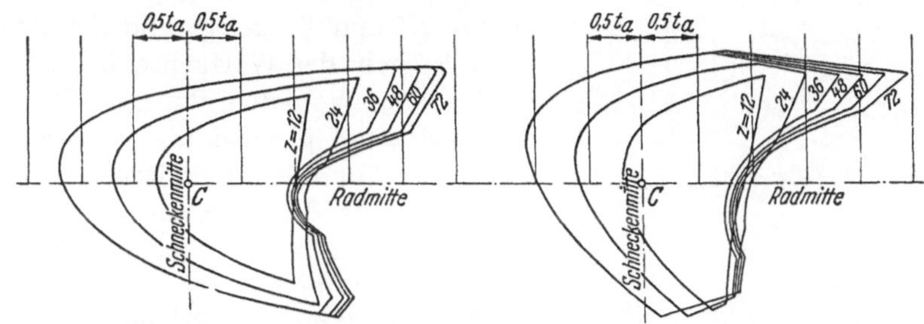

Abb. 4.47 (links). Feldgrundrisse einer eingängigen Schnecke bei verschiedenen Übersetzungen.
Abb. 4.48 (rechts). Feldgrundrisse einer sechsgängigen Schnecke.

anzuwenden. Jedoch kann der für die Festigkeit und Walzenpressung maßgebende Wert $\sum l_b$ nur durch die Zeichnung zuverlässig gewonnen werden, weil das Eingriffsfeld die angegebene verwickelte Form hat. Man zeichnet also den eintretenden Zahn für die kleinste Berührungslänge in Berührung mit dem vorderen Teil des Eingriffsfeldes, d. h. durch Punkt H' (strichpunktiert in Tafel XXIX), und dann in den Abständen t_n der Teilung die weiteren Zähne. Die Grundrißlängen der Berührungslinien innerhalb des Eingriffsfeldes können dann abgelesen werden, und daraus kann $\sum l_b$ gebildet werden.

Für den Überdeckungsgrad ε ist die Länge e des Eingriffsfeldes maßgebend (Abb. 4.46).

$$\varepsilon = e/t_a \cos \alpha_a. \tag{4.39}$$

In Abb. 4.47 und 4.48 sind die Grundrisse der Eingriffsfelder bei verschiedenen Übersetzungen dargestellt. Der Vergleich der ein- und sechsgängigen Schnecke zeigt, daß sich die Eingriffslänge mit der Gangzahl nur wenig ändert. Dagegen beeinflußt die Radzähnezahl z_2 wesentlich die vordere Länge des Eingriffsfeldes und damit den Wert e überhaupt.

In Annäherung kann daher der Überdeckungsgrad aus der mittleren Eingriffsstrecke $e_m = IK$ (Abb. 4.46) bestimmt werden, die dem Eingriff zwischen einem Rad und einer Zahnstange entspricht und daher nach Abb. 1.57 berechnet werden kann. Mit den hier vorliegenden Werten im mittleren Stirnschnitt des Schneckenrades gilt

$$IK = m/2 \cdot z_2 \cos \alpha_a (\mathrm{tg}\,\alpha_{k2} - \mathrm{tg}\,\alpha_a) + \xi\, m/\sin \alpha_a.$$

Das Eingriffsfeld weist senkrecht zum Schraubengang etwa eine Feldlänge auf von $IK/\cos \gamma_0$. Wegen der Schrägstellung der Zähne führt diese Feldlänge zu einer Eingriffslänge $IK/\cos^2 \gamma_0$ und man erhält für den Überdeckungsgrad schließlich:

$$\varepsilon \sim IK/\cos^2 \gamma_0\, t_a \cos \alpha_a \sim [(\mathrm{tg}\,\alpha_{k2} - \mathrm{tg}\,\alpha_a)\, z_2/2\,\pi + \xi/\pi \sin \alpha_a \cos \alpha_a]\, 1/\cos^2 \gamma_0. \tag{4.40}$$

γ) **Der Eingriff der Evolventenschnecke.** Form E. *Eingriffsgleichung. Eingriffspunkte.* Bei der Evolventenschnecke (Abb. 4.23 und 4.49) sind in die allgemeine Eingriffsgleichung (4.36) die Werte für $r'_k = r = r_g/\cos \tau$, da $(\tau + \varepsilon) = 90°$ und $\beta' = 90° - \alpha_t$, einzusetzen. Die *Eingriffs-*

gleichung der Evolventenschnecke lautet daher:

$$r \cos(\psi - \tau) + x \operatorname{tg} a_t \sin \psi = r_0. \tag{4.41}$$

Die zeichnerische Ermittlung der Eingriffspunkte kann ähnlich wie bei der Spiralschnecke nach dem Verfahren von INGRISCH [2.18] erfolgen. Sollen die Eingriffslagen P' und P'' des Punktes P (Abb. 4.49), der am Halbmesser r und in der axialen Entfernung x von der Kreuzungslinie liegt, gefunden werden, so zieht man von P die Tangente P_b an den Grundkreis r_g und trägt den Abstand $P R = x \operatorname{tg} a_t$ von P aus bei $+ x$ auswärts und bei $- x$ einwärts auf ihr auf. Die Berührungspunkte S' und S'' der von R an den Teilkreis r_0 gezogenen Tangenten ergeben radial auf den r-Kreis projiziert die Eingriffslagen P' und P''. Die gleichsinnig gezogenen Tangentenstrahlen N' und N'' von P' bzw. P'' aus an den r_g-Kreis ergeben die Projektionen der Flächennormalen.

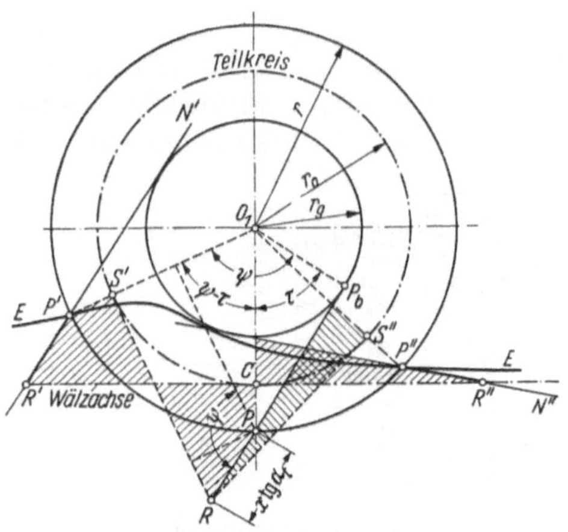

Abb. 4.49. Ermittlung der Eingriffspunkte P' und P'' eines Punktes P bei der Evolventenschnecke.

Die Gleichheit der in Abb. 4.49 schraffierten Figuren ergibt eine einfachere Ermittlung der Eingriffslinie EE im axialen Abstand x von der Kreuzungslinie. Werden an den Grundkreis mehrere Tangenten N' und N'' gelegt und ihre Schnittpunkte R' bzw. R'' mit der Wälzachse $R'CR''$ ermittelt und wird sodann von den Punkten R' und R'' aus der Abstand $x \operatorname{tg} a$ gleichsinnig so aufgetragen, daß er zwischen R und dem Schnittpunkt der betreffenden Tangente mit dem r-Kreis liegt, daß also $x \operatorname{tg} a = R'P' = R''P''$ ist, so ergeben P', P'' den Verlauf der Eingriffslinie EE.

Eingriffsfläche. Die Eingriffslinien werden wie bei den Spiralschnecken in mehreren, in gleichen axialen Abständen voneinander entfernten Stirnebenen $-2, -1$, usw. bestimmt (Abb. 4.50) und sodann in der dort beschriebenen Weise die Eingriffslinien in den Längsebenen I, II usw. im Aufriß (Abb. 4.51) aufgesucht. Man erhält so eine Darstellung der Eingriffsfläche, die eine *Geradenfläche* ist, gebildet aus den die Wälzachse schneidenden Flächennormalen. In der vorderen Radseite ist sie stärker gewölbt, in der hinteren Radseite verläuft sie flach, weil sich die Eingriffslinien 1, 2 usw. der Wälzachse asymptotisch nähern.

Die weitest entfernten Punkte dieser Eingriffslinien von der Wälzebene OC liegen in der vorderen, den Grundzylinder r_g berührenden Radebene in der Geraden TT (Abb. 4.51), die gegen die Schneckenachse um den Flankenwinkel a_t des Tangentialschnittes geneigt ist und die Gipfellinie der Wölbung bildet.

Die Eingriffslinie in der axialen Entfernung x' von der Kreuzungslinie $x' = (\sqrt{r^2 - r_g^2})/\operatorname{tg} a_t$, in Abb. 4.50 Linie $+3$, berührt den r_g-Kreis in einem Punkte τ'. Wird der Tangentenabschnitt $+ x' \operatorname{tg} a_t$ größer als $\sqrt{r^2 - r_g^2}$, so treten zwei Berührungspunkte auf. Zwischen diesen liegt ein nicht eingriffsfähiger, rückläufiger Teil der Eingriffslinie, der somit den Eingriff unterbricht.

Diese Punkte τ' sind aber auch die Maximalpunkte der gewölbten Eingriffslinien in den Radebenen. Diese sind in der vorderen Schneckenseite erhaben gekrümmt bis auf die gerade Eingriffslinie TT. Die in der Radmittelebene liegende Eingriffsebene O verläuft asymptotisch zu der in der gleichen Ebene gelegenen Erzeugenden des Grundzylinders r_g.

Die Maximalpunkte τ' werden im Aufriß durch Hinüberloten der Schnittpunkte, z. B. τ'_I (Abb. 4.50), der Seitenrißspuren O, $+I$, $+II$ usw. mit dem Grundkreis r_g gefunden. Die axiale Entfernung x' des Punktes τ'_I im Aufriß von der Kreuzungslinie ergibt sich aus dem rechtwinkligen Dreieck CQR (Abb. 4.51), das über der T-Linie errichtet wird und dessen Kathete CQ gleich dem Tangentenabschnitt des Kreuzrisses $x' \operatorname{tg} a$ gemacht wird.

Sämtliche Punkte τ' bilden die Berührungslinie der Eingriffsfläche mit dem Grundzylinder. Diese stellt, in den Grundriß übertragen, als τ'-Linie die Begrenzung des eingriffsfähigen Gebietes der Eingriffsfläche in der vorderen Schneckenseite vor.

Da die Eingriffslinien der Stirnebenen die Wälzachse nie schneiden können, entfällt die bei Spiralschnecken auftretende E-Linie (Abb. 4.45).

Die Wölbung der Eingriffsfläche an der vorderen Radseite wird um so steiler und die Fläche liegt um so unsymmetrischer, je weiter ihre Gipfellinie, die T-Linie, von der Schneckenachse entfernt ist und desto näher der Wälzpunkt C an den Grundzylinder heranrückt. In dem praktisch bereits unbrauchbaren, äußersten Falle $r_{g\min} = 0$ herrscht vollkommene Symmetrie zum Hauptlängsschnitt, und die Eingriffslinien ± 1, ± 2 usw. der Stirnschnitte werden zu Konchoiden, deren in der Haupt-Längsschnittebene gelegene Wölbung um so flacher ausfällt, je größer der Halbmesser r ist. Im anderen Grenzfall $r_{g\max} = r$ zerfällt die Eingriffsfläche in zwei einzelne Teile. Das liegt an dem unterbrochenen Eingriff in den Längsebenen der hinteren Radseite. Die Linien $-\mathrm{I}$, $-\mathrm{II}$ usw. schneiden die zur Schneckenachse parallele Gerade durch C schon

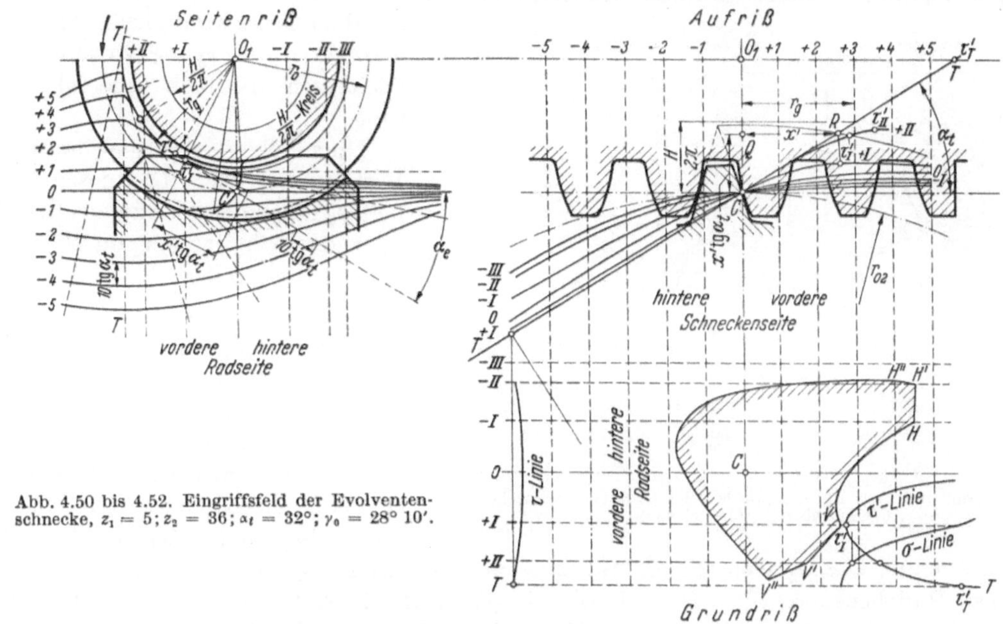

Abb. 4.50 bis 4.52. Eingriffsfeld der Evolventenschnecke, $z_1 = 5$; $z_2 = 36$; $\alpha_t = 32°$; $\gamma_0 = 28° \, 10'$.

vor C (Abb. 4.51), sie sind auch nur bis zu diesem Schnittpunkt eingriffsfähig, weil bei weiterer Ausgestaltung die Flanken der Radzähne in die der Schnecke dringen würden [*2.18*].

Nach diesen Gedanken wird also eine günstig gestaltete Eingriffsfläche erzielt, wenn der Unterschied $r - r_g$ groß gehalten wird. Bei gegebener Steigung läßt sich jedoch nach Gl. (4.32) r_g nur durch Vergrößerung des Eingriffswinkels α_t im Tangentialschnitt vermindern. Damit wächst aber auch der Normaldruck auf den Zahnflanken; dies bedingt eine gewisse Begrenzung von α. Eine genaue Untersuchung der Krümmung liefert HIERSIG [*2.16*].

Ermittlung des Radzahnprofils. Das Zahnprofil im Längsmittelschnitt des Radzahnes wird am einfachsten in der Eingriffslage im Wälzpunkt C aufgesucht (Abb. 4.53). Der mit dem Schneckenpunkt P_s in Eingriff kommende Radzahnpunkt P_r kann in derselben Weise wie bei Stirnrädern mit Hilfe der mittleren Eingriffslinie bestimmt werden.

Genauer fällt die zeichnerische Ermittlung aus, wenn die Profilnormale N im Punkte P_s bestimmt (s. S. 68) und sodann durch C eine Parallele zu N gezogen wird. Der Schnittpunkt P dieser Parallelen mit der achsenparallelen Ordinate durch P_s ist ein Punkt der Eingriffslinie. Das Profillot PC ist dann um die Radmitte O_2 um den Betrag $\overset{\frown}{CP'_n} = \overline{CP_n}$ zurückzudrehen, so daß es nach $P_r P'_n$ fällt.

Die Verbindung der Punkte P_r ergibt das Radzahnprofil, es besitzt im allgemeinen einen Wendepunkt. Der hohle Profilteil kommt erst bei größeren Steigungswinkeln und vor allem bei größeren Zähnezahlen des Rades zur Geltung. Die eingreifenden Flankenteile berühren sich dann im Axialschnitt nicht mehr erhaben auf erhaben, sondern annähernd gerade oder weiterhin hohl auf erhaben (vgl. Abb. 4.51). Diese Anschmiegung der Flanken erleichtert das Entstehen eines tragfähigen Ölfilms. Maßgebend ist hierfür jedoch der *Schnitt* in der *Gleitrichtung*.

δ) **Gleitrichtung und Gleitgeschwindigkeit.** Nach den Ausführungen der Gl. (4.00) u. f. kann die Gleitrichtung aus dem Geschwindigkeitsdreieck (Abb. 4.54) gefunden werden. Bei einem Achswinkel des Triebes von 90° ist die Winkelgeschwindigkeit Ω der relativen Drehung um die Momentanachse $\Omega = \sqrt{\omega_1^2 + \omega_2^2}$ und die Geschwindigkeit g_a der Schiebung in deren Richtung, wenn

$$a_v/a_1 = \Omega/\omega_2 \cos\delta_2 = \Omega/\omega_2 \cdot \sqrt{1 + \mathrm{tg}^2\delta_2} = \Omega/\omega_2 \sqrt{1 + (\omega_1/\omega_2)^2} = (\Omega/\omega_2)^2 \qquad (4.41\,\text{a})$$

nach Gl. (4.03 b) gesetzt wird, nach Gl. (4.03 a u. b) mit $a_v \cos\delta_2 = \Omega\, a_1/\omega_2 = g_a/\omega_1$

$$g_a = a_1 \cdot \Omega\, \omega_1/\omega_2 = a_v\, \omega_1\, \omega_2/\Omega = a_v\, \omega_1\, \omega_2/\sqrt{\omega_1^2 + \omega_2^2}. \qquad (4.41\,\text{b})$$

Ein Eingriffspunkt P, dessen kürzeste Entfernung von der Momentanachse ξ sei, besitzt die aus dem Geschwindigkeitsdreieck mit den Seiten $g_a = v_\xi = \xi\,\Omega$ resultierende Gleitgeschwindigkeit und Gleitrichtung.

Praktisch genügt gewöhnlich die Bestimmung der Gleitgeschwindigkeit v_g längs der Flanke aus der Umfangsgeschwindigkeit v_1 im Wälzzylinder der Schnecke:

$$v_g = v_1/\cos\gamma_0. \qquad (4.41\,\text{c})$$

Zur Ermittlung der *Gleitgeschwindigkeit* v_g und der *Profile* in der *Gleitebene* ist bei rechtwinkliger Achsenkreuzung (Abb. 4.54) [2.18] folgendermaßen vorzugehen: 1. Ermittlung der Risse O' und O'' der Momentanachse O; Kreuzungsabstand $a_1 = a_v\,(\omega_2/\Omega)^2$ nach Gl. (4.41 a)

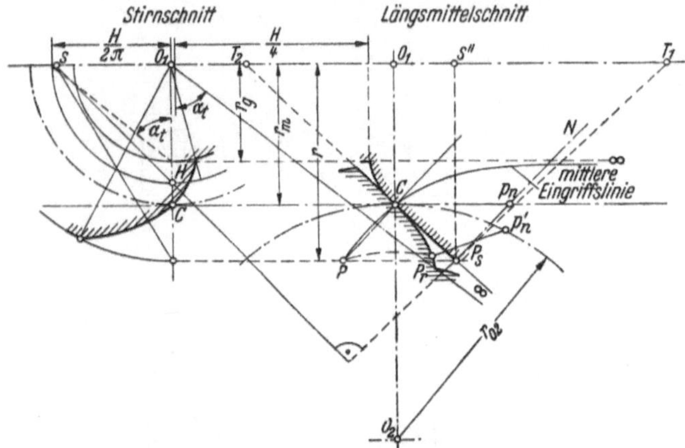

Abb. 4.53. Ermittlung des Radzahnprofils beim Evolventenschneckentrieb (Verhältnis r_{02}/r_0 übertrieben).

und $\mathrm{tg}\,\delta_1 = \omega_2/\omega_1 = z_1/z_2$ nach Gl. (4.02 a). 2. Aufsuchen der Längsprofile der Schnecke in verschiedenen Radebenen, z. B. $-\mathrm{II}$, $-\mathrm{I}$, O usw. (s. S. 83). 3. Aufsuchen der entsprechenden Längsprofile der Radzähne (Abb. 4.53). 4. Einzeichnen der Risse $N'\,N''$ der Flächennormalen N, z.B. für Punkt P ($P'P''$) in Radebene $+\mathrm{III}$ (s. S. 82). 5. Schiebungsgeschwindigkeit $g_a = a_v\,\omega_1\,\omega_2/\Omega$ nach Gl. (4.41 b); $g_a' = g_a$ erscheint im Grundriß in wahrer Größe; Richtung parallel zur Momentanachse. 6. Ermittlung des Abstandes ξ des Punktes P von der Momentanachse O: Die senkrechte Ebene $P'A$ ergibt $P'A = \xi'$; Umlegen des Punktes A in den Grundriß, $AA' = P''P''_m$ ergibt Größe $\xi = P'A'$. 7. Drehungsgeschwindigkeit $v_\xi = \xi\,\Omega$ ist senkrecht zu ξ aufzutragen; die Projektion von $\xi\,v_\xi$ auf $P'A$ liefert v_ξ' und mit Benutzung der Ordinate y aus dem Grundriß auch v_ξ''. 8. Aus dem Geschwindigkeitsdreieck ermittelt sich die Gleitgeschwindigkeit v_g durch ihre Risse v_g' und v_g'' und damit auch die Gleitrichtung sowie die Gleitebene (Nv_g). 9. Die Schnittlinien s dieser Ebenen im Aufriß sind durch je zwei Punkte bestimmt. Erstens ergeben sich durch den Schnitt der Flächennormalen N' mit den Ebenen O, $+\mathrm{I}$ usw. im Grundriß die Punkte P_0', P_I' usw.; im Aufriß erscheinen diese Punkte ebenfalls auf der Flächennormalen N'' als $P_0''\,P_\mathrm{I}''$ usw. Zweitens sind die Schnittpunkte der Gleitrichtung mit den Radebenen O, I usw. im Grundriß als S_0', S_I' usw. bestimmt, die im Aufriß auf der Gleitrichtung als S_0'', S_I'' usw. erscheinen. (Dargestellt sind die Punkte P_II' und P_II'' sowie zugehörig S_II' und S_II''.) Dann sind die Schnittlinien s_0'', s_I'', s_II'' usw. im Aufriß z. B. $s_\mathrm{II}'' = S_\mathrm{II}''P_\mathrm{II}''$ bestimmt. 10. Die Schnittpunkte von s_0', s_I' usw. mit den Radebenen projizieren sich im Grundriß in deren Spuren $-\mathrm{I}$, $-\mathrm{II}$ usw. in $S_0'\,S_0'$ usw., im Aufriß in $S_0''\,S_\mathrm{I}''$. 11. Die Schnittpunkte der Linien $S_0\,S_\mathrm{I}$ usw. mit den entsprechenden Längsprofilen ergeben schließlich die Profilpunkte P_s (Schnecke) und P_r (Rad) der Profile in der Gleitebene (Nv_g).

In das Eingriffsfeld wurden in Abb. 4.54 auch die Linien $l'\,l'$ des gleichzeitigen Eingriffes eingetragen (Abb. 4.37 und 4.40). Beim Fortschreiten des Eingriffes in Richtung des gezeichneten Pfeiles wälzen die Flanken der Schnecke und der Radzähne sich längs dieser Berührungslinien aufeinander ab. Ist die Komponente der Gleitbewegung auf die Flächennormale im Fortschreitungssinne des Eingriffes gerichtet, wird die Entstehung höherer Öldrücke zwischen den Flanken begünstigt, bei andersgerichteter Gleitung jedoch geschädigt. Die Spiralschnecke zeigt wie alle Schnecken mit Schraubenregelflächen im üblichen Ausführungsgebiet — Kehlzylinder

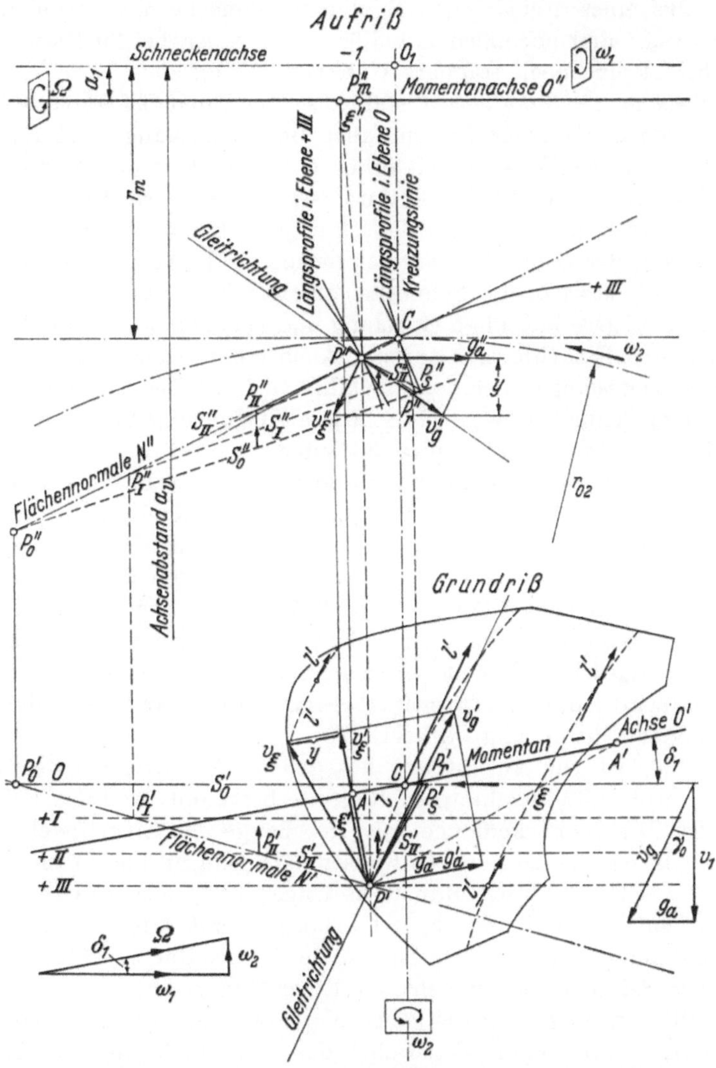

Abb. 4.54. Gleitgeschwindigkeit und Flankenanschmiegung. Ausgeführtes Beispiel für eine Evolventenschnecke, $z_1 = 6$; $z_2 = 36$; $\alpha_t = 30°$; $\gamma_0 = 28° 34'$. Die Konstruktion gilt für alle Schnecken mit Schraubenregelflächen.

wesentlich kleiner als Wälzzylinder — ein ganz ähnliches Verhalten wie die Evolventenschnecke der Abb. 4.54 [2.19].

ε) **Das Eingriffsfeld.** Das *Eingriffsfeld*, die Linien l' des gleichzeitigen Eingriffs und die eingreifende Radzahn- und Schneckenfläche werden für die Evolventenschnecke genau ebenso wie für die Spiralschnecke bestimmt. Abb. 4.35 bis 4.39. Von den Zwischenformen kann die Form N als Spiral- und die Form K als Evolventenfläche behandelt werden. Abb. 4.52 zeigt die σ- und τ-Linie für die Evolventenschnecke.

Als weitere beschränkende Linie tritt bei Evolventenschnecken die Berührungslinie der Eingriffsfläche mit dem Grundzylinder, die τ-Linie, auf. Sie wird als Verbindungslinie der Höchstpunkte der Eingriffslinien in den Radebenen (s. Abb. 4.52) in der vorderen Schnecken- und Radseite gefunden. Da die Punkte τ' jene Eingriffspunkte sind, die den kürzesten Abstand von der Schneckenachse haben, begrenzt die τ'-Linie das unterschnittfreie Gebiet für die Schneckenfläche; eine Entwicklung des Eingriffsfeldes über die τ-Linie hinaus ergäbe rückläufige Profile bzw. Unterschnitt.

Der Wegfall der E-Linie bei Evolventenschnecken läßt bei ihnen größere Radbreiten als bei Spiralschnecken zu und schafft auch weiter einen günstigeren Verlauf der τ-Linie bei größeren Steigungswinkeln. Bei einer dreigängigen Evolventenschnecke mit einem mittleren Eingriffswinkel von 15° $\beta = 23°$ und normalen Zahnhöhen tritt noch bei 20 Radzähnen keine Unterschneidung und bei 14 eine noch tragbare Unterschneidung ein.

Die *Außenbegrenzung* der *Zahnflächen* muß aus dem Eingriffsfeld verwendbares Eingriffsgebiet herausschneiden. Eine große Summe aller Berührungslängen ist für die Belastbarkeit günstig, setzt aber zu voller Wirksamkeit erhöhte Genauigkeit der Ausführung voraus.

Das kleinste Eingriffsfeld wird bei einer durchweg *zylindrischen Außenbegrenzung* der ganzen Radbreite im Halbmesser des mittleren Radschnittes (Abb. 4.55) erhalten. Ein solcher Radumriß schließt das von der Schnecke ausgeschnittene Feld (Abb. 4.59) mit einer schwach gekrümmten Linie ab, die etwa in der Schneckensteigung verläuft. Das Eingriffsfeld lagert sich um den Wälzpunkt C abgerundet ohne Gabelung und verwendet so in der Nähe der Mittellinie den Teil mit den besten Eingriffsverhältnissen. Auch kommt der Eingriff bald auf volle Radbreite und die Berührungslängen nehmen nur allmählich ab. Der zusammengedrängte Eingriff macht nur eine kurze Schneckenlänge nötig. Diese Ausführung gestattet kleine Zähnezahlen, wo die Zahnflanken ohnehin beinahe spitz auslaufen.

Bei größerer Zähnezahl rückt die σ-Linie in der vorderen Schneckenseite weiter nach vorn, das frei werdende Eingriffsgebiet läßt sich durch *außen* im Kreise zum *Schneckenkern konzentrisch* begrenzte Zähne ausnützen. Damit die seitlichen Kopfteile nicht zu spitze Zahnform bekommen, muß im äußersten Falle $V_r M_r H_r$ (Abb. 4.35) in den Punkten V und H (Abb. 4.37) knapp vor der σ-Linie enden. Den Seitenabschluß der Zähne begrenzt man zweckmäßig zylindrisch. Die einzelnen Teile des numehr gabelförmig nach vorn verlängerten Feldes sind aber durch die erhöhte Gleitgeschwindigkeit um so wertloser, je weiter sie von der Schneckenmitte abstehen. Auch hier wird ein langes Eingriffsfeld nur ausnutzbar, wenn eine entsprechende Genauigkeit der Werkstattausführung vorliegt.

Die *Schneckenlänge* ist zur Ausnützung des ganzen Eingriffsfeldes durch den vordersten Eingriffspunkt H' (Abb. 4.37) der hinteren Radseite bestimmt, weil das Feld auf der vorderen Radseite kürzer ist. Die Schneckenlänge nach der Länge des Eingriffsfeldes auf der vorderen Radseite zu kürzen, bringt auf der hinteren Radseite den Eingriff nicht mehr bis $H_r H'_r$ (Abb. 4.38) und kann dadurch zur Gratbildung führen. Die Ungleichheit der vorderen und hinteren Länge des Feldes nimmt mit der Steigung zu, vgl. Abb. 4.37 mit 4.46. Für kurze Schnecken wäre danach auch die Zahnhöhe so weit zu kürzen, daß die hintere Radzahnfläche voll bestrichen wird.

Bei *zylindrischer Seitenabgrenzung* geht der Eingriff vom Anfangspunkt H'_s (Abb. 4.39) mit kurzem Übergang bereits in H_s auf die ganze Kopfhöhe der Schneckenfläche über. Nach dem Feldgrundriß der Abb. 4.37 kommt gleich nach dem Eingriffsbeginn eine beträchtliche Linienberührung in den vordersten Teilen der Feldgabel zustande. Bei einer *kegeligen* Seitenbegrenzung der Radzähne, in Abb. 4.35 gestrichelt, laufen die zugehörigen Begrenzungslinien $V''V$ und HH'' des Eingriffsfeldes (Abb. 4.37) in spitzen Gabelzipfeln aus, so daß anfangs nur ein verminderter Streifen der Schneckenfläche zum Eingriff kommt. Die äußere Begrenzungslinie seiner sichelförmigen Gestalt, in Abb. 4.39 punktiert, nähert sich vom Anfangspunkt H_s des Eingriffs nur allmählich bis H''_s dem äußeren Schneckenumfang.

Nach unseren heutigen Erfahrungen ist es trotzdem besser, das Schneckenrad kegelig zu begrenzen. Wenn auch dadurch das Eingriffsfeld verkleinert wird, so ist die Sorge für eine gute Schmierfilmbildung hier wichtiger, vergleiche Abb. 4.72.

d) Profilverschiebung.

Profilverschiebungen zur Erhöhung der *Zahnfestigkeit* wie bei Schrägzahnrädern sind bei Schneckengetrieben kaum erforderlich. Der Schneckenzahn ist breit im Fuß und aus Stahl, so daß er keiner Verstärkung bedarf, und der Radzahn kann in seiner Festigkeit durch Beibehaltung des Zahnrandes (Abb. 4.35) stark genug gehalten werden.

Die Profilverschiebung wird daher lediglich benötigt, um *Unterschneidungen* zu vermeiden. *Unterschneidung des Radzahnes.* Nach den ausgeführten Untersuchungen wurde die τ-Linie als Ort aller Punkte der Eingriffsfläche, die der Radachse zunächst liegen, bestimmt. Die Zahnpunkte mit Eingriffsbereich außerhalb der τ-Linie (Abb. 4.62) würden auf ihrer Bahn in den Fuß der Radzähne eindringen; so werden in Abb. 4.61 die Radzähne unter Verlust eines Teiles der eingriffsfähigen Zahnfläche unterschnitten und der Eingriff hört bereits vor der τ-Linie auf.

Entsprechend dem Verlauf der τ-Linie tritt bei Evolventenschnecken (Abb. 4.52) bei normaler Kopfhöhe keine Unterschneidung ein. Bei der Spiralschnecke kann sich aber schon für mittlere Steigungen bei $\alpha_{n0} = 15°$ und $z_2 < 36$ und bei $\alpha_{n0} = 20°$ und $z_2 < 20$ das Eingriffsgebiet für gleiche Kopfhöhe beider Getriebeteile verringern. Da im übrigen die Zahnlücken des Rades mit einer Frässchnecke ausgearbeitet werden, deren Umriß bis auf den Grund der Lücke reicht, so muß diese Erzeugungsschnecke mit ihrem größeren Kopfdurchmesser bei der Ermittlung der Unterschneidung zugrunde gelegt werden und es bilden sich, wie bei allen Wälzwerkzeugen, noch größere Unterschneidungen aus, als für den freien Durchgang der Getriebeschnecke notwendig wären.

Der Verlust an Eingriffsfläche durch die Unterschneidung ist entsprechend dem flacheren Verlauf der Fläche in der hinteren Radhälfte größer. Durch den Wegfall eingreifender Schneckenlänge kommt ein großer Teil der Schneckenpunkte nur einmal zum Eingriff.

Näherungsweise kann man die Größe $x_2\,m$ der Profilverschiebung für die Radzähnezahl z_2 nach Gl. (1.55) und unter Berücksichtigung von Gl. (3.10) (bei rechtwinkliger Kreuzung ist dort Steigungswinkel γ_0 der Schnecke gleich dem Schrägungswinkel des Rades) berechnen, da die Schnecke als Zahnstange und für Unterschnittfreiheit z_{n2} — also die Zähnezahl des Rades im Normalschnitt — als Grenzzähnezahl aufgefaßt werden kann. Man erhält also:

$$x_2 = (\xi - 0{,}5\,z_{n2}\sin^2\alpha_{n0})\cos\gamma_0, \qquad\qquad (4.42\,\text{a})$$

wobei nach Gl. (3.27)

$$z_{n2} = z_2/\cos^3\gamma_0. \qquad\qquad (4.42\,\text{b})$$

Zahlenmäßig erhält man bei $\xi = 1{,}17$ (Zahnhöhe des Werkzeuges bis zum Grund):

$$\left.\begin{aligned}x_2 &= (1{,}17 - 0{,}035\cdot z_{n2})\cos\gamma_0 \quad\text{für}\quad \alpha_n = 15°,\\ x_2 &= (1{,}17 - 0{,}0586\cdot z_{n2})\cos\gamma_0 \quad\text{für}\quad \alpha_n = 20°.\end{aligned}\right\} \qquad (4.42\,\text{c})$$

Das Schneckenprofil wird um den gleich hohen Betrag, aber in negativer Richtung verschoben, man erhält also den Charakter des *VO*-Getriebes. Das Eingriffsfeld rückt durch die Verschiebung in eine ungünstigere Zone, nämlich nach der vorderen Schneckenseite zu (Abb. 4.59). Die Verschiebung ist daher nicht größer als notwendig auszuführen. Bei Spiralschnecken mit Profilverschiebung lassen sich noch Radzähnezahlen bis zu 12 herunter verwenden.

Unterschneidung der Schneckenzähne kann bei *Evolventen*schnecken auftreten, wenn das Eingriffsfeld die τ'-Linie überschreitet (Abb. 4.52). Es ist hier zweckmäßiger, durch *Vergrößerung* des *Eingriff*swinkels als durch Profilverschiebung den Unterschnitt zu beseitigen [2.16]. Da die Evolvente nach innen nur bis zum Grundkreis reichen kann, darf dieser nicht größer als der Fußkreis sein. Also bei normalen Zahnhöhen gilt im Stirnschnitt, r_m Halbmesser des Wälzzylinders der Schnecke:

$$r_g \leqq r_m - 1{,}2\,m_a. \qquad\qquad (4.43\,\text{a})$$

Daraus bestimmt sich der Eingriffswinkel zu:

$$\cos\alpha_{sn} = \frac{(r_m - 1{,}2\,m_a)}{r_m\cos\gamma_0}. \qquad\qquad (4.43\,\text{b})$$

Dann ist der Mindestwert für α_{n0} nach Gl. (4.25 b):

$$\operatorname{tg}\alpha_{n0} \geqq \operatorname{tg}\alpha_{s0}\sin\gamma_0.$$

e) Die Hohlflächenschnecke (Cavex-Getriebe).

Ausgehend von dem Gesichtspunkte, eine gute Anschmiegung zwischen Schnecken- und Radzahn zu schaffen, ist nach Prof. NIEMANN die *Cavex*-Flankenform entwickelt worden. Das

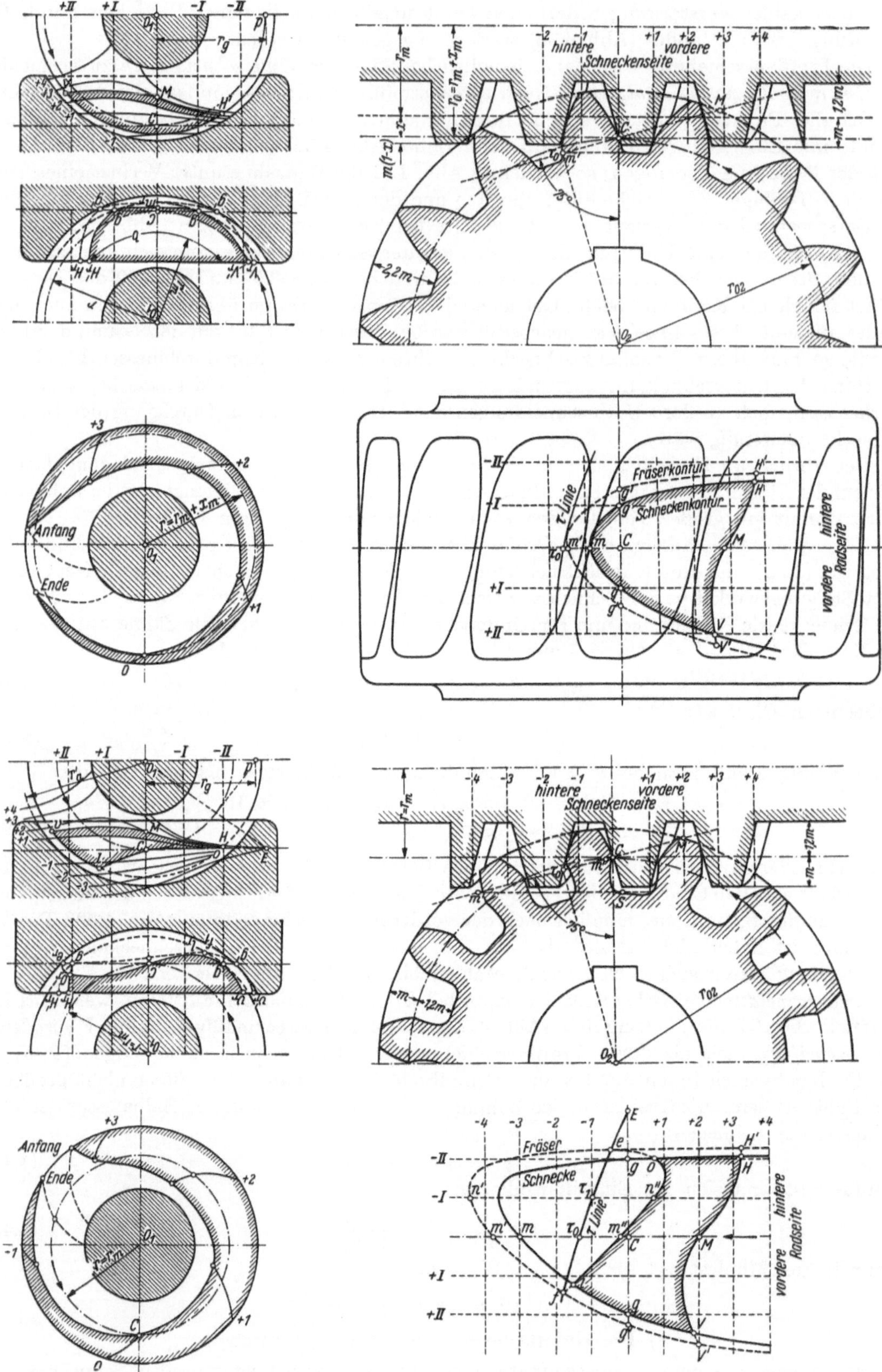

Abb. 4.55 bis 4.64. Zweigängige Spiralschnecke, $\gamma_0 = 18°40'$; $z_2 = 14$. Abb. 4.55 bis 4.59. Ausführung mit Profilverschiebung. Abb. 4.60 bis 4.64. Ausführung ohne Profilverschiebung.

Werkzeug zur Erzeugung der Schneckenzähne trägt ein erhabenes Kreisbogenprofil; die Schneckenflanke wird daher hohl, konkav (Abb. 4.65). Bei Verwendung einer kreisförmig abgezogenen Schleifscheibe entsteht durch das „Nachschleifen" dann eine Schneckenflanke, die namentlich nach dem Kopfe zu von einem Kreisbogen abweicht, indem dort der Krümmungsradius vergrößert wird. Die Radzähne erhalten erhabene Flanken. Als weitere Besonderheit ist der Kopfzylinder der Schnecke zum Wälzzylinder gemacht. Das Getriebe besitzt hinsichtlich der Anschmiegung der Flanken die Eigenschaften einer Innenverzahnung, bei dem das Kämmen der erhabenen Flanke des Rades mit der hohlen Flanke der Schnecke bei gegebener Belastung nach den Hertzschen Gleichungen eine geringere Flankenpressung ergibt. Die Bildung eines günstigen Ölfilmes zwischen den Flanken wird weiterhin dadurch erleichtert, daß die Berührungslinien der Radzähne [220] mehr senkrecht zur Gleitgeschwin-

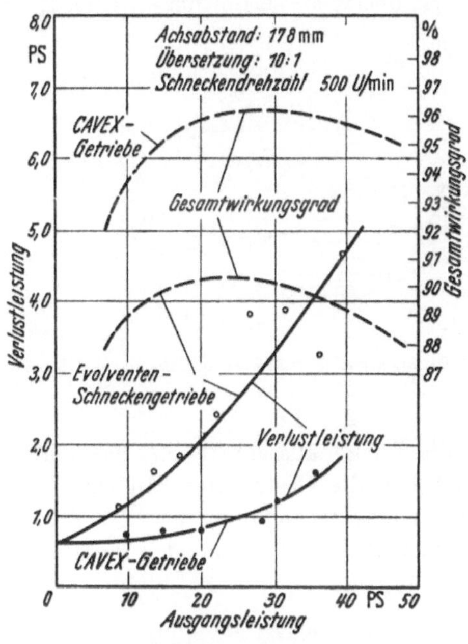

Abb. 4.65. Cavex-Getriebe. Hohle Schneckenflanke kämmt mit erhabenen Radzähnen. Nach FLENDER, Bocholt.

Abb. 4.66. Versuchsergebnisse über [den Wirkungsgrad bei Cavex-Getriebe und Evolventenschneckengetriebe. Nach FLENDER, Bocholt.

digkeit liegen. Diese günstigen Verhältnisse verbessern den Wirkungsgrad (Abb. 4.66); bei der Abmessung des Cavex-Getriebes ergeben sich daher hinsichtlich Raumbedarf und Gewicht Ersparnisse gegenüber anderen Ausführungen, siehe Konstruktionsbeispiele Abb. 5.35.

f) Bearbeitung des Schneckenrades.

Die Radzähne können, soweit bei größerem Modul nötig, mit einem um den Steigungswinkel eingeschwenkten Scheibenfräser lediglich vorgeschruppt werden. Bei der Fertigbearbeitung wird die richtige Flankenform der Radflanken für die jeweilige Form der Schneckenflanken einfach dadurch gewonnen, daß der Wälzfräser für die Schneckenräder (Abb. 4.67) in Form und Abmessungen der Triebschnecke gleicht. (Beachte jedoch die Ausführungen zu Abb. 4.72.) Nur der Kopfdurchmesser muß, wie bei allen Wälzwerkzeugen, um das Kopfspiel beiderseits vergrößert werden. Da der Durchmesser der Getriebeschnecke so klein wie möglich gehalten werden soll und bei der Frässchnecke durch die Schneidnuten und Hinterdrehung der Kern noch weiter geschwächt wird, ist der Schneckenfräser ein

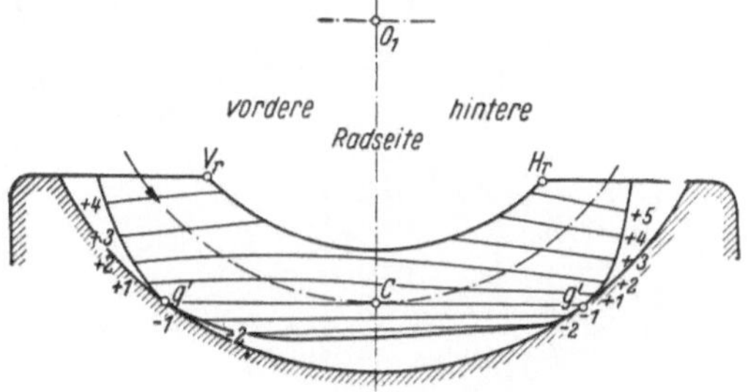

Abb. 4.67. Fräsen der Radzähne.

schwieriges Werkzeug. Fräser und Rad werden zwangsläufig im Übersetzungsverhältnis des Triebes gedreht und im Vorschub einander genähert, bis der Fräser die Lage der Getriebeschnecke einnimmt.

Bei der Bearbeitung des Rades mit dem der Triebschnecke nachgebildeten Fräser wird eine eingriffsfähige Zahnfläche nur in dem eingreifenden Zahnfelde, das nach den früheren Angaben bestimmt ist, erzielt. Die Umgrenzung dieses Gebietes (Abb. 4.68) reicht in zwei Punkten g' bis an den Zahngrund, wobei die Linie $g'g'$ den Wälzkreis des Rades berührt. Die Tangierungslinien der Fräserschnitte verlaufen den Eingriffslinien der Schneckenstirnschnitte ähnlich; man kann daher aus dem Eingriffsbild des Stirnschnittes die Schneidverhältnisse beurteilen. Auf der vorderen Radseite mit den weiter auseinander liegenden Eingriffslinien ist die Bearbeitung schwieriger als auf der hinteren Seite (vgl. Abb. 4.35 und 4.43). Bei Steigungen über 20° müssen diese ungünstigen Verhältnisse durch Zahnumgrenzung und Ausführung der Frässchnecke beachtet werden.

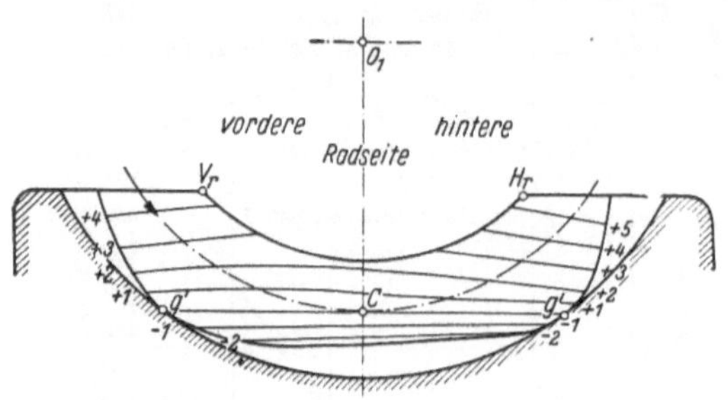

Abb. 4.68. Eingriffslinien der Frässchnecke auf dem Radzahn.

Der Vorschub der Frässchnecke kann radial oder axial erfolgen.

Bei dem *radialen* Vorschub wird ein zylindrischer Schneckenfräser wie beim Tauchfräsen allmählich auf volle Tiefe geschoben (Abb. 4.69). Das eigentliche Zahnprofil $K''F''$ wird in den Punkten der Eingriffsstrecke KE ausgewälzt, längs der Strecke ME arbeiten die Kopfpunkte der Fräserschneiden den in F anschließenden Flankenübergang zum Zahngrund aus. Die Bearbeitung des Gegenprofils erfolgt in den Strecken $E'K'$ und $E'M$. Weniger gleichmäßig passen sich die Lückenausschnitte an das endgültige Zahnprofil in den seitlichen Radschnitten an, da sich hier die Gestalt der Eingriffslinien beim Annähern der Frässchnecke ändert. Die Frässchnecke muß unabhängig von der Triebschnecke nach der Länge des Eingriffsfeldes bemessen werden. Soll das Wegschneiden richtiger Flankenteile bei der radialen Annäherung sicher vermieden werden, so empfiehlt sich die Anwendung des Verfahrens nur bis zu Steigungswinkeln von etwa 8°.

Bei mehrgängigen Schnecken nimmt die Windungslänge innerhalb einer Ganghöhe nur wenig zu, so daß bei gleicher Rückenlänge der Schneidzähne die Schneidkanten eines Schraubenganges und mithin auch ihre Schnitte erheblich weiter auseinanderfallen als bei der sonst gleichen eingängigen Schnecke. Eine Besserung erzielt man bei Radzähnezahlen, die kein Vielfaches der Gangzahl sind, da dann jeder Radzahn nach einer Radumdrehung in einen anderen Schraubengang der Frässchnecke eintritt. Am gleichmäßigsten wird der Schnitt, wenn die Schneidkanten aller Schraubenzähne axial gleich weit voneinander entfernt sind.

Bei einer Spannutenzahl n_z stehen zwei aufeinanderfolgende Schneiden S und S_1 eines Schraubenganges in einer

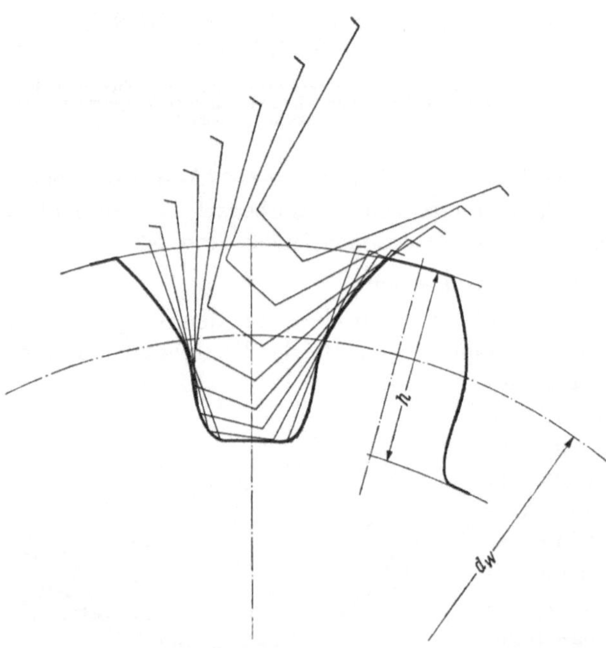

Abb. 4.69. Anordnung der Spannuten am hinterdrehten Wälzfräser.

axialen Entfernung $e = H/n_z$ (Abb. 4.70). Die Schneiden S und S' zweier benachbarter Gänge einer z_1-gängigen Schnecke, die an der gleichen Spannute liegen, haben einen axialen Abstand von $e' = H/z_1$. Ist dieser ein Vielfaches n_n vom Abstand e, so fallen die Schneidkanten aller Gänge in gleiche Schnittlagen. Um dies zu verhindern und eine gleichmäßige Verteilung der Schneiden zu erreichen, muß der Abstand e' um einen der Gangzahl z_1 entsprechenden Teilbetrag größer oder kleiner sein. $H/z_1 = H/n_z \, (n_n \pm 1/z_1)$. Daraus bestimmt sich die Spannutenzahl zu

$$n_z = z_1 \, n_n \pm 1. \qquad\qquad (4.44)$$

Für eine dreigängige Schnecke ($z_1 = 3$) ergeben z. B. die Summen- und Differenzwerte unter Variation der Vielfachen $n_n = 2, 3, 4, 5$ folgende günstige Nutenzahlen von $n_z = 5, 7, 8, 10, 11, 13, 14, 16$. Die Ausführung durch z_1 teilbarer Nutenzahlen, also 6, 9, 12, 15, würde zu gröberer Bearbeitung führen. Auch die Zähnezahl des Werkstückes darf nicht durch z_1 des Fräsers teilbar sein.

Zum *tangentialen* Vorschub wird die Fräserachse in die endgültige Achsenentfernung eingestellt und der Fräser durch allmähliche Verschraubung dem Werkstück genähert (Abb. 4.71). Dabei überlagert sich der Drehzahl aus dem Übersetzungsverhältnis die durch die tangentiale Bewegung als Umfangsgeschwindigkeit hervorgerufene Drehung. Der Fräser erhält einen konischen Anschnitt [2.22]. Der Fräser beginnt den Anschnitt in der Stellung A des ersten Zahnes mit dem Vorschruppen der Lücke, bei Eintritt in die Eingriffslinie, also bei E', beginnt das Auswälzen der Flanken. In Stellung 4 ist fast voll Tiefe erreicht. Bei E ist das Auswälzen und damit der gesamte Schnitt beendet. Die Zerspanungsarbeit wird ganz überwiegend von den Anschnittzähnen geleistet. Durch den tangentialen Vorschub wird jede Fräserschneide in viele Schnittlagen gebracht, so daß die Flanken glatter ausfallen.

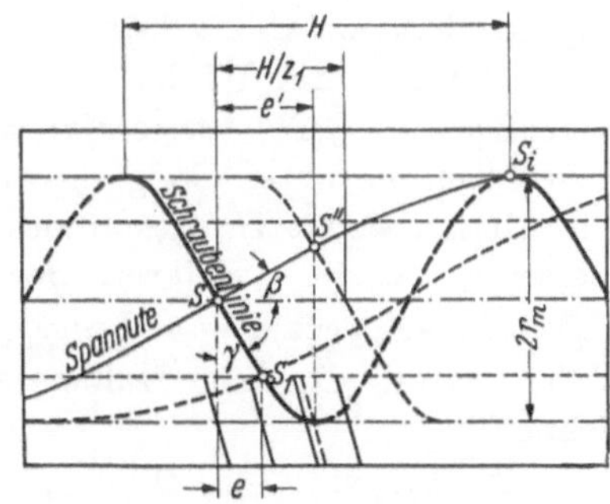

Abb. 4.70. Fräsen der Schneckenradzähne mit radialem Vorschub.

Bei tangentialem Vorschub kann bei Einzelfertigung die Frässchnecke durch ein einziges *Schlagmesser* ersetzt werden. Seine Form muß dem Schneckenzahnprofil im Normalschnitt entsprechen. Zweckmäßig wird der Schlagzahn durch zwei Halbstähle — für jede Flanke eine Schneide — ersetzt.

Die völlige Anschmiegung zwischen Schneckengang und Radzahn erfährt nach heutiger Auffassung eine Einschränkung, um die Bildung des Ölfilmes durch einen keilförmigen Spalt

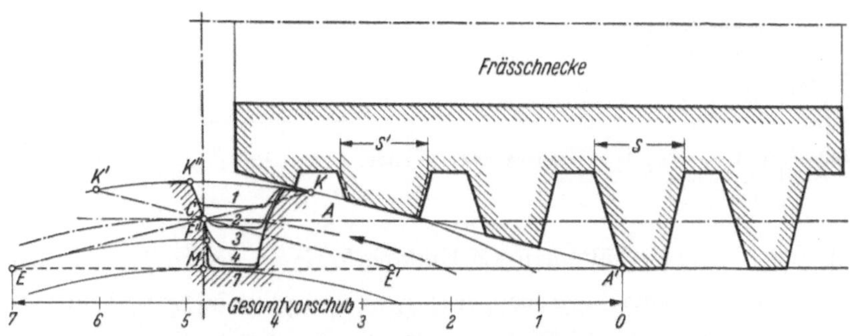

Abb. 4.71. Fräsen der Radzähne mit tangentialem Vorschub.

zu erleichtern (Abb. 4.72). Die dazu notwendige Vergrößerung des Schrägungswinkels am Rade wird durch eine entsprechende Vergrößerung des Steigungswinkels der Frässchnecke gegenüber der Getriebeschnecke erreicht. Die Firma W. Ferd. Klingelnberg Söhne erreicht dies durch einen Unterschied im Durchmesser der Frässchnecke gegenüber der Getriebeschnecke um etwa 4%. Das Tragbild am Schneckenrad erscheint dadurch leicht in der Bewegungsrichtung des Schneckenzahnes verschoben.

Durch den Hinterschliff wird die Frässchnecke wie jeder Formfräser beim Scharfschleifen an der Spanfläche im Durchmesser kleiner. Dementsprechend müssen für stets gleichbleibende Verhältnisse nach jedem Scharfschliff des Fräsers auch die Durchmesser der zugehörigen Getriebeschnecke geändert werden. Es gehören dann also immer gruppenweise Schneckenräder, die mit demselben Durchmesser der Frässchnecke geschnitten sind, zu den entsprechend passenden Getriebeschnecken.

Alle hochbeanspruchten Getriebe erfordern oberflächengehärtete und geschliffene Schnecken. Am günstigsten werden daher die Flankenformen E und K verwendet, die beide die Verwendung von großen Schleifscheibendurchmessern mit entsprechend guter Schleifleistung ermöglichen.

Für das Schneckenrad müssen Werkstoffe mit hoher Gleitfestigkeit gebraucht werden. Es kommen Cu–Sn-Bronzen, besondere Leichtmetallegierungen und ersatzweise Gußeisen in Frage.

g) Kräfte und Wirkungsgrad.

Fall 1. Die Schnecke ist treibend.

Unter der Annahme, daß die Kraftübertragung nur im Wälzpunkt C stattfindet, erhält man folgende Kräfte (Abb. 4.73):

Zahnkraft N unter Winkel $(90° - \alpha_{n0})$ zur Kreuzungslinie im Normalschnitt liegend.

Reibungskraft μN tangential an mittlere Schraubenlinie unter Steigungswinkel γ_0.

Die Umfangskraft U_2 des Rades am Halbmesser $r_{02} = $ der Axialkraft der Schnecke.

$$U_2 = N \cos\alpha_{n0} \cos\gamma_0 - \mu N \sin\gamma_0.) \qquad 4.45\,a)$$

Umfangskraft U_s am Halbmesser r_0 der Schnecke

$$U_s = N \cos\alpha_n \sin\gamma_0 + \mu N \cos\gamma_0. \qquad (4.45\,b)$$

$$\text{Radialkraft } P_r = N \sin\alpha_a. \qquad (4.45\,c)$$

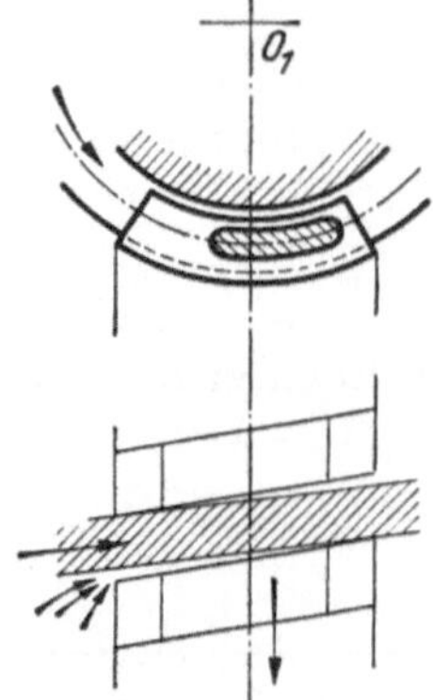

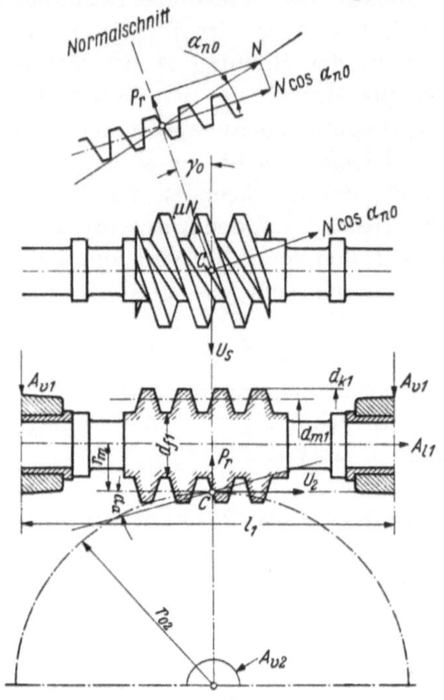

Abb. 4.72. Keilförmiger Spalt zwischen Schneckengang und Radzahn erleichtert Bildung des Ölfilmes.

Abb. 4.73. Kräfte am Schneckengetriebe bei treibender *Schnecke.*

Mit $\cos\alpha_b \approx 1$ und $\mu = \mathrm{tg}\varrho$ erhält man als Umfangskraft an der treibenden Schneckenwelle:

$$U_s = U_2(\sin\gamma_0 + \mu \cos\gamma_0)/(\cos\gamma_0 - \mu \sin\gamma) = U_2 \,\mathrm{tg}(\gamma_0 + \varrho). \qquad (4.46)$$

Unter Einführung der Steighöhe H erhält man für das Antriebsdrehmoment M_s der Schnecke:

$$M_s = U_s r_0 \,\mathrm{tg}(\gamma_0 + \varrho) = U_s r_0 (H + 2\pi r_0 \mu)/(2\pi r_0 - H\mu). \qquad (4.47)$$

Rechnerischer Wirkungsgrad η_z der Zahnreibung bei treibender Schnecke:

$$\eta_z = \mathrm{tg}\gamma_0/\mathrm{tg}(\gamma_0 + \varrho). \qquad (4.48\,a)$$

Fall 2. Das Rad ist treibend.

Bei steilgängigen Schnecken lassen sich die Triebe auch zum Treiben ins Schnelle verwenden. Die treibenden Zähne sind dann die Radzähne im Steigungswinkel $(90° - \gamma_0)$. Eine am Schneckenhalbmesser r_0 wirkende Umfangskraft U_s benötigt am Wälzkreise des treibenden Schneckenrades eine Umfangskraft U_2, die sich nach Gl. (4.46) und Abb. 4.73 bestimmt zu

$$U_2 = U_s \,\mathrm{ctg}(\gamma_0 - \varrho). \qquad (4.48\,b)$$

Der Wirkungsgrad η_z' eines solchen Triebes mit treibendem Schneckenrad ergibt sich somit zu:

$$\eta_z' = \mathrm{ctg}\gamma_0/\mathrm{ctg}(\gamma_0 - \varrho) = \mathrm{tg}(\gamma_0 - \varrho)/\mathrm{tg}\gamma_0. \qquad (4.48\,c)$$

Für diesen Fall sind Steigungswinkel von wenigstens 30° anzustreben.

Wird ein *selbsthemmender* Trieb, also $\varrho \geqq \gamma_0$, verlangt, so ist das für einen stillstehenden Trieb mit einem Steigungswinkel von etwa 3° bis 3,5° erreichbar. Soll der Trieb aus dem Laufe selbsthemmend sein, so muß der Wirkungsgrad η_z kleiner als 50% sein. Das läßt sich nur bei großen Untersetzungen erreichen.

Die Abhängigkeit des Wirkungsgrades vom Steigungswinkel zeigt Abb. 4.74. Mit steigendem Winkel verbessert sich der Wirkungsgrad, oberhalb von 30° für γ_0 verbessert sich η_z nur noch unwesentlich. Deshalb werden höhere Steigungswinkel kaum verwendet.

Der Gesamtwirkungsgrad des Getriebes erfaßt auch noch die Verluste in den Lagern usw. Erreichbare Werte zeigt Abb. 4.66.

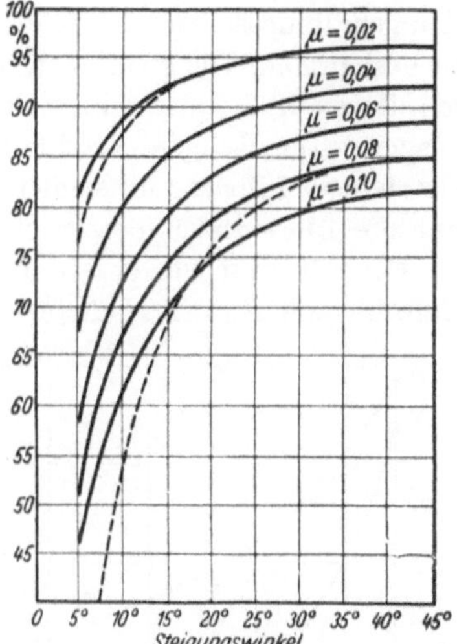

Abb. 4.74. Der theoretische Wirkungsgrad der Schneckenverzahnung. η_z ausgezogen, η_z' für $\mu = 0,02$ und $\mu = 0,08$ gestrichelt [Gl. (4.48a und c)].

h) Die Abmessungen der Schneckentriebe.

Die entstehende Verlustleistung setzt sich in Wärme um. Diese erhöht die Temperatur der Getriebeteile, des Gehäuses und des Öles. Man läßt Temperaturen bis zu 90° zu. Je höher die Ableitung und Abstrahlung der Wärme wird, desto leichter wird ein günstiges Temperaturgleichgewicht entstehen. Gerade bei Schneckentrieben ist die Abmessung vielfach durch die mögliche Erwärmung bestimmt. Der Einbau von Ventilatoren zur Erzeugung eines kühlenden Luftstromes kann die Abmessungen wesentlich herabsetzen.

Erwärmung. Nach den Angaben von NIEMANN [2.23] wird der Achsabstand a des Getriebes als Maß für die Wärmeabfuhr betrachtet. Der Mindestabstand a_{min} wächst mit der Wurzel der Leistung. Die Angaben können auf die Form gebracht werden:

$$a_{min} \geqq c_i\, c_w\, c_n\, \sqrt{N_1} \quad [\text{mm}]. \tag{4.49a}$$

Diese Werte gelten für Dauerbetrieb, N_1 [PS] ist die Antriebsleistung der Schnecke. Bei unterbrochenem Betriebe, der dem Öl eine Abkühlung während der Betriebspausen gestattet, kann a bis zu 30% verringert werden. Ist das Rad treibend, so soll bei kleineren Steigungswinkeln der obige Wert mit η_z/η_z' [Gl. (4.48c)] vervielfacht werden. Der Faktor c_i enthält den versuchsmäßig bestimmten Einfluß der Übersetzung i. Er kann auf die Form Abb. 4.75 gebracht werden:

$$c_i = i/56,5 + 0,84. \tag{4.49b}$$

Der Faktor c_w zeigt den Einfluß des Werkstoffes, wobei die Reibungszahl, Oberflächengüte und Wärmeleitung eine Rolle spielen; weiterhin ist die Zahnform, Geradflankenschnecke der Ausführungen A, K, N, E oder Hohlflankenschnecke berücksichtigt. Die Werte sind in Tafel XXV enthalten. Der dritte Faktor c_n enthält den Einfluß der Schneckendrehzahl n_1 und die Art

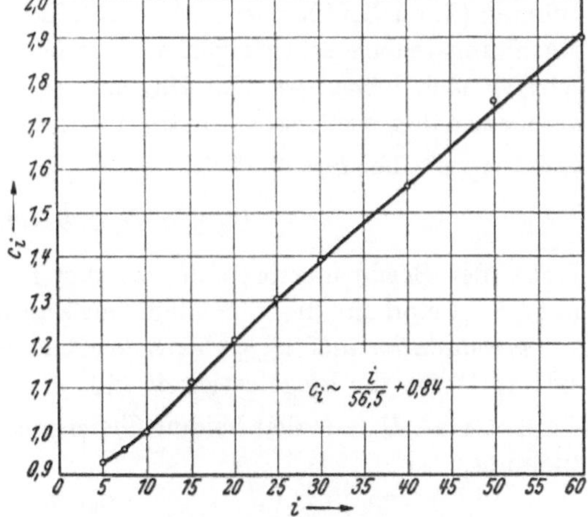

Abb. 4.75. Faktor c_i der Gl. (4.49a).

der Kühlung (Abb. 4.76). *Ohne* künstliche Kühlung ergibt sich nach NIEMANN bei einer Übertemperatur von 50 bis 60° C entsprechend einer Temperatur des Ölsumpfes von 80°:

$$c_n = 100 / \sqrt{1 + 2,8\,(n_1/1000)^{3/2}}. \tag{4.49c}$$

Mit eingebautem Bläser (Abb. 5.35)

$$c_n = 100 / \sqrt{1 + 6\,n_1/1000}. \tag{4.49d}$$

Die Werte c_n sind in Abb. 4.76 dargestellt.

Werden noch weitere Kühlmittel angewendet, wie Kühlschlangen im Ölbad oder sonstige Rückkühlung des Öles, so läßt sich der Achsabstand a noch weiter verringern.

Walzenpressung. Eine genaue Berechnung der Walzenpressung setzt die Kenntnis des Krümmungshalbmessers ϱ voraus. Diese Werte sind nur für Evolventenschnecken nach HIERSIG [*2.16*] zu bestimmen. Die größten Krümmungshalbmesser treten hiernach in der Nähe des Tangentialschnittes auf, die maßgebenden kleinsten Halbmesser liegen an der Auslaufseite. Die von HIERSIG ausgeführten Rechenbeispiele zeigen eine wenig veränderliche Größe von ϱ trotz verschiedener Getriebeausführung hinsichtlich der Größen von Modul, Steigungs- und Eingriffswinkel, sofern nur die Außendurchmesser gleichbleibend sind.

Deshalb und wegen der unübersichtlichen Rechenmöglichkeiten für die meist ausgeführten Zahnformen K und N der Schnecken scheint es berechtigt, sich mit einer überschlägigen Berechnung zu begnügen. Nach NIEMANN genügt es [*2.23*], den mittleren Durchmesser $d_{01} = d_m$ und d_{02} als Maß für die Krümmung und damit für die Flankenpressung zu verwenden. Das Produkt $d_m\, d_{02}$ ist dann nur noch abhängig von einem Faktor c_{sp}, der nach Abb. 4.77 den Einfluß des Steigungswinkels ($\operatorname{tg}\gamma_0$) für Gerad- und für Hohlflächenschnecken zeigt, und den Flankenpressungen p_s für verschiedene Werkstoffe, die etwa den Werten p_{ezul} der Tafel VI und hier für die Werkstoffe des Schneckenrades in Tafel XXVI enthalten sind.

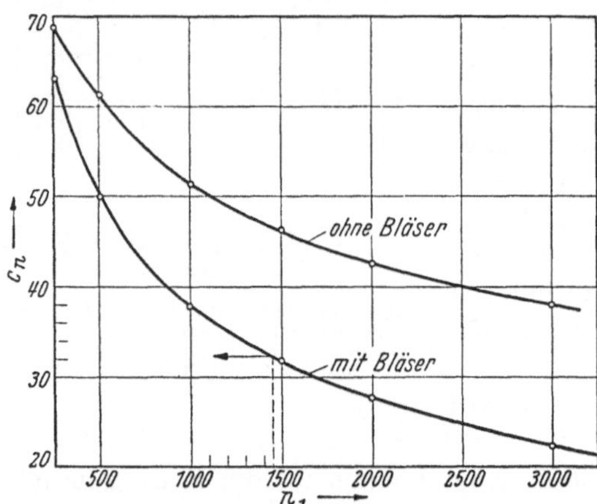

Abb. 4.76. Faktor c_n der Gl. (4.49a).

$$d_m\, d_{02}/4\,U_2 \geqq c_{sp}\, p_s. \tag{4.50}$$

Biegefestigkeit des Zahnfußes. Für die Biegefestigkeit ist allein der Zahn des Schnecken*rades* maßgebend. Sie könnte grundsätzlich wie bei einem Schrägzahnrad mit Stirngrenze berechnet werden. Die Länge der Berührungslinien wäre aus der Zeichnung des Eingriffsfeldes zu entnehmen (Tafel XXIX oder Abb. 4.45). Bei einer Überdeckung über 2 wird die Frage der Druckverteilung jedoch schwieriger, und außerdem läßt sich die Zahnstärke im gefährlichen Querschnitt nach bisherigen Unterlagen nicht berechnen, es muß daher auch in diesem Falle eine versuchsmäßig bestätigte Annäherung genügen. Nach NIEMANN gilt für eine ausreichende Zahnfußfestigkeit bei $\hat{b} = 0{,}85\, d_{01}$:

$$U_2 \leqq c_f m_n \pi\, \hat{b} \quad \text{oder} \quad (0{,}85\,\pi\, c_f) = U_2/m_n\, d_{01}. \tag{4.51}$$

Unter der Berührungsbreite $\hat{b}$ ist der Bogen *eines* Zahnes verstanden; die Faktoren c_f und $(0{,}85\,\pi\, c_f)$ sind für die verschiedenen Zahnformen der Schnecke in Tafel XXVII enthalten.

Mindestzähnezahl $z_{2\,\mathrm{min}}$ des Schneckenrades. Aus der Gl. (4.50) für die Walzenpressung und Gl. (4.51) für die Biegefestigkeit läßt sich die notwendige Mindestzähnezahl $z_{2\,\mathrm{min}}$ bestimmen. Drückt man U_2 aus den beiden Gleichungen aus und setzt $\hat{b} = 0{,}85\, d_{01}$, so ergibt sich die Beziehung:

$$d_{02}/m_n = 10{,}7\, c_f/c_{sp}\, p_s. \tag{4.52a}$$

Setzt man die Zahlen für die Faktoren c_f und p_s ein, so erhält man für einen Trieb mit geschliffener gehärteter Schnecke gegen ein Rad aus Cu–Sn-Schleuderbronze für die Zahnformen E und K der Geradflächenschnecke:

$$d_{02}/m_n = 64/c_{sp}. \tag{4.52b}$$

für die Hohlflächenschnecke:

$$d_{02}/m_n = 85{,}6/c_{sp}. \tag{4.52c}$$

Ersetzt man m_n durch $m_a \cos\gamma_0$ und schreibt für d_{02}/m_a die Zähnezahl $z_{2\,\mathrm{min}}$, so ergibt sich:

$$z_{2\,\mathrm{min}} \geqq 64\cos\gamma_0/c_{sp} \quad \text{bzw.} \quad z_{2\,\mathrm{min}} \geqq 85{,}6\cos\gamma_0/c_{sp}. \tag{4.52d}$$

Wie c_{sp} ist also $z_{2\,min}$ nur noch vom Steigungswinkel γ_0 abhängig. Die Zahlenwerte sind in Abb. 4.77 für die Fälle der Gerad- und Hohlflächenschnecke eingetragen. Im letzteren Falle sind die Änderungen der Zähnezahl $z_{2\,min}$ nur wenig mit γ_0 veränderlich. Die Einhaltung dieser Mindestwerte sichert also die zulässigen Grenzen für die Walzenpressung und die Zahnfußfestigkeit. Bei Verwendung eines Schneckenkranzes aus Grauguß sind die Werte um etwa 4 Zähne zu erhöhen. Für die Schneckenformen A und N ist gegenüber der Form E die Zähnezahl $z_{2\,min}$ um 12 zu erhöhen. Werden geringere Zähnezahlen des Schneckenrades verwendet, muß die Beanspruchung herabgesetzt werden.

Durchbiegung der Schneckenwelle. Die Schneckenwelle wird durch die Kraft P_b, die sich aus der radialen Komponente P_r (Abb. 4.73) und der Umfangskraft U_s zusammensetzt, auf Biegung

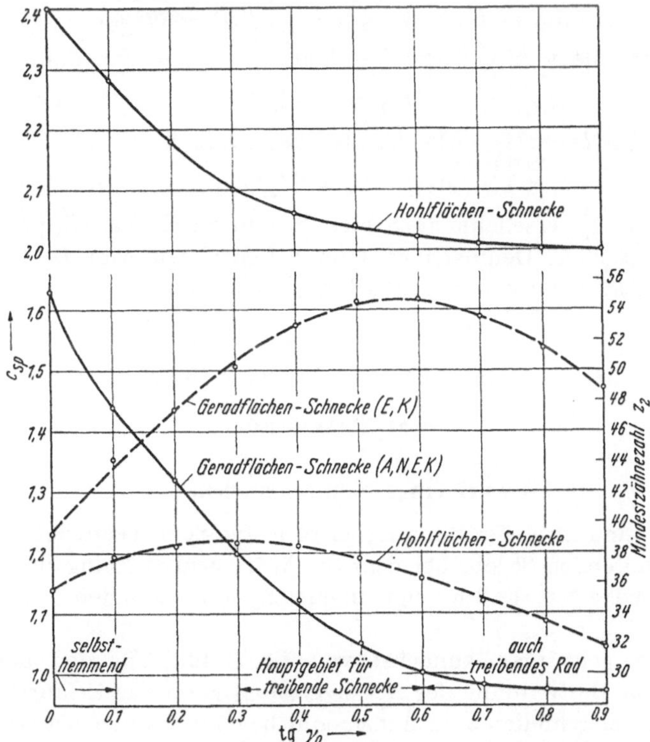

Abb. 4.77. Faktor c_{sp} der Gl. (4.50) (ausgezogen). Mindestzähnezahl z_{2min} (gestrichelt) nach Walzenpressung und Zahnfußfestigkeit für geschliffene, gehärtete Stahlschnecke mit den Zahnformen E, K und Hohlflächenschnecke bei Schneckenrad aus hochwertiger Bronze.

beansprucht. U_s ist aus dem Antriebsdrehmoment M_1 bestimmt:

$$U_s = 2\,M_1/d_m. \tag{4.53a}$$

Setzt man vereinfachend $N = U_2/\cos\alpha_a$ in Gl. (4.45c) ein, so ergibt sich

$$P_r = U_2\,\mathrm{tg}\,\alpha_a. \tag{4.53b}$$

Man erhält also schließlich:

$$P_b = \sqrt{P_r^2 + U_s^2} = \sqrt{(U_2\,\mathrm{tg}\,\alpha_a)^2 + U_s^2} = U_2\sqrt{\mathrm{tg}^2\alpha_a + \mathrm{tg}^2\gamma_0}. \tag{4.53c}$$

Die Durchbiegung f_s der Schneckenwelle soll den Wert $d_{01}/1000$ nicht überschreiten. Dadurch gilt für den Kerndurchmesser d_{f1} der Schnecke nach den Regeln der Festigkeitslehre für eine Lagerentfernung l_1 (Abb. 4.73):

$$f_s = P_b\,l_1^3/48\,E\,I \approx P_b\,l_1^3/520\,(10\,d_{f1})^4 \leqq d_m/1000$$

$$d_{f1}^4 \geqq P_b\,l_1^3/5200\,d_{01}\ [\mathrm{cm}] \quad \text{oder} \quad l_1^3 \leqq 5200\,d_m\,d_{f1}^4/P_b. \tag{4.54}$$

Alle Längen bedeuten cm, P_b in kg.

Die Beanspruchung auf Verdrehung durch das Antriebsdrehmoment M_1 der Schneckenwelle tritt demgegenüber zurück.

Belastung der Lager. Für die Lager der *Schneckenwelle* wirkt U_2 als Längskraft A_{l_1}.

$$A_{l_1} = U_2. \tag{4.55a}$$

Die Querbelastung A_{v_1} des Lagers bei einer Lagerentfernung l_1 ist räumlich zu bilden. Im Längsschnitt (Abb. 4.73) erscheint aus der radialen Kraft P_r und dem durch das Kippmoment $U_2 d_{01}/2$ gebildeten Anteil $U_2 d_{01}/2\,l_1$ eine Kraft $P_r/2 + U_2 d_{01}/2\,l_1$ oder [mit Gl. (4.53b)] $U_2\,(\mathrm{tg}\,\alpha_a + d_m/l_1)/2$. Aus dem Querschnitt wird die Kraft $U_S/2$ wirksam oder nach Gl. (4.46) $U_S/2 = U_2\,\mathrm{tg}\,(\gamma_0 + \varrho)/2 \sim U_2(\mathrm{tg}\,\gamma_0)/2$. Die Zusammensetzung dieser Kräfte liefert als Querbelastung:

$$A_{v_1} = U_2/2 \cdot \sqrt{(\mathrm{tg}\,\alpha_a + d_m/l_1)^2 + \mathrm{tg}^2\gamma_0}\,. \tag{4.55b}$$

Das größte Biegungsmoment M_{b_1} der Schneckenwelle ergibt sich dann zu:

$$M_{b_1} = A_{v_1}\,l_1/2. \tag{4.56}$$

Für die Lager des *Schneckenrades* wirkt U_s als Längskraft A_{l_2}.

$$A_{l_2} = U_1 = U_2\,\mathrm{tg}\,\gamma_0. \tag{4.57a}$$

Für die Querbelastung A_{v_2} erscheint auch hier P_r und durch das Kippmoment entsprechend $U_S d_{02}/2\,l_1 = U_2\,\mathrm{tg}\,\gamma_0\,d_{02}/2\,l_2$. Demnach wird im Seitenriß wirksam $U_2(\mathrm{tg}\,\alpha_a + \mathrm{tg}\,\gamma_0\,d_{02}/2\,l_2)/2$. Da im Querschnitt $U_2/2$ hinzukommt, erhält man insgesamt:

$$A_{v_2} = U_2/2 \cdot \sqrt{(\mathrm{tg}\,\alpha_a + \mathrm{tg}\,\gamma_0\,d_{02}/l_2)^2 + 1}\,. \tag{4.57b}$$

Das Biegungsmoment M_{b_2} der Radwelle erreicht als größten Wert:

$$M_{b_2} = A_{v_2} \cdot l_2/2. \tag{4.58}$$

i) Entwurf eines Schneckentriebes.

In Tafel XXVIII sind zwei Berechnungsbeispiele für Schneckentriebe gegeben. Der Fall a zeigt einen schnell laufenden Trieb, bei dem die Wärmeentwicklung nach Gl. (4.49a) für die Abmessungen maßgebend ist; Fall b zeigt einen langsam laufenden Trieb mit großem Drehmoment.

In beiden Fällen geht man zunächst von Gl. (4.49a) für den notwendigen Mindestachsabstand a aus. Zur Bestimmung des *Achsmoduls* m_a kann das Erfahrungsverhältnis Durchmesser des Schneckenteilzylinders zum Achsmodul benutzt werden. Dieses Verhältnis wird als Formzahl f_v bezeichnet. Also:

$$f_v = d_m/m_a. \tag{4.59}$$

Die Zahlenwerte dieser Größe liegen zwischen 6 und 16. Die unteren Werte werden verwendet, wenn bei geringen Übersetzungen sowohl starke Zähne zur Aufnahme von Stößen als auch ein großer Steigungswinkel zur Erzielung eines guten Wirkungsgrades verlangt werden. Bei großen Übersetzungen, namentlich für Selbstsperrung, liegt die Formzahl f_v an der oberen Grenze. Siehe die Beispiele in Tafel XXVIII.

Aus der Gl. (4.59) für die Formzahl kann der Ausdruck d_m/f_v für den Achsmodul m_a gewonnen werden. Da allgemein der Durchmesser des Rades $d_{02} = z_2\,m_a$, ergibt sich $d_{02} = z_2\,d_m/f_v$. Setzt man diese Größe in die Gleichung für den Achsabstand $2\,a = (d_{02} + d_{01})$ ein, so erhält man für den Durchmesser d_m

$$d_m = 2\,a/(1 + z_2/f_v)\,. \tag{4.60}$$

Nachdem so die Größe von d_m bestimmt ist, wird $d_{02} = 2\,a - d_m$ und $m_a = d_{02}/z_2$.

Anschließend erfolgt die Nachprüfung der Festigkeitswerte nach Gl. (4.51) für die Zahnfußfestigkeit und für die ausreichende Bemessung der Schneckenwelle nach Gl. (4.54).

Zeigt sich hierbei, daß der aus a gewonnene Modul m_a bzw. m_n nicht ausreicht, so stelle man den Wert x fest, der das Verhältnis des errechneten zum zulässigen Wert c_f oder zum zulässigen Wert $(0{,}85\,\pi\,c_f)$ angibt. Da der Modul mit der dritten Wurzel dieser Größen wächst, kann der neue ausreichende Modul durch Vervielfachung des erst angenommenen Modulwertes mit $\sqrt[3]{x}$ gefunden werden.

Werden bei der Berechnung die zulässigen Festigkeitswerte bei weitem nicht erreicht, so ist zu prüfen, ob nicht durch Übergang auf Hohlflankenschnecken oder künstliche Ölkühlung die Getriebeabmessungen verringert werden können.

Für den *Eingriffswinkel* α_{n_0} im Normalschnitt können Größen bis zu 28° gewählt werden. Dadurch erhält man eine hohe Festigkeit des Zahnfußes auch im Schneckenrad; andrerseits wird dadurch die Biegung der Schneckenwelle nach Gl. (4.53) ungünstig beeinflußt. Die untere Grenze für den Normaleingriffswinkel ist 15°.

Die *Zahnhöhe* kann gleich dem Achsmodul m_a bemessen werden. Doch ist auch die für Steigungswinkel über 20° vielfach übliche Zahnhöhe gleich dem Normalmodul m_n vorteilhaft.

Es wird zwar das Eingriffsfeld dadurch verkleinert, aber der mittlere Teil mit den besten Eingriffsverhältnissen bleibt erhalten.

Bei der Konstruktion muß festgestellt werden, ob der nach Gl. (4.54) ermittelte Wert der *Lagerentfernung* l_1 auch eingehalten werden kann, sonst ist der Kerndurchmesser der Schnecke zu vergrößern.

Ausführung nach Normvorschlägen. In den Normentwürfen DIN 3975 und 3976 sind einheitliche Abmessungen der Zylinderschnecken, und zwar bezüglich Achsmodul m, aus dem sich die Teilung t_a ergibt, Mittenkreisdurchmesser d_{m1}, Kopfkreisdurchmesser d_{k1} und Fußkreisdurchmesser d_{f1} (Abb. 4.73), vorgeschlagen. Es sind 1-, 2- und 4gängige Schnecken gewählt (Zähnezahl $z_1 = 1$, 2 oder 4). Neben einer *Vorzugs*größe des Mittendurchmessers sind jeweils noch zwei weitere Größen vorgesehen. Die Vorzugsgrößen gestatten einen systematischen Aufbau der Getriebe unter Benutzung von Normzahlen bei gegebenen Grundübersetzungen.

Die Bezeichnungen erhalten neben dem Kennzeichen Z für *zylindrische* Schnecken und dem Zeichen für die Flankenform (E, N, K oder A) Modul m, Mittenkreisdurchmesser d_{m1}, Steigungsrichtung rechts oder links (R oder L) und die Zähnezahl (Gangzahl) der Schnecke. Also z. B.

$$\text{ZN } 8 \cdot 80 \text{ R } 4 \text{ DIN } 3976.$$

Dies bedeutet eine zylindrische Schnecke, Modul 8, Mittenkreisdurchmesser 80, rechtsgängig mit 4 Gängen nach DIN 3976.

II. Globoidschneckengetriebe.

Der Längsschnitt einer Globoidschnecke zeigt eine zum Radmittelpunkt konzentrische Profilierung. Die gerade Erzeugende der Schneckenflanke kann sich so verschrauben, daß sie die Schneckenachse stets schneidet; es entstehen dann, übereinstimmend mit der zylindrischen Spiralschnecke, Globoidschnecken mit geraden Längsprofilen (Abb. 4.79). Das Ausschneiden der Schneckenfläche erfolgt durch einen Schneidstahl, dessen Schneide in der Radmittelebene eine Drehung um die Radachse ausführt, während gleichzeitig die Schnecke im Übersetzungsverhältnis des Triebes angetrieben wird. Auf der einen Schneckenflanke nimmt der Schneidstahl in der Entfernung x eine senkrecht zur Schneckenachse stehende Stellung ein; bis zu dieser Lage bleibt die Schneckenfläche erhaben, darüber hinaus wird sie hohl. Die Fläche zeigt daher zu beiden Seiten der Schneckenmitte einen ungleichen Verlauf. Außerdem weist die Globoidschneckenfläche einen veränderlichen Steigungswinkel auf, indem durch den größeren Durchmesser an den Seiten die Steigung von der Mitte aus nach beiden Seiten abnimmt.

Da die Bewegung der Stahlschneide mit der Raddrehung übereinstimmt, so fällt die Zahnform des Globoidrades im Mittelschnitt mit der Schneckenprofilierung zusammen. Beim Durchgang durch das Schneckengebiet verbleibt das Mittelprofil der Radzähne beständig in Auflage auf voller Zahnhöhe. Die einzelnen Profillagen stellen daher die Eingriffslinien vor, die Radmittelebene ist die *Eingriffsfläche* des Getriebes. Infolgedessen kann eine Zahnauflage in tangentialer Flächenberührung außerhalb der Radmittelebene nicht erfolgen. In den Radseiten liegen

nur noch die äußeren Schneckenkanten an; dieser Kanteneingriff bringt dort starke Abnutzung
mit sich.

Das Verhalten der Zahnprofile außerhalb der Radmitte ergibt sich aus der Betrachtung
eines schrägen Seitenschnittes $O_1 C'$ (Abb. 4.78) durch die Schneckenachse. In dieser Ebene läßt
sich wenigstens in Annäherung der Eingriff auf die Stirnradverzahnung wie bei zylindrischen
Schnecken zurückführen.

Der in Abb. 4.80 nur im Umriß eingezeichnete Schnitt $O_1 C''$ der Schnecke stimmt mit dem
Mittelschnitt überein; die Bewegung des Schneckenprofils entspricht daher der Drehung um
den Radmittelpunkt O_2 mit dem Abstand $r_0 + r_{02}$ von O_1. Für die Raddrehung besteht ein

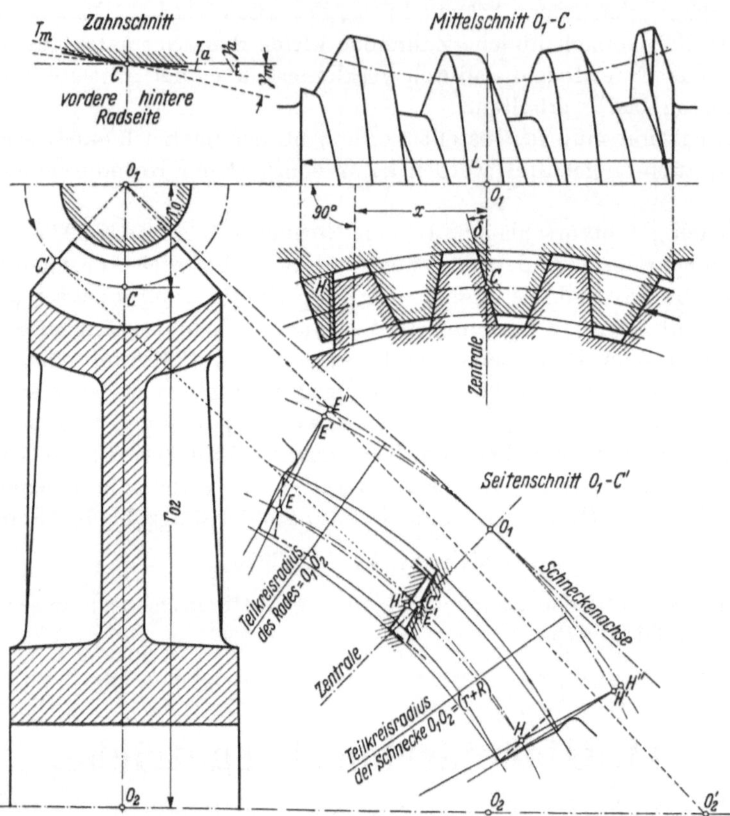

Abb. 4.78 bis 4.81. Globoidschnecke mit geradlinigen Mittelprofilen.

anderer Mittelpunkt, nämlich der Durchstoßpunkt O_2' der Radachse mit der Schnittebene im
Abstand $O_1 O_2'$ von O_1. Die Umfangsgeschwindigkeiten bei der Drehung um die beiden auseinander
liegenden Mittelpunkte sind für die Schnecken- und Radprofile im Punkte O_1 der Schneckenachse gleich groß. Dort liegt also der Wälzpunkt für den einer Stirnradverzahnung gleichkommen-
den Bewegungsvorgang.

Das Radzahnprofil, das der Schnecke im Seitenschnitt $O_1 C'$ freien Durchgang gewährt,
kann nun so ermittelt werden, daß man die einzelnen Relativlagen aufsucht, die das Schneckenprofil gegenüber dem Radzahn einnimmt, bezogen auf die Mittelstellung in C'. Die Gesamtheit
aller dieser Lagen umhüllt dann die Radzahnflanke.

Das äußerste Profil der Schneckenfläche auf der hohlen Seite steht im Punkte H. Der durch H
gelegte Halbmesser HH' des Schneckenteilkreises gibt das Bogenmaß $\overparen{O_1 H'}$ an, das der Bewegung
des Schneckenprofils von H nach der Mittellage C' entspricht. Die gleiche Bogenlänge $\overparen{O_1 H''}$
durchläuft dabei das Rad in seinem Wälzkreise, also $O_1 H'' = O_1 H'$. Punkt H'' kennzeichnet die
Relativstellung des Schneckenprofils im Rade. Die Verdrehung des Profils H um den Radmittelpunkt in der Größe der Bogenlänge $O_1 H''$ am Radwälzkreis liefert daher neben C' die

Relativlage H' gegenüber der auf Mittelstellung C' stehend gedachten Radzahnflanke. Ebenso läßt sich die Relativstellung E' neben C' aus Punkt E' und E'' am Außendurchmesser auf der erhabenen Seite ermitteln. Diese beiden Relativlagen H' und E' der äußersten Profile zeigen gegenüber dem mittleren Profil C', daß ein umhülltes Radzahnprofil und somit auch eine tangentiale Zahnberührung im Seitenschnitte nicht zustande kommt. Da das äußerste Profil der hohlen Seite relativ am weitesten vortritt, kann im äußersten Falle das Radzahnprofil nur bis zur Lage H' herantreten. Dann berühren sich die anderen Schneckenprofile nicht, weil ihre Relativlagen sämtlich gegen H' zurücktreten.

Selbsttätig passende Zahnflächen erhält man, wenn der Radkörper mit einem Schneckenfräser ausgewälzt wird, der in der Form der Globoidschnecke des Triebes entspricht. Die Zahnflächen werden dann von den Schneidkanten der hohlen Gangseiten fertiggestellt, die relativ am weitesten gegen die Radzähne vortreten. Die Zahnflächen werden zu beiden Seiten der Radmitte ungleich.

Ein regelrechter Eingriff mit Flächenberührung besteht daher selbst im Mittelschnitt nicht; die Schneckenfläche legt sich hier nur auf eine ausspringende Kante des Zahnes an. Neben dieser dauernden Auflage kommen noch vorübergehende Kantenauflagen auf den seitlichen Radzahnflächen zustande, an der sich die Kanten der Schneckenausläufe in den hohlen Flächenseiten beteiligen.

Um die Globoidschnecke einer stärkeren Belastung aussetzen zu können, muß die ausspringende Mittel-

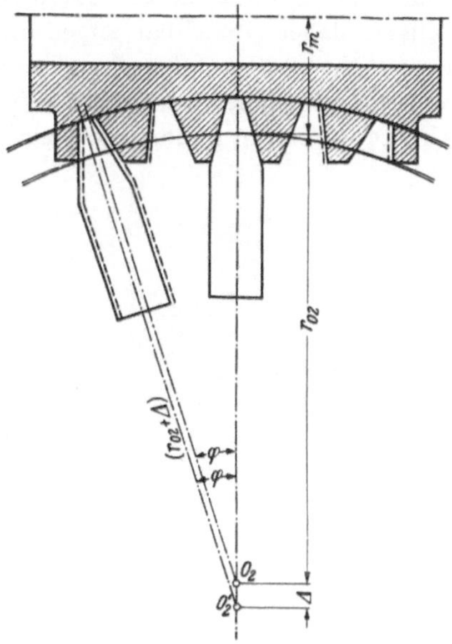

Abb. 4.82. Ausdrehen der HINDLEY-Schnecke.

kante im Radzahn beseitigt werden. Dies ist hauptsächlich an der hohlen Seite der Schneckenfläche notwendig, die von der Schneckenmitte an in allmählich wachsendem Betrage zurückgesetzt wird. (Gestricheltes Profil H in Abb. 4.79.) Die Relativlagen H' (Abb. 4.80) der einzelnen Schneckenprofile gegenüber dem Radzahn (Abb. 4.81) treten dann näher an C', so daß in den Seitenschnitten eingehüllte Radzahnprofile zustande kommen. Die ausspringende Mittelkante verschwindet aus der Zahnfläche. Zwar wird die ständige Profillage im Mittelschnitt zum Teil beseitigt, aber man gewinnt dafür wertvollere Flankenberührung in den Radseiten.

Diese Gedankengänge führen zu verbesserten geradprofilierten Globoidgetrieben. Ein Beispiel davon ist die Hindley-Schnecke [2.24]. Diese wird zunächst als regelrechte Globoidschnecke ausgeschnitten; es werden hierzu mehrere Schneidmesser am Umfang einer Scheibe so eingespannt, daß ihre geraden Schneidkanten in einem Vielfachen der Teilung voneinander abstehen (Abb. 4.82). Schnecke und Werkzeug drehen sich im Übersetzungsverhältnis des Triebes, während sich das Werkzeug allmählich auf den Achsabstand $r_0 + r_{02}$ nähert. Durch ein zweites Ausdrehen in der vergrößerten Achsentfernung ($r_0 + r_{02} + \varDelta$) um den Mittelpunkt O_2' (in Abb. 4.82 gestrichelten Lage des Messers) wird die hohle Flächenseite der Schnecke mehr zurückgeschnitten und die Lücke erweitert.

Abb. 4.83. Schneiden einer Globoidschnecke mit Schneidrad (Werkfoto Lorenz).

Nach neueren Herstellungsmethoden, z. B. von LORENZ, wird ein Schneidrad (Abb. 4.83) zum Schneiden der Globoidschnecke verwendet im Sinne der Abb. 3.40b. Im Getriebe kämmt diese Schnecke dann mit einem geradverzahnten Stirnrad, das in seinen Abmessungen dem verwendeten Schneidrad entspricht [2.25]. Als Lenktrieb in Kraftwagen finden diese Ausführungen Anwendung, oftmals ist dann der Zahn als Rolle mit dem Flankenprofil ausgebildet, um die gleitende Reibung durch rollende zu ersetzen.

Die auch bei Globoidschnecken notwendige hohe Oberflächengüte kann durch Schleifen mit einer doppelkegeligen Scheibe erzielt werden. Nach dem Verfahren der Zahnräderfabrik Augsburg kann eine doppelkegelige Schleifscheibe verwendet werden, die um eine Achse a zur Erzeugung der globoidischen Form beim Durchgang durch das Werkstück geschwenkt wird.

Es wirkt bei der Ausführung der Getriebe mit Globoidschnecken erschwerend, daß die Schnecke in ihrer axialen Lage in ganz bestimmter Stellung festliegen muß. Die Drucklager müssen daher einstellbar angeordnet werden. Trotzdem führt die elastische Deformation unter dem Achsdruck zu Schwierigkeiten. Die Entwicklung der zylindrischen Schnecken zu hochwertigen Getrieben mit gutem Wirkungsgrad engt das Anwendungsgebiet der Globoidschnecken ein. Die letzteren finden in Spezialfällen, wie Lenkgetrieben der Kraftwagen, noch Verwendung.

Teil V

Messung der Verzahnungsgrößen.

Um die Ausführung einer Verzahnung beurteilen zu können, sind 2 Arten von Messungen notwendig:

1. Statische Messung, d. h. die Messung geometrischer Größen an der Verzahnung des ruhenden Rades.

2. Kinematische Messung, d. h. Messung der Veränderungen, die am bewegten Trieb bei der Drehbewegung auftreten. Diese können sich auf geometrische Größen unmittelbar beziehen oder auf die mittelbar dadurch hervorgerufenen Schwingungen, insbesondere Geräusche.

DIN 3960—3964 unterscheidet Einzelfehler (E) als Abweichung von den Sollwerten einzelner geometrischer Größen und Sammelfehler (S), die bei Abwälzung der Getrieberäder als Summen von Einzelfehlern verschiedener Größen entstehen. Diese letzteren Meßmethoden sind also bereits kinematische Messungen.

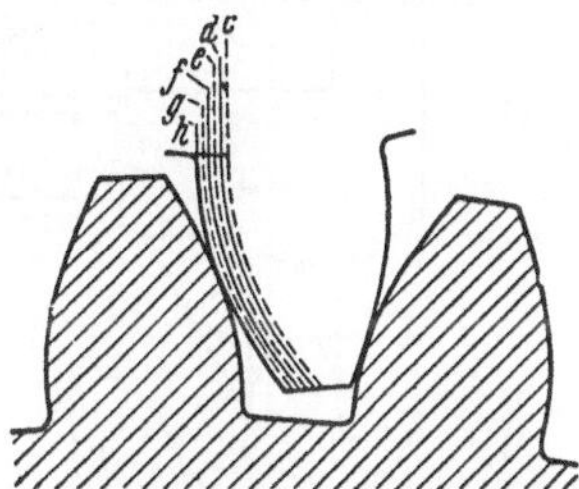

Abb. 5.00. Zahndickenabmaße. Toleranzfeld h: Zahndicke s_n = Lückenweite $s_L = t_n/2$. Räder kämmen spielfrei. Toleranzfelder c bis g: $s_n < s_L$.

I. Statische Messungen.

Als Einzelwerte gelten: Zahndicke, Teilung, Rundlauf, Flankenform und Flankenrichtung. Bei der angestrebten Messung einzelner geometrischer Größen wird jedoch in den meisten Fällen der Einfluß anderer Größen miterfaßt, so daß eine besondere Auswertung des abgelesenen Ergebnisses notwendig ist. Man erhält auch dadurch für dieselbe Größe, je nach dem verwendeten Verfahren, unterschiedliche Werte. Es ist deshalb bei den genormten Größen vielfach die Art der Messung mit anzugeben.

1. Messung der Zahndicke.

Der Sollwert der Zahndicke s_n ist bei spielfreier Verzahnung für jeden Pressungswinkel α_n bei Schrägverzahnung im Normalschnitt durch die Gl. (3.29) bis (3.32) bestimmt. Maßgebend ist die Zähnezahl z_n im Normalschnitt, also $z_n = z/\cos^3 \beta_0$. Bei Geradverzahnung können die Werte z und m unmittelbar verwendet werden. Die Abmessung der spielfreien Verzahnung entspricht als Nennmaß dem größtmöglichen Dickenwert und wird in Anlehnung an die Isa-Passung mit h bezeichnet. Entsprechend dem gewünschten tangentialen Spiel nimmt die Flanke tatsächlich die Lage nach den Toleranzfeldern entsprechend Abb. 5.00 ein; die zugehörigen Abmaße sind in DIN 3963 festgelegt.

a) Zahnmeßschieblehre.

Auf dieser wird nach Abb. 5.01 die Sehne s des Zahnes in der durch den senkrechten „Modulschieber" eingestellten Lage mit der Entfernung q vom Kopfkreis gemessen. Für die Berechnung wird dadurch die Bestimmung des Dickenwinkels σ notwendig. Für diesen ergibt sich:

$$\sigma_{n0} = 1/z_n \cdot (\pi + 2x \operatorname{tg}\alpha_0) . \tag{5.00}$$

Dann erhält man für die Sehne $\bar{s}$ und für das Maß q, wenn die Pfeilhöhe des Teilkreises über die Zahndicke mit $\dfrac{d_0}{2}\left(1 - \cos\dfrac{\sigma_{n0}}{2}\right)$ eingeführt wird:

$$\bar{s}_{n0} = d_{n0}\sin\sigma/2; \quad q = m_n\left[1 + z_n/2\,(1 - \cos\sigma_{n0}/2) + x\right]. \qquad (5.01\text{ a und b})$$

Meßfehler ergeben sich durch die Abnutzung der Kanten, wenn diese auch durch Verwendung von Hartmetall verringert wird. Nachteilig ist auch der Bezug auf den Kopfkreis durch Einstellung des Maßes q. Dadurch überdecken sich die Zahndickenfehler mit den Abweichungen des Kopfkreises vom tatsächlichen Grundkreis der Verzahnung. Die letzteren ergeben wie alle Rundlauffehler einen sinusförmigen Verlauf (Abb. 5.02). Es ist also der Zahndickenfehler f_s von den durch Rundlauffehler f_r' des Kopfes hervorgerufenen Änderungen zu trennen.

Für eine einwandfreie Messung nach diesem Verfahren müßte der Kopfkreis in der Aufspannung des Werkstückes für die Verzahnung abgedreht oder abgefräst werden. Vorteilhaft ist bei dieser Messung die einfache Rechnungsgrundlage. Siehe Beispiel Tafel XXX a.

b) Eingelegter Meßdorn oder Kugel. (Abb. 5.03)

In diesem Falle wird die Lückenweite mittelbar durch Ablesung der Größe $r_{m\,a}$ mit Fühl-

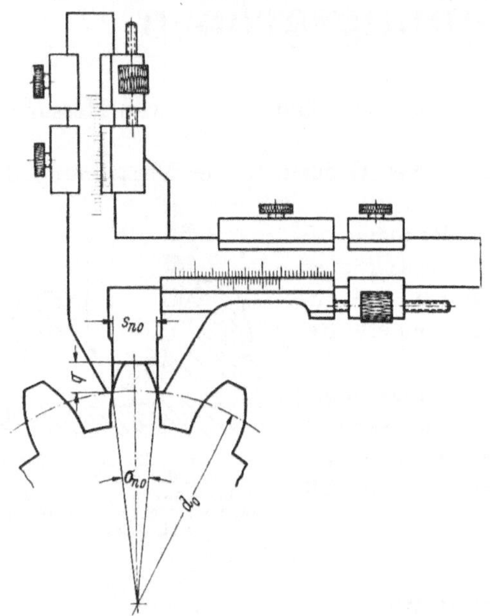

Abb. 5.01. Zahnmeßschieblehre.

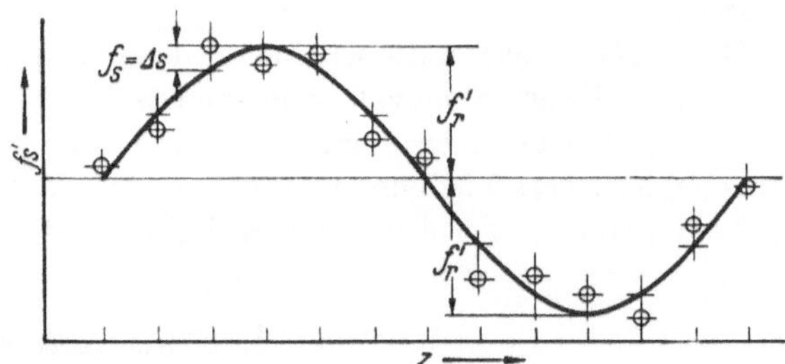

Abb. 5.02. Auswertung der Zahndickenmessung. Schätzungsweise sinusförmige Linie zum Ausgleich der durch Rundlauffehler f_r hervorgerufenen Dickenänderung f_r'.

hebel gemessen, die Abmaße tragen das umgekehrte Vorzeichen wie bei der Zahnstärke. Für einen beliebig gegebenen Halbmesser r_k'' des Dornes (Kugel) (Abb. 1.46) ist nach Gl. (1.50 a) für die Sollstärke s_g am Grundkreis der zugehörige Pressungswinkel α_m für die Kugelmitte bestimmt. Der Halbmesser r_m der Kugelmitte folgt aus Gl. (1.50 b). Gemessen wird der Halbmesser

$$r_{m\,a} = r_m + r_k'. \qquad (5.02)$$

Bei einer Abweichung $\Delta r_{m\,a}$ vom Rechnungswert ergibt sich für die Abweichung Δs_l der Lückenweite bei kleinen Werten nach Abb. 5.04 im Normalschnitt:

$$\Delta s_l = -2\,\Delta r_{m\,a}\,\mathrm{tg}\,\alpha_m. \qquad (5.03)$$

Wird bei Schrägverzahnung in der Ebene des Normalschnittes gerechnet, muß für die tatsächlichen Halbmesser r_m oder $r_{m\,a}$ der Unterschied $r_n - r_0$ (Abb. 5.03) abgezogen werden.

$$r_n - r_0 = m_n z/2\cos^3\beta - m_n z/2\cos\beta = m_n z/2\cos\beta(1/\cos^2\beta - 1) = m_n z/2\cos\beta\,\mathrm{tg}^2\beta = r_n\,\mathrm{tg}^2\beta.$$
$$[(5.04)$$

Siehe Beispiel Tafel XXX b.

Eine wesentliche Vereinfachung ergibt sich, wenn der Mittelpunkt der Meßkugel auf den Teilkreis gelegt wird. Die Berührung erfolgt dann innerhalb des Teilkreises. Für das Einstellmaß ergibt sich

$$r_{m\,a} = r_0 + r_k'. \qquad (5.05)$$

In Gl. (150a) erhält man mit $\alpha_m = \alpha_0$: $r_{k0}' = r_g\,\mathrm{ev}\,\alpha_0 - s_g/2 + r_g\pi/z$. Die Vereinfachung durch Verwendung der Grundkreisstärke s_g ist zulässig, weil zwischen der Soll- und der Ist-

Flanke ein gleichbleibender Abstand gedacht werden kann. Der Kugelhalbmesser steht senkrecht auf der Zahnflanke und liegt infolgedessen in Richtung der Eingriffsteilung t_e (Abb. 5.04):

$$r'_{k\,0} = t_e/4 - m_n\,x\,\sin\alpha_{n\,0}. \qquad (5.06)$$

Wird dem Dorn dieser Durchmesser $2\,r'_{k\,0}$ gegeben, dann wird also die Einstellung durch den Teilkreis des betreffenden Rades bestimmt. Für alle Nullräder ist der Durchmesser des Dornes unabhängig von der Zähnezahl des Rades gleich der halben Eingriffsteilung. Diese kann aus Tafel I entnommen werden.

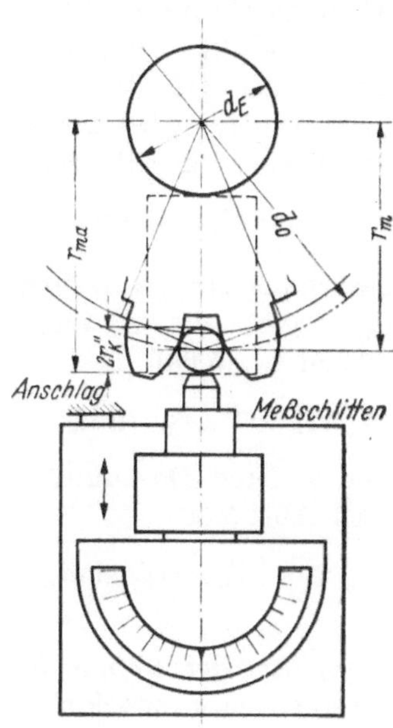

Abb. 5.03. Zahndickenmessung mit Meßdorn oder Meßkugel. r_k'' beliebiger Kugeldurchmesser; $r_k' = r_{k'0}'$ Kugeldurchmesser für Anlage im Teilkreis.

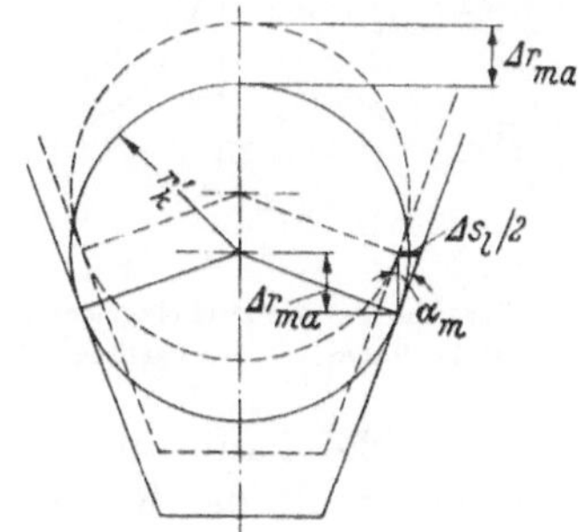

Abb. 5.04. Zusammenhang zwischen Zahndickenabmaß Δs und dem Meßwert $\Delta r_{m\,a}$.

Für die *Innenverzahnung* erhält man nach Abb. 5.05:

$$r_g\operatorname{ev}\alpha_m = r_g\,s_0/m\,z + r_g\operatorname{ev}\alpha_{n\,0} - r_k$$

oder

$$\operatorname{ev}\alpha_m = m\,\pi/2\,m\,z_n + 2\,x\,\operatorname{tg}\alpha_{n\,0}/z_n + \operatorname{ev}\alpha_{n\,0} - r'_k/r_{g\,n}\,,$$

$$\operatorname{ev}\alpha_m = \pi/2\,z_n + 2\,x\,\operatorname{tg}\alpha_{n\,0}/z_n + \operatorname{ev}\alpha_{n\,0} - r'_k/r_{g\,n}. \qquad (5.07)$$

An Stelle von Gl. (5.02) tritt durch Einführung des Innenhalbmessers $r_{m\,i}$ (Abb. 5.05):

$$r_{m\,i} = r_m - r_k. \qquad (5.08)$$

c) Verwendung von zwei Meßdornen bzw. Kugeln.

Diese Art der Messung (Abb. 5.06) ist frei von Rundlauffehlern zwischen Verzahnung und Bohrung. Es tritt allerdings immer die Summe von zwei Abmaßen in etwa gegenüberliegenden Lücken auf. Bei ungeraden Zähnezahlen ist der Winkel zwischen der Symmetrielinie M_1A und der Meßlinie $M_1M_2 = d_{m\,a}$ die Hälfte des Mittelpunktwinkels $M_1OM_2 = 180°/z$, also gleich $90/z$. Mithin ist bei ungerader Zähnezahl entsprechend Gl. (5.03) im Normalschnitt:

$$\Delta s_l = \mp\,\Delta d_{m\,a}\cdot\operatorname{tg}\alpha_n/\cos(90°/z_n). \qquad (5.09\,\mathrm{a})$$

Das obere Vorzeichen gilt für Außen-, das untere für Innenverzahnung. Bei gerader Zähnezahl wird der Wert des cos gleich 1.

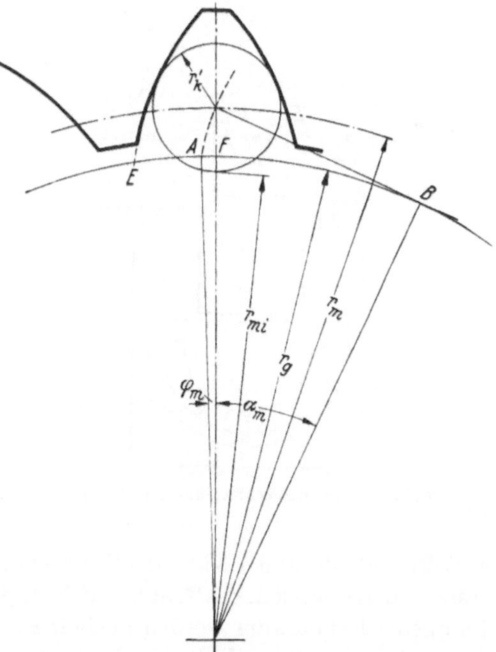

Abb. 5.05. Zahndickenmessung mit Meßdorn bei Innenverzahnung.

$$r_g\,\sigma_m = r_g\operatorname{ev}\alpha_m = EF - EA = s_g/2 - r_k.$$

$$\Delta s_l = \mp\,\Delta d_{m\,a}\operatorname{tg}\alpha_n. \qquad (5.09\,\mathrm{b})$$

d) Kimmenförmiges Meßstück.

Die mittelbare Messung der Zahnstärke erfolgt durch eine drehbare Kimme, die auf einen Fühlhebel durch Veränderung des Maßes r_m wirkt. Die Kimme entspricht der Lücke der Bezugszahnstange mit dem Eingriffswinkel α_0 bzw. bei Schrägverzahnung α_{n0}. Die Einstellung des Fühlhebels erfolgt durch einen Dorn (Kugel) mit dem Durchmesser $2\,r_k''$. Wird $2\,r_{k0}'' = t_e/2$ [s. Gl. (5.06)], dann wird der Abstand r_m der Dornmitte von der Bohrungsmitte:

$$r_{m0} = d_0/2 + x\,m_n . \qquad (5.10)$$

Die Abweichung Δr_{m0} von dem Einstellmaß r_{m0} ergibt die Abweichung Δs_n entsprechend Gl. (5.03)

$$\Delta s_n = 2\,\Delta r_{m0}\,\mathrm{tg}\,\alpha_n . \qquad (5.11)$$

Für einen anderen Dorndurchmesser $2\,r_k''$ wird nach Abb. 5.08

$$r_m = d_0/2 + (r_{k0}'' - r_k'')/\sin\alpha_n + x\,m_n . \qquad (5.12)$$

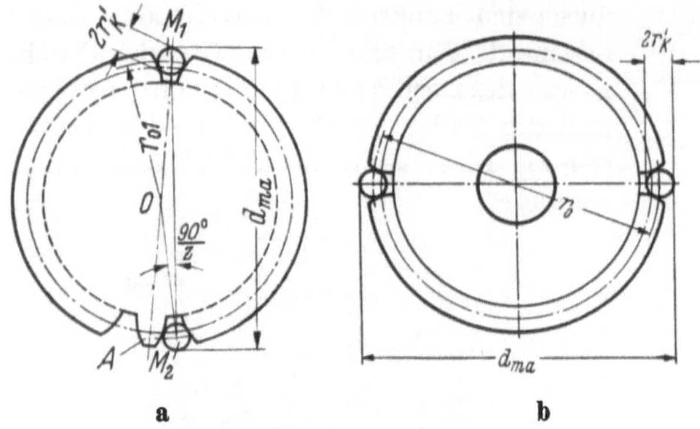

Abb. 5.06. Verwendung von zwei eingelegten Meßdornen.
a Gerade Zähnezahl des Rades. – b Ungerade Zähnezahl des Rades.

5. Die Zahnstärke kann auch auf Teilungsmeßgeräten nach Art der Abb. 5.09 oder 5.10 gemessen werden. Statt der Schneiden an den Fühlhebeln werden dann zweckmäßig Kugeln am Ende der Taster verwendet.

2. Messung der Teilung.

a) Kreisteilung.

Die Kreisteilung $t_0 = d_0\,\pi/z = m\,\pi$ gilt in ihrer Beziehung auf den nur gedachten Teilkreis als fehlerfreie Größe. In Geräten nach Abb. 5.09 oder 5.10 werden die Taster so ein-

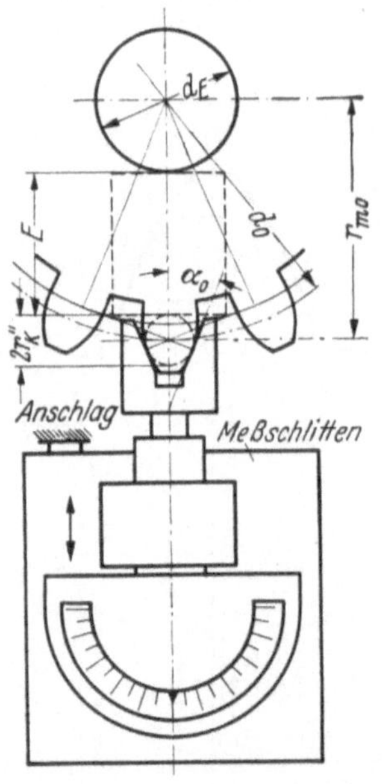

Abb. 5.07. Zahndickenmessung mit Meßkimme.

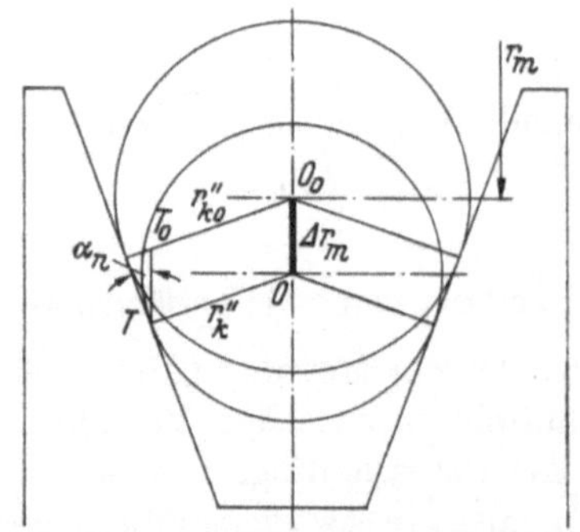

Abb. 5.08. Einstellung der Kimme bei beliebigem Meßdorndurchmesser r_k'' [Gl. (5.12)], $TT_0 = \Delta r_m = (r_{k0}'' - r_k'')/\sin\alpha_n$.

gestellt, daß sie in der Nähe des Teilkreises gleichliegende benachbarte Flanken berühren. In der ersten Anlage werden die Taster auf Null gestellt. Durch Schwenken bzw. Heben an den nächsten Flankenzwischenraum werden nacheinander die Abweichungen von der ersten Einstellung festgelegt. Man erhält somit die *Ungleichmäßigkeit* der Teilungen oder den *Teilungssprung* (DIN 3960). Diese Größen werden stets vom Rundlauffehler überlagert. Die Abschätzung des Rundlauffehlers erfolgt sinngemäß aus der sinusförmigen Lage der aufgetragenen Meßwerte wie in Abb. 5.02.

Aus den einzelnen Meßwerten ergibt sich der Mittelwert als arithmetisches Mittel. Die Differenz (Einzelabweichung — Mittelabweichung) ergibt den *Einzelteil*fehler. Aus der Addition dieser Werte folgt der *Summenteil*fehler, sein größter an einem Rade vorkommender Wert ist der *Gesamtteil*fehler. Da sich bei der Summierung auch die Meßfehler addieren, ist der Summenteilfehler oft unzuverlässig und streut bei Wiederholung der Messung stark. Man erhält somit folgendes Schema:

Ermittlung des Summenfehlers.

Teilung Nr.	1	2	3	4	5 ... 26	27	28	Summe
Meßwert μ	0	-1	$+3$	$+8$	$+5$	$+9$	$+6$	$+2$	$+56$

Mittelwert $56/28 = +2$

Einzelteilfehler	-2	-3	$+1$	$+6$	$+3$	$+7$	$+4$	0
Summenteilfehler	-2	-5	-4	$+2$	$+5$	-6	-2	0

Die unmittelbare Messung des *Summenteil*fehlers kann durch Messung des Teilungswinkels mit *Theodolit* und Kollimator erfolgen (Abb. 5.11). Das zu messende Zahnrad wird leicht drehbar gelagert und der Theodolit genau gleichachsig aufgesetzt. Ein Fühlhebel an einer Flanke des Rades in Nullstellung legt die Radstellung fest. Das Fernrohr wird auf das Fadenkreuz im Kollimator, das optisch als unendlich ferner Punkt wirkt, festgelegt. Nach Ausschwenken

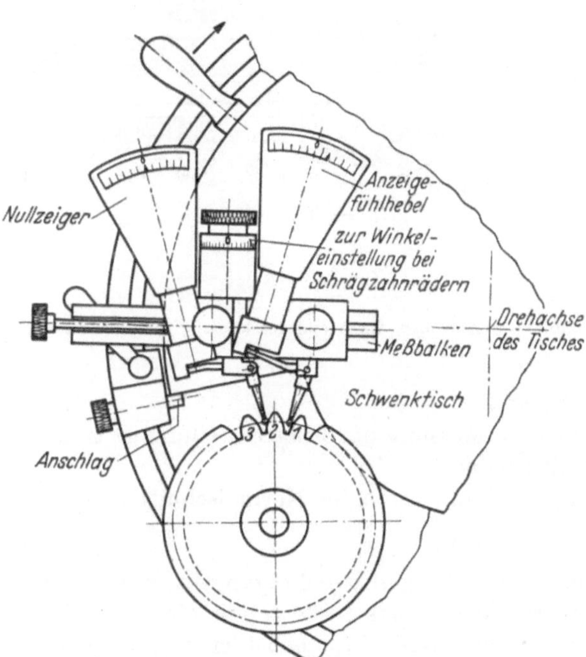

Abb. 5.09. Vergleichsmessung der Teilung nach KLINGENBERG.

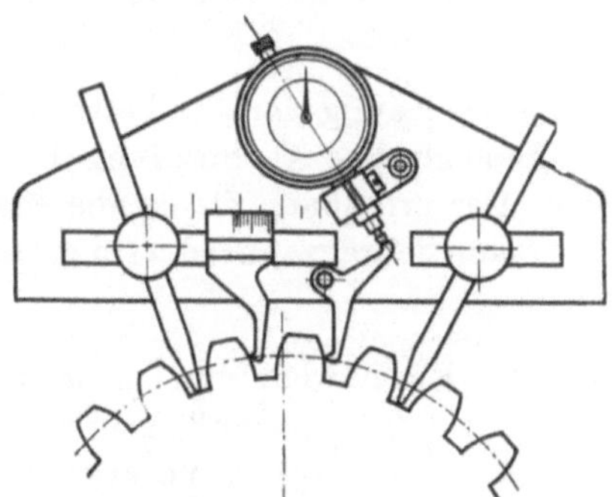

Abb. 5.10. Teilungsprüfgerät nach MAHR.

des Fühlhebels wird das Rad um einen Zahn weitergedreht und durch erneutes Einschwenken des Fühlhebels auf Null festgelegt. Wird der obere Teil des Theodoliten auf das Fadenkreuz zurückgedreht, so ist der Teilungswinkel am unteren Teil ablesbar. Die Meßgenauigkeit beträgt $\pm (0{,}01\, r_0 + 1)\, \mu$, wobei r_0 in mm einzusetzen ist, also bei 500 mm Durchmesser des Rades $\pm 3{,}5\, \mu$.

b) Eingriffsteilung.

Für das Gerät der Abb. 5.12 wird der Sollwert der Eingriffsteilung auf dem zugehörigen Endmaßblock (Abb. 5.13) unter Benutzung von Endmaßen eingestellt. Beim Durchschwenken um die Auflage der Anlageebene ergibt der Umkehrpunkt des Fühlhebelausschlages den Istwert der Eingriffsteilung. Im Gerät nach Abb. 5.14 wird eine gleichmäßige Gewichtsbelastung verwendet. Das arithmetische Mittel der Eingriffsteilungsfehler f_e ergibt den mittleren Eingriffsteilungsfehler f_{em}.

Da die Eingriffsteilung gleich der Grundkreisteilung ist (Abb. 1.44), erhält man:

$$z\, t_{em} = d_g\, \pi \quad \text{und nach Gl. (1.43)} \quad \cos\alpha_{ist} = t_{em}/m\pi . \tag{5.13}$$

Es überlagern sich also beim Geradzahnrad Grundkreis-, Eingriffswinkel- und Teilungsfehler. Für den Eingriffswinkelfehler f_α werden die Näherungsformeln verwendet (f_{em} in μ und f_α in Winkelminuten):

$$f_\alpha \approx -3{,}2\,f_{em}/m \ \text{ bei } \ \alpha_0 = 20° \quad \text{bzw.} \quad f_\alpha \approx -4{,}2\,f_{em}/m \ \text{ bei } \ \alpha_0 = 15°. \tag{5.14}$$

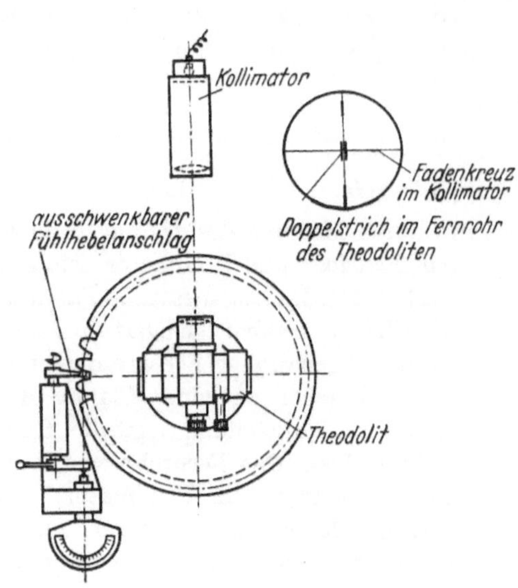

Abb. 5.11. Messung des Teilungswinkels [mit Theodolit und Kollimator.

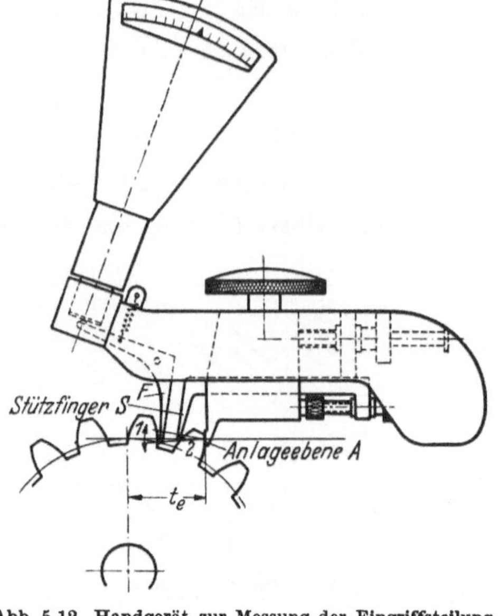

Abb. 5.12. Handgerät zur Messung der Eingriffsteilung.

Bei Abweichung von 30' beträgt die Genauigkeit 3%.

Eine gewisse Nachprüfung der Zahnform durch Messung der Eingriffsteilung ist somit möglich. Der erfaßbare Flankenbereich ist jedoch gering.

Beim Schrägzahnrad erfolgt die Messung am einfachsten im Normalschnitt.

$$t_{en} = m_n\,\pi\,\cos\alpha_n. \tag{5.15}$$

Da die Einschwenkung zur Messung genau in Richtung des Schrägungswinkels β_g erfolgen muß, gehen Fehler dieses Winkels in das Meßergebnis ein.

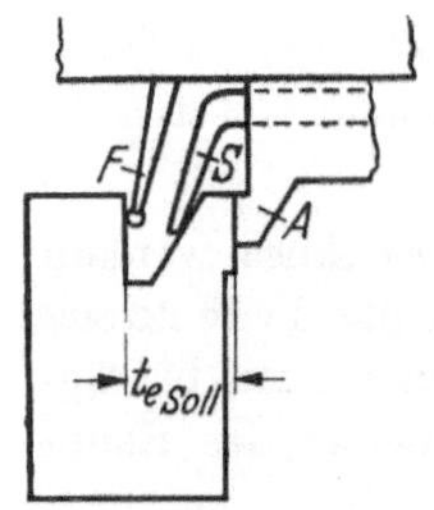

Abb. 5.13. Einstellblock zur Einstellung der Soll-Eingriffsteilung.

Voraussetzung für eine brauchbare Messung ist eine gute Evolventenform, der Bereich der Kopfzurücksetzung ist zu vermeiden. Die Messung ist vom *Rundlauf unabhängig*.

Die Eingriffsteilung mehrschneidiger Wälzwerkzeuge, wie z.B. von Kammstählen und Wälzfäsern, wird bei der Herstellung auf die Räder voll übertragen, so daß sich dort die Messung von t_e erübrigt. Dagegen liefert diese Messung bei geschliffenen Rädern ein gutes Urteil.

3. Zahnweitenmessung.

Die Zahnweitenmessung erfaßt Fehler in der Kreisteilung und der Zahnstärke. Sie verwendet ein Tellermikrometer (Abb. 5.15). Die Flächenberührung vermeidet die Kantenfehler der Zahnmeßschieblehre. Die Berechnung ist in Tafel IX des 1. Bandes gegeben. Bei Profilverschiebung kann auch durch Addition von $2 \cdot m \sin\alpha_0$ zu den Tafelwerten die Größe der Zahnweite unmittelbar gewonnen werden.

Bei *Schrägverzahnung* muß im Normalschnitt gemessen werden. Dies ist nur möglich, wenn die Zahnbreite b nach Abb. 5.16 noch um die Anlagefläche der Meßteller über den Wert $w_n \sin\beta$ vergrößert ist. Die Verwendung von z_n führt zu Ungenauigkeiten, deshalb empfiehlt DIN 3960 als Annäherung einen kleineren Wert $z_i = \text{ev}\,\alpha_{s0}/\text{ev}\,\alpha_{n0}$. Dies erklärt sich daraus, daß auf die Länge w_n die elliptische Form des Radschnittes (Abb. 3.11) nicht mehr wie sonst vernachlässigt werden kann. Für den so ermittelten Wert z_i kann auch bei Schrägverzahnung die Zahnweite aus Tafel IX entnommen werden, wobei Zwischenwerte zu interpolieren sind.

4. Messung der Flankenform in der Zahnhöhe.

Unter Flankenform wird die zum Sollgrundkreis gehörige Evolvente verstanden. Ihre Messung wird stets vom Grundkreis- und Eingriffswinkel-Fehler überdeckt. Zur Messung wird ein an der Flanke anliegender Fühlstift verwendet, der sich genau wie das Ende der Fadengeraden bewegt, indem das Lineal, auf dem er befestigt ist, sich von der genau geschlif-

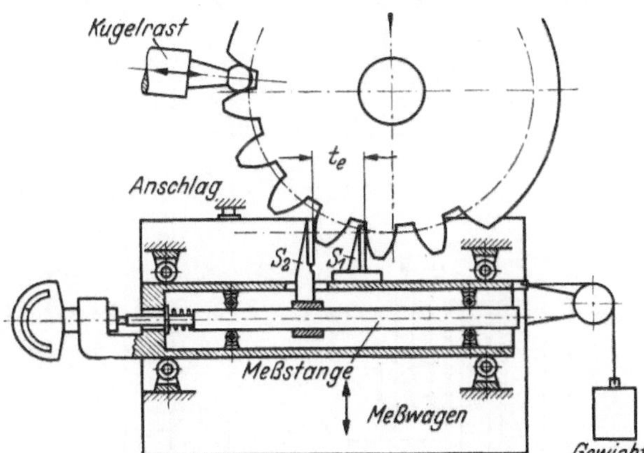

Abb. 5.14. Zahnradprüfgerät zur Messung der Eingriffsteilung. Nach ZEISS.

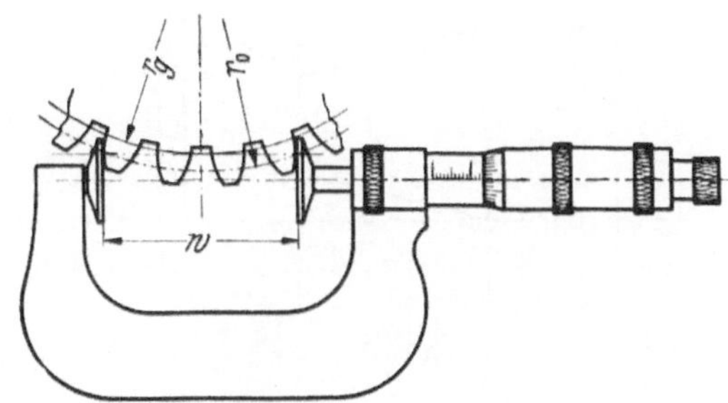

Abb. 5.15. Tellermikrometer zur Messung der „Zahnweite" w.

fenen Grundkreisscheibe schlupffrei abwälzt. Dadurch erhält gleichzeitig der Radkörper die passende Drehung. Die Ausschläge des Fühlstiftes werden stark vergrößert und gewöhnlich auf einem Diagrammstreifen festgehalten (Abb. 5.17). Der Fühlstift muß demnach genau über der abwälzenden Kante des Lineals liegen.

Bei einer richtigen Evolvente ist die Linie im Diagramm stets gerade (Abb. 5.18). Stimmt außerdem der Grundkreis, erfolgt kein Ausschlag des Fühlhebels, Fall a der Abb. 5.18. Weicht

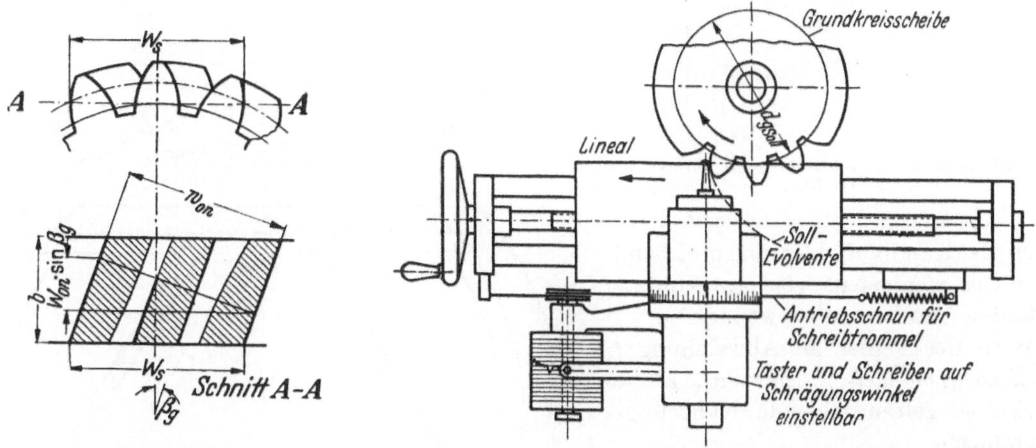

Abb. 5.16. Zahnweitenmessung am Schrägzahnrad.

Abb. 5.17. Schema eines Evolventenprüfgerätes mit fester Grundkreisscheibe.

der Grundkreis bei richtiger Evolvente ab, so liegt die Diagrammlinie schräg, Fall b und c. Die ungleichmäßige Kurve mit „Löchern" im Falle d zeigt eine fehlerhafte Flankenlage, wobei die schräge Lage der Ausgleichgeraden auf die Überlagerung durch einen Grundkreisfehler schließen läßt. Ein Rundlauffehler der Verzahnung gegenüber dem Grundkreis bewirkt ebenfalls eine Schräglage der aufgezeichneten Kurve. Die Schrägen liegen verschieden, wenn vier um 90° versetzte Flanken zur Aufzeichnung verwendet werden. Dadurch wird dieser Fehler als solcher erkannt.

Für den *Grundkreisfehler* f_g folgt aus der Schräglage der Prüfkurve bzw. der ausgleichenden Geraden:

$$f_g = d_{g\,\mathrm{soll}}\, a\, v_a / b\, v_b\, 1000\, [\mu]; \quad d_g \text{ in mm.}$$
$$(5.16)$$

Die Koordinaten a und b sind nach Abb. 5.19 in mm zu entnehmen und mit

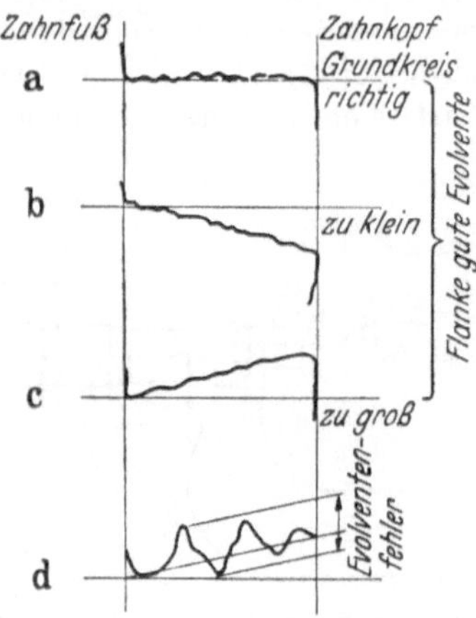

Abb. 5.18. Diagrammbilder des Evolventenprüfers nach Abb. 5.17.

den Vergrößerungsmaßstäben des Gerätes v_a bzw. v_b zu multiplizieren. Bei *Schrägzahnrädern* wird die Messung zweckmäßig im Stirnschnitt durchgeführt und mit dessen Werten gerechnet. Zum Aus-

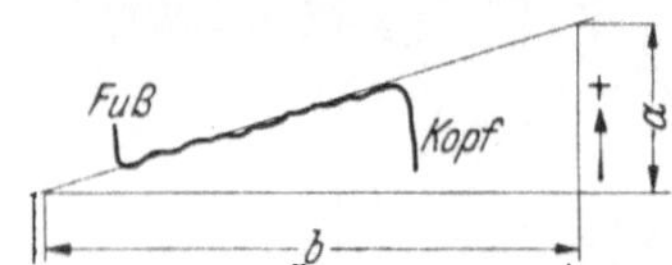

Abb. 5.19. Maßstäbliche Auswertung des Evolventenprüfbildes.

gleich der Rundlauffehler sind die Mittelwerte aus wenigstens vier am Umfang verteilten Flanken zu verwenden.

Wird der Fehler als Abweichung f_α des *Eingriffswinkels* α_0 bzw. α_{s0} ausgedrückt, so gelten folgende Näherungsgleichungen:

für $\alpha = 20°$ wird $f_\alpha \approx -10\, f_g/d_0$;

für $\alpha = 15°$ $f_\alpha \approx -13,3\, f_g/d_0$; $\quad(5.17)$

allgemein $f_\alpha \approx -3,5\, f_g/d_0 \sin\alpha_{0s}$.

Ein *Evolventen*prüfgerät für große Räder ist in Abb. 5.20 und 5.21 dargestellt. Ausgang und Bezugsgröße ist ein dem zu messenden Rade hergestellter „Basiskreis" *1*, der gleichmittig zur

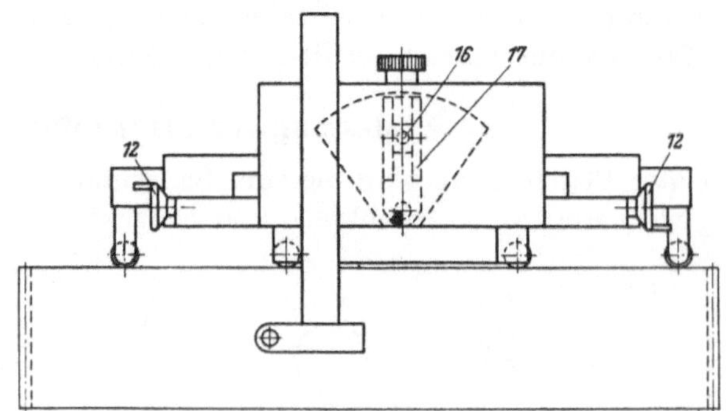

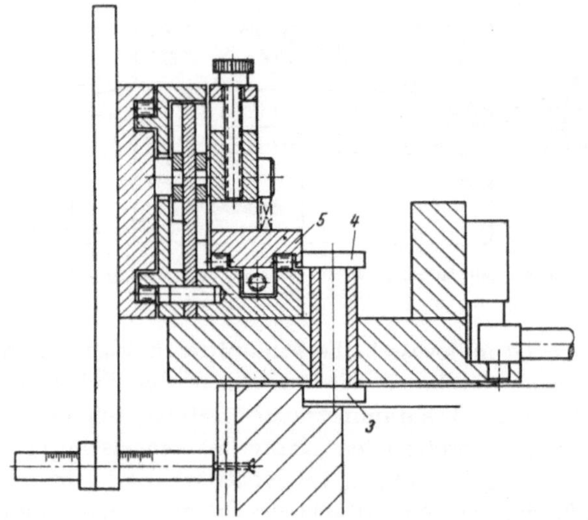

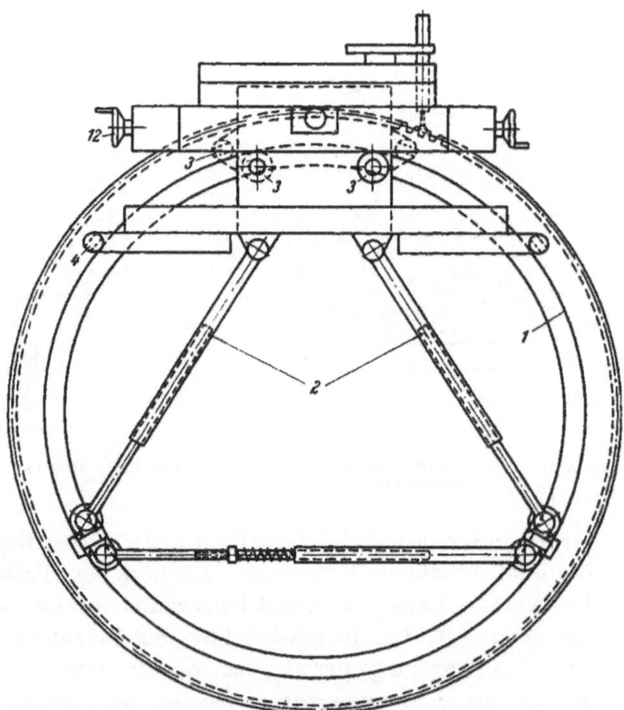

Abb. 5.20 u. 5.21. Schema des Evolventenprüfgerätes für große Räder. Nach KLINGELNBERG.

Verzahnung liegt. Ein federndes einstellbares Gestänge *2* drückt das Meßgerät mit Rollen *3* gegen diesen Basiskreis des Rades. Gleichachsig mit Rolle *3* drückt Rolle *4* gegen das als Schlitten *5* ausgebildete Wälzlineal. Bei geradliniger Verschiebung des Schlittens wälzt sich, über Rolle *4* getrieben, Rolle *3* am Basiskreis ab. Aus der geraden Schlittenbewegung und der drehenden

Abb. 5.22. Evolventen- und Zahnschrägenprüfgerät. Nach KLINGELNBERG.

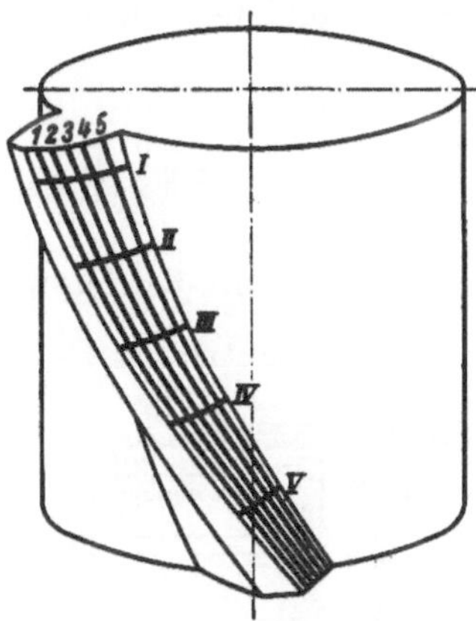

Abb. 5.23. Meßrichtungen in Zahnhöhe und Breite mit dem Gerät nach Abb. 5.20.

Wälzung auf dem Basiskreis erscheint die fehlerlose Evolvente als Bezugsgröße für die Abweichung der Flanke. Durch Einstellung von Hebeln wird der Unterschied zwischen Basiskreis und Grundkreis der Verzahnung ausgeglichen.

5. Messung der Flankenform in Richtung der Zahnbreite.

Fehler in Richtung der Zahnbreite werden als *Flankenrichtungs*fehler bezeichnet. Hauptsächlich wichtig ist dieser Begriff bei Schrägzahnrädern. Die Abweichung kann in Richtung der Tangential- oder Radialebene erfolgen (DIN 3960). Der erstere Fall wird in erster Linie betrachtet. Eine Abweichung im Sinne einer Rechtssteigung gilt als positiv, im Sinne einer Linkssteigung negativ. Es bedeutet also $-12\,\mu$ auf 100 mm, daß die Flanke eine Linksabweichung von $12\,\mu$ auf 100 mm Zahnbreite hat.

Ein Gerät, bei dem die Evolventenmessung in der Zahnhöhe und die Bestimmung der Flankenrichtung möglich ist, zeigt Abb. 5.22. Die Wälzbewegung ruft gleichzeitig eine axiale Verschiebung des Meßschlittens hervor, die so abgestimmt ist, daß der Taster eine ideale Schraubenlinie in bezug auf den Prüfling beschreibt. Ihre Abweichungen werden im Diagramm aufgetragen. In Abb. 5.23 zeigen die eingetragenen Meßlinien, daß die Flankenfläche in jeder Richtung bestimmt werden kann.

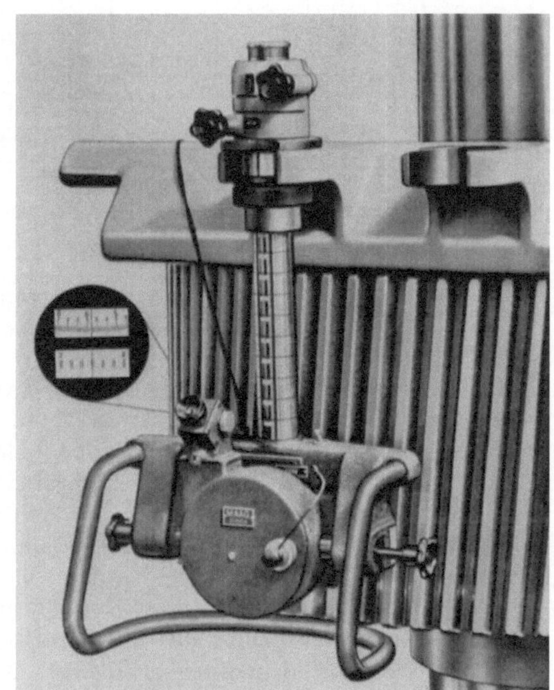

Abb. 5.24. Zahnschrägemeßgerät für große Räder. Nach MAAG.

Ein Gerät zur Messung der Flankenrichtung für Räder über 300 mm Durchmesser mit optischer Ablesung auf 2″ zeigt Abb. 5.24. Ein schweres Lineal wird auf die Stirnfläche des zu prüfenden Rades aufgesetzt und die eigentliche Meßnase durch leichten Federdruck gegen die zu prüfende Zahnflanke angelegt. Es wird der Schrägungswinkel β_g auf dem Grundkreis ermittelt. Die Messung kann an verschiedenen Stellen der Radbreite erfolgen.

6. Das Tragbild.

Eine einfache betriebsmäßige Prüfung wird durch Antuschieren der Zahnflanken und die Bildung des Tragbildes beim Abrollen mit dem Gegenrad oder einem Meisterrad beobachtet.

II. Kinematische Messungen.

Zur Beurteilung des betriebsmäßigen Verhaltens der Zahnräder genügt die Feststellung von Sammelfehlern, wenn die Betriebsverhältnisse durch Abrollen von Rad und Gegenrad nachgeahmt werden. Für den Austauschbau ist allerdings die Abrollung des Prüflings gegen ein „Meisterrad" erforderlich. Bei den geforderten Genauigkeiten der Getrieberäder ist es schwer, das Meisterrad noch genauer zu machen und vor allem in diesem Zustande zu erhalten. Verwendung finden Einflankenwälzprüfgeräte, Zweiflankenwälzprüfgeräte und Geräuschprüfmaschinen.

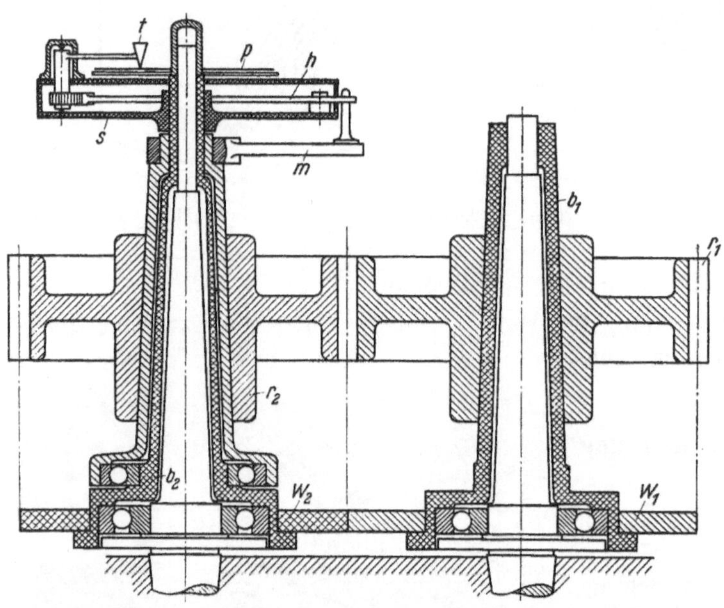

Abb. 5.25. Einflankenwälzprüfgerät nach SAURER. Übermittlung der fehlerfreien Drehung von Rad r_1 über Büchse b, Wälzkreisscheibe w_1 nach w_2 auf Scheibe s mit Hebel h. Übertragung von r_1 durch die Verzahnung auf Rad r_2 und den Mitnehmer m, der sich an Hebel h lehnt. Fehler in der Verzahnung ergeben Unterschiede der beiden Drehungen und damit eine Verschiebung des Mitnehmers m gegen den Hebel h, die vergrößert aufgezeichnet wird.

1. Einflankenprüfgerät.

1. Die Einflankenprüfgeräte erfordern nach dem Verfahren von SAURER für jedes der zu prüfenden Getrieberäder, die miteinander abrollen, eine besondere Scheibe von der genauen Größe des Wälzkreises. Die gegeneinander gedrückten Wälzkreise geben den aufgespannten Zahnrädern den betriebsmäßigen Achsabstand und lassen unter Berührung einer Flankenseite die Räder abrollen (Abb. 5.25). Es wird die fehlerfreie, durch die Wälzkreise als Reibräder übertragene Drehung mit der durch die zu prüfende Verzahnung geleiteten Bewegung verglichen. Ist die letztere ebenfalls genau, so ergibt das Schaubild einen Kreis, andernfalls weist die Linie Schwankungen auf. Stimmen die Wälzkreise nicht, so entsteht in der Aufzeichnung eine Spirale. Dies kann von Vorteil sein, weil sich dann mehrere Umläufe nicht überdecken.

2. Bei dem Einflankenprüfgerät nach BÜRGER [2.27] stellt das Meisterrad mit seiner feststehenden Grundkreisscheibe das Mittenrad eines Umlauftriebes dar, dessen Umlaufrad der Prüfling mit seiner Grundkreisscheibe ist (Abb. 5.26). Bei der als Stegdrehung wirkenden Drehung des Tisches wälzt sich einmal die Wälzscheibe des Prüflings auf der stehenden Scheibe des Meisterrades ab und außerdem die Verzahnung des Prüflings auf der des Meisterrades. Der Unterschied der Bewegungen ruft kleine Drehungen des Meisterrades hervor, die vergrößert auf ein Schreibwerk übertragen werden.

Der durch Einflankenprüfgeräte festgestellte Sammelfehler wird mit f_i bzw. F_i als Wälzsprung bzw. Wälzfehler (wie in Abb. 5.27b) bezeichnet.

2. Zweiflankenprüfgeräte.

Bei den Zweiflankenprüfgeräten ist das eine Rad — gegebenenfalls ein Meisterrad — drehbar um einen festen Bolzen, das andere Rad drehbar um einen Bolzen gelagert, der auf einem in Richtung der Mittelpunktslinie leicht verschiebbaren Schlitten befestigt ist. (Abb. 5.27). Durch eine Feder wird der Schlitten mit dem Rad gegen das zweite Rad gedrückt, so daß sich beide Flanken einer Lücke spielfrei mit denen des Gegenrades berühren. Der Achsabstand bei dieser Prüfung ist also immer kleiner als der betriebsmäßige Abstand. Werden die Räder gedreht, bewirken die Ungenauigkeiten der Flanken Verschiebungen des Schlittens, die an einer Meßuhr abgelesen werden können oder besser als Streifen- bzw. Kreisdiagramm des großen Rades aufgezeichnet werden. Der gemessene Sammelfehler wird beim Zweiflankenprüfgerät mit f_i'' bzw. F_i'' bezeichnet.

Obwohl bei diesen Wälzprüfgeräten an und für sich Sammelfehler gemessen werden, die den Einfluß verschiedener Einzelfehler aus Zahnform, Teilung und Rundlauf enthalten, läßt sich aus der Form der Schaubilder doch, wie in Abb. 5.28 gezeigt, auf das Vorhandensein und die Größe der Einzelfehler schließen [2.28].

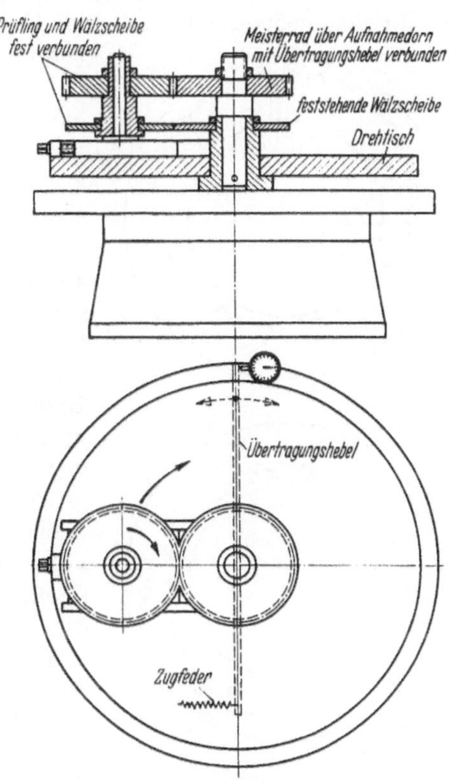

Abb. 5.26. Einflankenwälzprüfgerät nach BÜRGER Fehler F_i', f_i'.

Rundlauffehler sind bei Streifendiagrammen (Abb. 5.02) als Amplitude der dann stets sinusförmig verlaufenden Kurven bestimmt, bei Kreisdiagrammen aus der Exzentrizität der Lage. Bei Fehlern am großen Rad liegt die Diagrammlinie (Abb. 5.28a) als exzentrischer Kreis (Abb. 5.28b, gestrichelt), am kleinen Rad treten Ausläufer in der Anzahl nach der Übersetzungszahl i, in Abb. 5.28b also 3 auf. Nach den Abb. 5.28c, d und e sind bei einiger Übung aus der Form der Diagrammlinie auch die Fehlerarten der Einzelfehler zu erkennen.

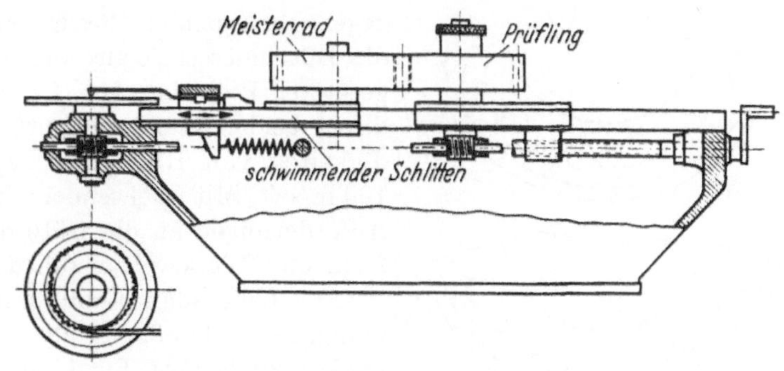

Abb. 5.27a. Zweiflankenwälzprüfgerät. Fehler F_i'', f_i''.

3. Laufprüfung.

Am meisten werden die Betriebsverhältnisse in Laufprüfmaschinen angenähert. Die auch nach dem Einbau im Getriebe miteinander kämmenden Räder werden in diese Maschinen gespannt und laufen dann zusammen. Die Antriebsdrehzahlen sind stufenlos regelbar, dadurch kön-

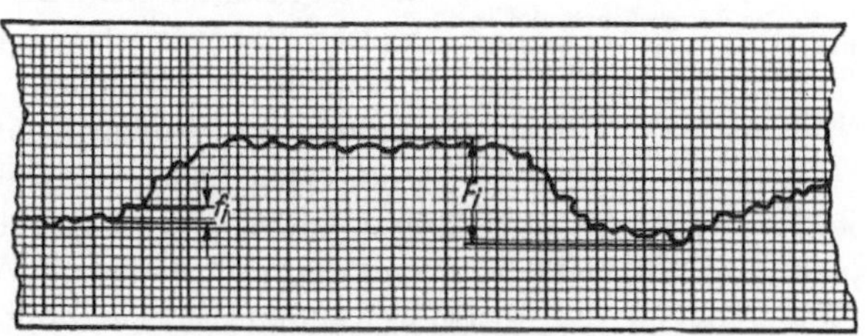

Abb. 5.27b. Wälzfehler F_i und Wälzsprung f_i im Streifendiagramm.

nen Resonanzen leicht festgestellt werden. Auch können die Räder während des Laufes belastet werden. Meist begnügt man sich mit dem Abhören der Geräusche, es können jedoch auch Schallmeßeinrichtungen oder Erschütterungsmessungen mit Kathodenstrahloszillographen vorgesehen werden.

Teil VI.

Beispiele von Getrieben.

a) Gehäuse und Lagerung.

Getriebe zur Unter- oder Übersetzung werden überwiegend als selbständige Einheit zwischen Antriebs- und Arbeitsmaschine gesetzt. Die *Gehäuse* sind bei Serienfertigung stationärer Getriebe aus Gußeisen, das schwingungsdämpfend wirkt. Im Fahrzeugbau finden Leichtmetallgehäuse Verwendung. Die äußerste Ersparnis an Gewicht mindert die Stabilität, außerdem treten größere Temperaturdehnungen auf. Beide Tatsachen müssen bei der Verzahnungsform berücksichtigt werden (Ballenträger). Bei großen Einheiten werden geschweißte Gehäuse aus wirtschaftlichen Gründen notwendig; kräftige Verrippung sorgt für die notwendige Steifigkeit und vergrößert die abkühlende Oberfläche. Für hochbeanspruchte Getriebe sind die Bohrungen für die Lager auf Horizontalbohrmaschinen genau fluchtend für jede Welle und bei Stirnrädern in paralleler Lage für An- und Abtriebswellen zu bohren. Bei Kegel-, Schraub- und Schneckengetrieben sind die vorgeschriebenen Richtungen der Wellen entsprechend genauestens einzuhalten. Es ist bei der Anordnung darauf zu achten, daß die Vertikalkomponenten der Zahnkräfte und die Eigengewichte großer Räder möglichst in dieselbe Richtung nach unten fallen, da andernfalls bei wechselndem Übergewicht der einen Kraft ein „Flattern" des Rades auftreten kann. Wenn z. B. ein einziges Ritzel gleichzeitig zwei auf gegenüberliegenden Seiten angeordnete Räder antreibt, sind die Durchmesser so anzuordnen, daß in dem Rade mit entgegengesetzter Richtung von Umfangskraft und Eigengewicht eine dieser beiden Kräfte eindeutig überwiegt. Die Umfangsgeschwindigkeiten von Hochleistungsgetrieben erreichen Werte bis zu 100 m/sek. Mit wachsender Umfangsgeschwindigkeit steigen die Anforderungen an die Güte der Verzahnung hinsichtlich Zahnform und Werkstattausführung.

Für Lebensdauer und Laufruhe sind die *Lager* weitgehend maßgebend. Großgetriebe werden mit Gleitlagern ausgeführt (Abb. 5.29, S. 114). Für kleinere Getriebe — etwa bis 500 PS und 15 m/sek — sind Wälzlager weitverbreitet [*2.29*]. Oft genügen einfache Rillenkugellager, die neben der Radial- auch Axialbelastung aufnehmen. Bei größeren Kräften und vor allem bei stoßweiser Beanspruchung empfehlen sich für Radialkräfte besonders Zylinderrollenlager. Noch stärkere radiale und axiale Kräfte werden in Pendelrollenlagern aufgenommen (Abb. 5.30, S. 115).

Auf *einer* Seite des Gehäuses sind diese Lager dann axial festzulegen. Bei Getrieben mit Pfeilverzahnung wird gewöhnlich die langsam laufende Welle durch die Lager axial festgelegt, während die rasch laufende Welle sich axial in der Verzahnung festlegt. Entsprechend der fortschreitenden Entwicklung der Nadellager werden auch diese in Getrieben angewendet, vor allem in den Fällen, wo kleine Durchmesser wünschenswert

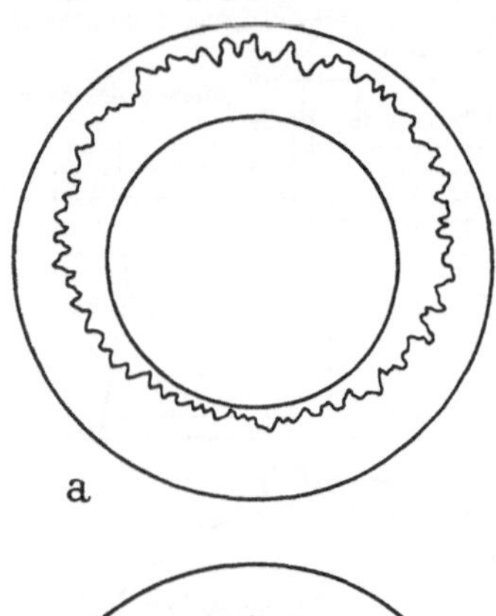

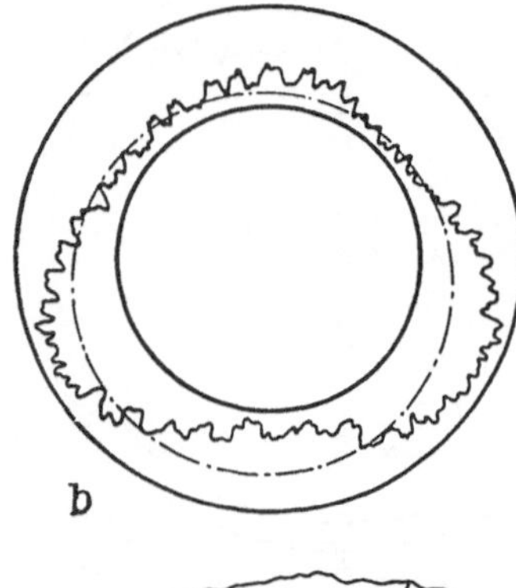

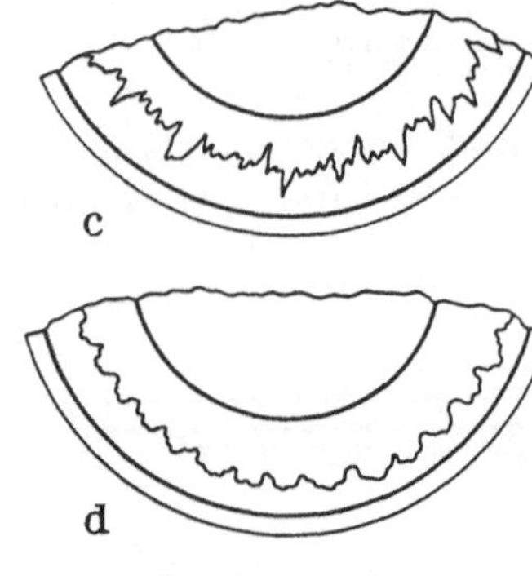

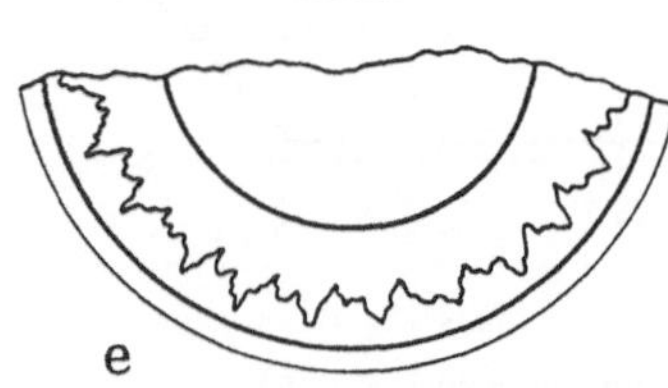

Abb. 5.28 a — e. Fehlerbild im Zweiflankenprüfgerät.
a Rundlauffehler des großen Rades an einem Radpaar $i = 1$; b Rundlauffehler des großen und kleinen Rades bei $i = 3$; c Teilungsfehler; d Zahnformfehler; e Grundkreisfehler.

sind. Abb. 5.31 (S. 115) zeigt ein rückkehrendes Umlaufgetriebe, in dem die Umlaufräder auf Nadellagern laufen.

Besonders sorgfältige Lagerung brauchen Kegelradgetriebe, da gewöhnlich das Ritzel fliegend angeordnet werden muß. Für große Getriebe müssen auch hier Gleitlager verwendet werden (Abb. 5.32, S.116). Das Ritzellager ist stets dicht an den verzahnten Kegel heranzuziehen. Besonders sorgfältig sind Spiralkegelradgetriebe mit ihren höheren Axialkräften zu lagern. Bei Wälzlagern ist spielfreie Lage der Ritzelwelle erforderlich. In Abb. 5.33 sind deshalb verspannte Kegelrollenlager zur Aufnahme von Radial- und Axialkräften verwendet. Die Welle des Tellerrades kann auch in Kegelrollen gelagert werden (Abb. 5.33, links, S. 118); es werden aber auch zweireihige Schrägkugellager zur Aufnahme von Radial- und Axialkräften zusammen mit einem Zylinderrollenlager auf der anderen Seite eingebaut (Abb. 5.33, rechts). Bei PKW-Getrieben finden sich fast ausschließlich spielfreie doppelreihige Schrägkugellager für die Ritzelwelle. Diese Lager werden neuerdings auch mit geteiltem Innenring geliefert [2.29]. Abb. 5.34 (S.118) zeigt ein Hypoidgetriebe eines PKW. Bei Verwendung von Wälzlagern wird die Herstellung des Gehäuses mit durchlaufender Bohrung in einem Durchmesser und die Montage wesentlich erleichtert, wenn die Wälzlager für die Ritzelwelle (Abb. 5.33) in eine besondere Büchse gelegt werden, die im ganzen in das Gehäuse gesetzt wird.

Bei *Schneckengetrieben* wird der Axialschub der Schneckenwelle bei nicht zu hohen Drehzahlen durch Scheibenrillenlager aufgenommen (Abb. 5.35, S. 119). Bei höheren Drehzahlen finden doppelreihige Schrägkugellager oder Kegelrollenlager wie bei Ritzelwellen von Spiralkegelrädern Anwendung. Die Radiallager für die Schnecke werden möglichst dicht an das Schneckenrad

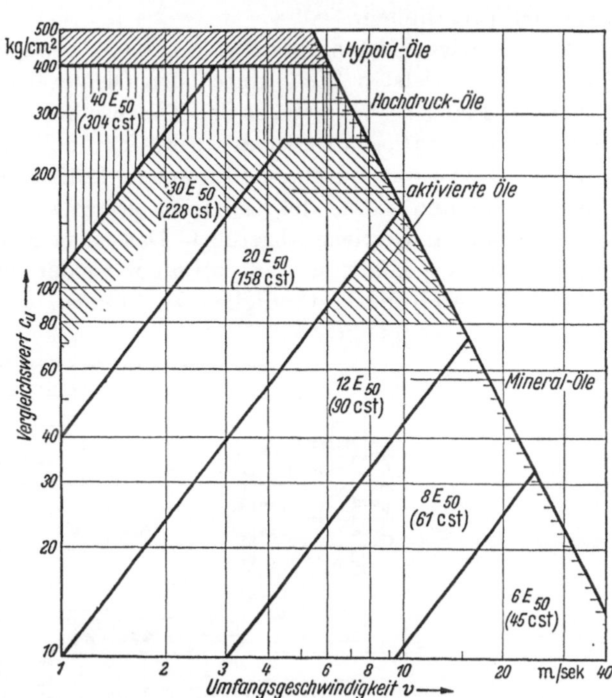

Abb. 5.38. Ölauswahl für Getriebe nach Wert c_u [Gl. (2.70)] und der Umfangsgeschwindigkeit v. Bei Schneckengetrieben wird statt v die Gleitgeschwindigkeit nach Gl. (4.41 c) zugrunde gelegt. (Angaben nach Dr. GG. HEIMANN.) Die Öltemperatur beträgt etwa 60°.

herangezogen [Beachtung der Gl. (4.54)]. Diese Bedingung läßt sich gut bei Nadellagern (Abb. 5.37, S. 119) ausführen, wenn die sonstige Beanspruchung nicht zu hoch ist.

b) Schmierung.

Bei der Schmierung der Getriebe tritt an den Zahnflanken „Grenzreibung" auf, da bisher reine Flüssigkeitsreibung nicht zu erreichen war. Es kommen vier Gruppen von Schmierölen in Frage: 1. Reine Mineralöle. 2. Gefettete („Aktivierte") Öle, die als Zusatz 2 bis 15% organische Fette enthalten. 3. Hochdrucköle, die mit Schwefel, Chlor oder Phosphor behandelt sind; sie bilden bei höherer Temperatur durch Abspaltung auf den Gleitflächen Metallverbindungen, welche die Haftung des Öles erhöhen. 4. Hypoidöle. Bei ihnen ist Schwefel an Bleiseifen gebunden, die auf der Gleitfläche schon bei Betriebstemperaturen eine Schutzschicht mit hoher Druckfestigkeit hervorrufen. Diese Öle greifen Rotguß chemisch an, so daß Lagerschalen oder Schneckenkränze aus Rotguß nicht mit ihnen in Berührung kommen dürfen. Bei Hypoidgetrieben sind diese Hypoidöle erforderlich.

Für die Auswahl eines Öles ist die wichtigste Kennzahl die *Viskosität*, die meist in Englergraden für 50°Temperatur (E_{50}) gemessen wird. Öle mit geringer Viskosität bis herab zu $E_{50} = 4,5$ bieten geringere innere Reibungsverluste, drücken sich aber unter Belastung leicht weg. Sie finden daher bei hohen Umfangsgeschwindigkeiten und geringen Belastungen Anwendung. Für große Drücke sind Öle mit höheren Viskositäten zu benutzen bis etwa $E_{50} = 25$. Das Schaubild in Abb. 5.38 (S. 113) zeigt den Anwendungsbereich der vier Ölgruppen und die wünschenswerten Viskositäten. Hierbei ist eine Öltemperatur von etwa 60° als Betriebstemperatur angenommen. Für höhere Betriebstemperaturen ist die Viskosität zu erhöhen und für tiefere Temperaturen zu ermäßigen.

Die gleiche Ölsorte soll für Schmierung der Lager und der Verzahnung des Getriebes brauchbar sein. Die Abhängigkeit der Viskosität von der Temperatur soll daher so steil verlaufen, daß das Öl bei den höheren Lagertemperaturen dünnflüssiger ist als in der weniger stark erwärmten Verzahnung.

Für niedrige Umfangsgeschwindigkeiten genügt Tauchschmierung, wobei die Zähne des Rades an der tiefsten Stelle durch den Ölspiegel laufen. Mit steigender Umlaufzahl wachsen dabei die „Plansch"-Verluste, so daß Tauchschmierung höchstens bis zu einer Umfangsgeschwindigkeit von 15 m/sek angewendet wird. Für hohe Geschwindigkeiten wird Umlaufschmierung gewählt. Das Öl wird durch eine Pumpe im kräftigen Strom den Lagern zugeführt und zwischen die eingreifenden Zähne des Getriebes gespritzt. Mit dem Ölstrom wird auch die Reibungswärme aus dem Getriebe abgeführt. Das zurückfließende Öl wird durch Filter gereinigt und gegebenenfalls gekühlt, so daß es immer wieder verwendet werden kann. Für solche Öle ist daher hohe Alterungsbeständigkeit zu fordern.

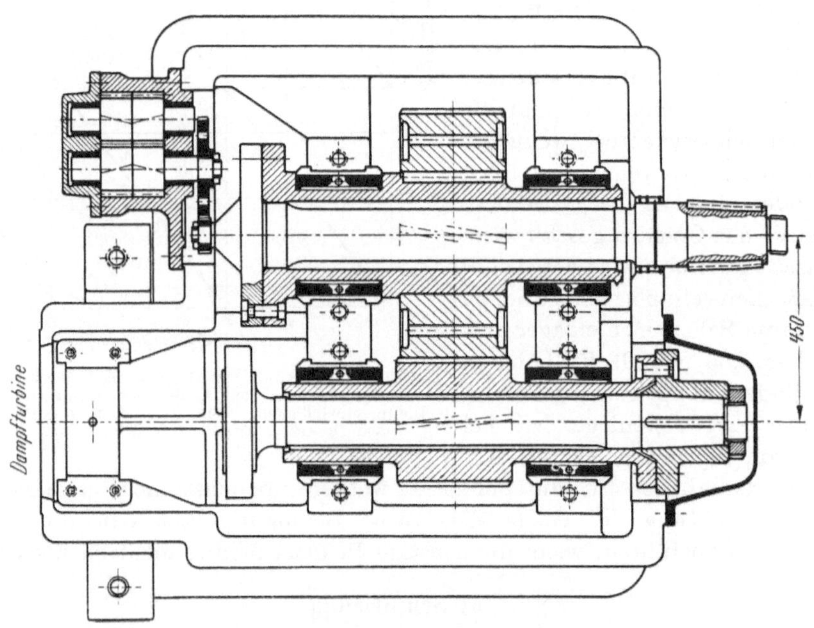

Abb. 5.29. Feststehendes Stirnradgetriebe der Firma Maag, Zürich.
$N = 11\,250$ PS; $n_1/n_2 = 6053{,}6/3000$ Uml/min; $z_1/z_2 = 53/107$; $m_n = 5{,}5$; β_0 etwa 12°.

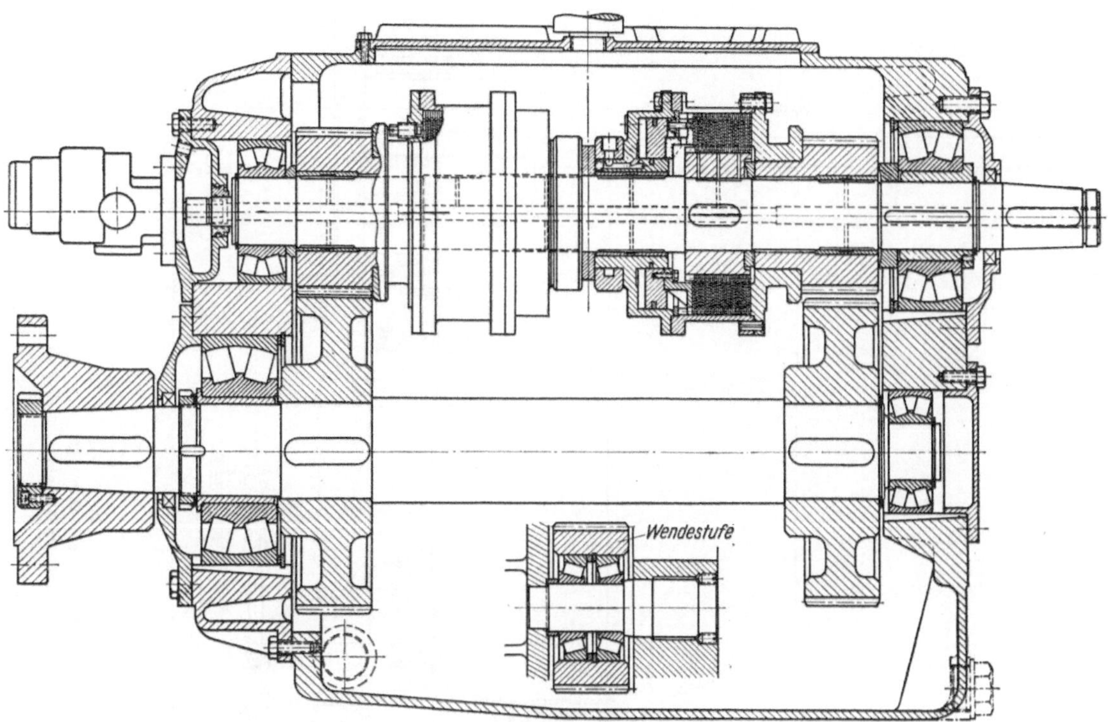

Abb. 5.30. Druckölgesteuertes Schiffswendegetriebe der Firma Lohmann und Stolterfoht.
$N = 300$ PS; $n_1/n_2 = 1800/900$ Uml/min; $\beta_0 = 16°15'25''$.
Vorwärtsgang $m_n = 4$ mm; $z_1/z_2 = 40/80$; Rückwärtsgang $m_n = 4$ mm; $z_3/z_4 = 38/76$ mit Zwischenrad $z = 41$.

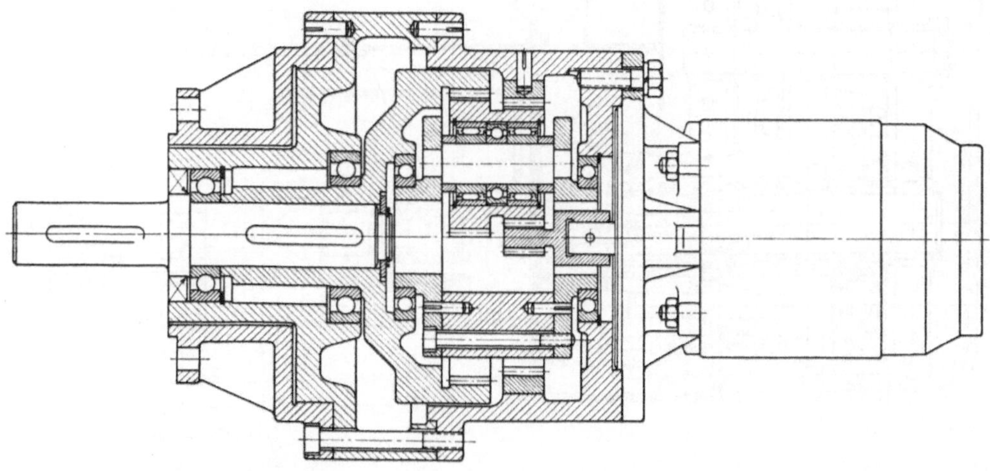

Abb. 5.31. Rückkehrendes Umlaufgetriebe (s. Bd. I). Die Umlaufräder laufen auf Nadellagern, der Axialschub ihrer Schrägverzahnung wird durch das dazwischenliegende Rillenkugellager aufgenommen, das durch Freilegung des Außenringes im Gehäuse nur Axialschub aufnimmt. Für das Nadellager Wellensitz k 5-Bohrung im Zahnrad M 7 (Industriewerk Schaeffler).

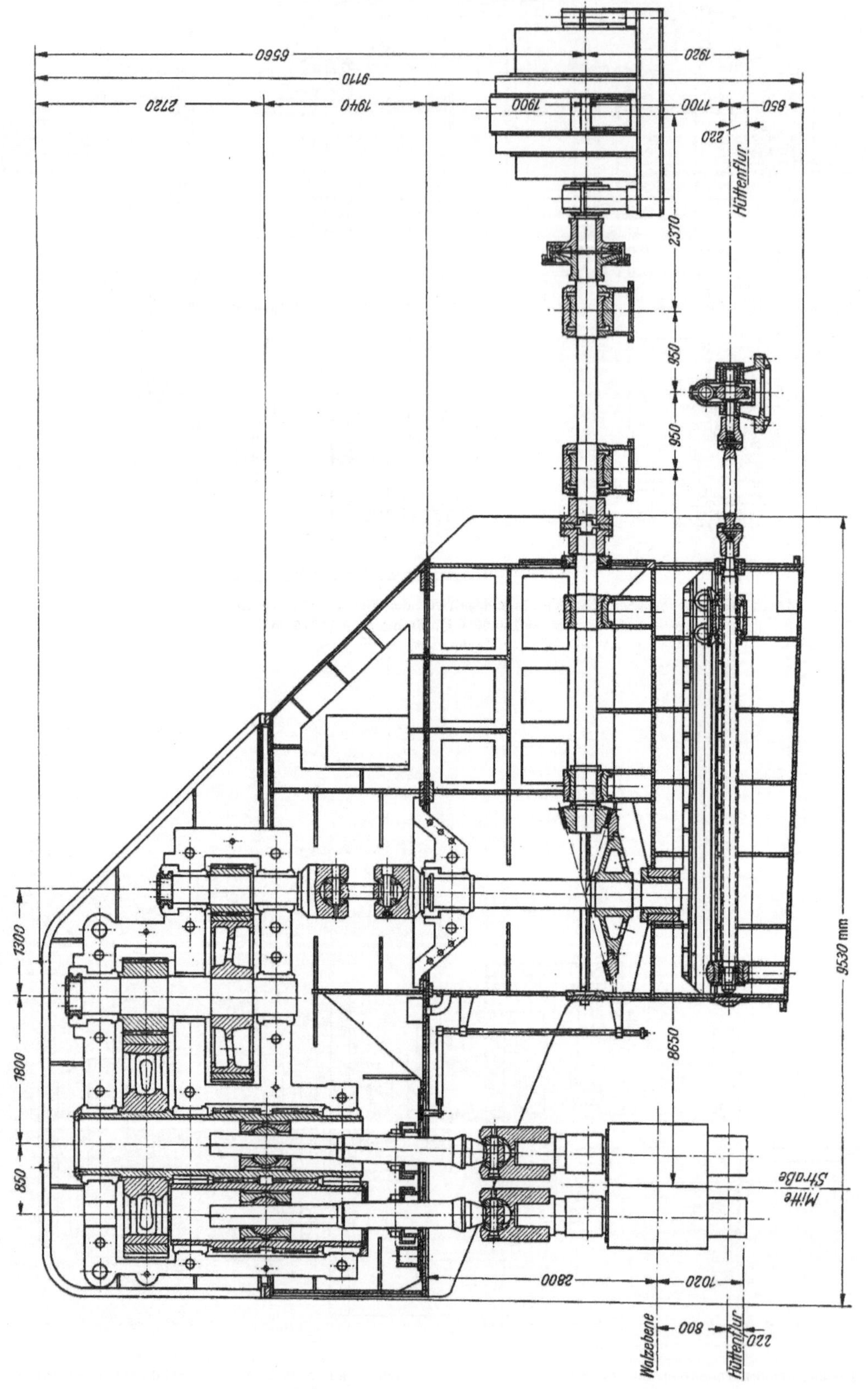

Abb. 5.32a. Antrieb einer schweren, kontinuierlichen Knüppelstraße der Firma Sack G.m.b.H. $N = 1800$ PS normal, 3000 PS stoßweise; $n_1/n_2 = 375/105,5$ Uml/min. Werkstoff MnSi-Stahl.

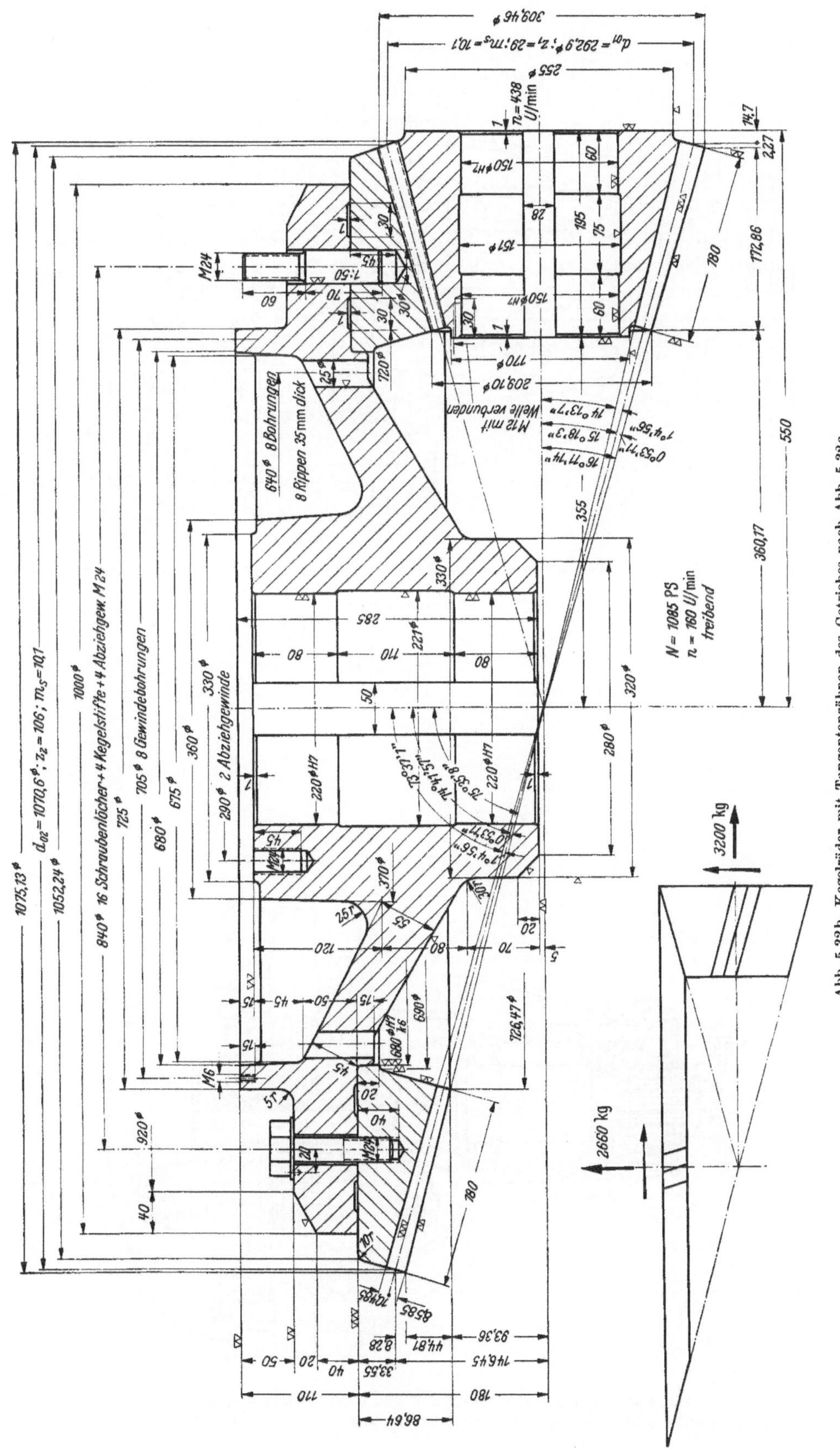

Abb. 5.32b. Kegelräder mit Tangentenzähnen des Getriebes nach Abb. 5.32a.

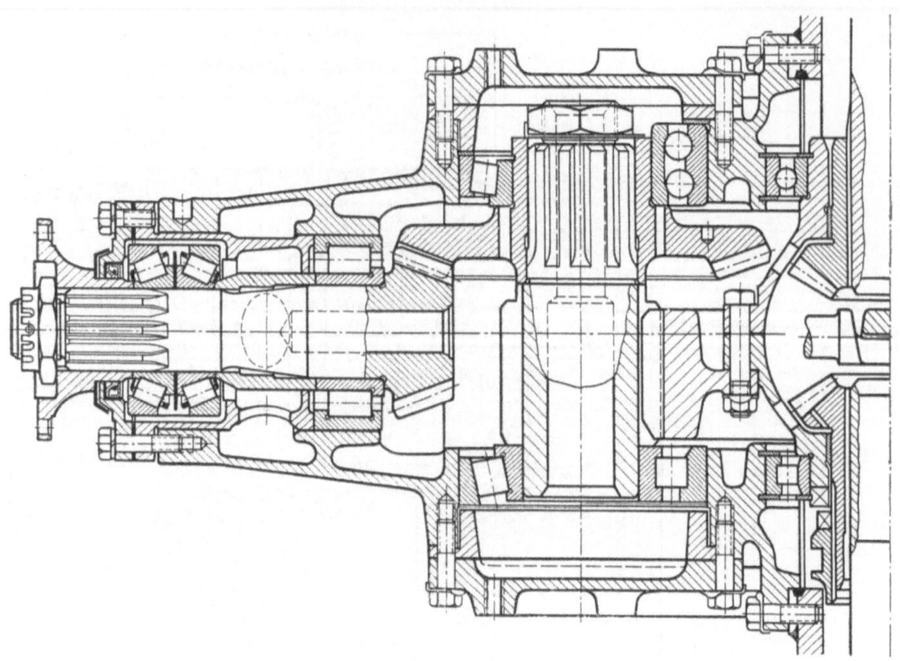

Abb. 5.33. Hinterachsgetriebe eines Schwerlastwagens (Titan) der Firma Südwerke GmbH, Essen. Kegelradgetriebe mit Palloidverzahnung.
$N = 120$ PS; Kegeltrieb $m_n = 7$; $z_1/z_2 = 11/27$.; Stirnraduntersetzung hinter den Kegelrädern 13/41 oder 12/42.

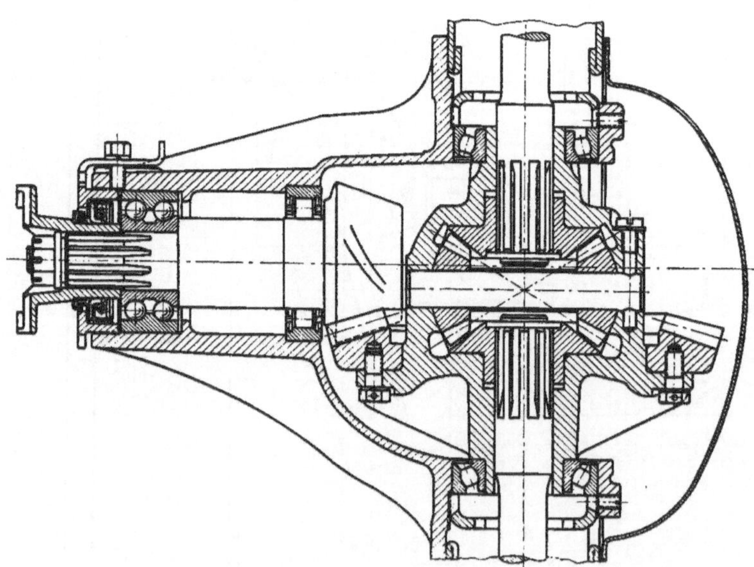

Abb. 5.34. Hypoidgetriebe eines PKW mit Gleason-Kreisbogenverzahnung.
$z_1/z_2 = 10/41$; Diametral-Pitch 4,97 (Stirnmodul 5,11 mm); Tellerraddurchmesser $8^1/_4''$ (209,3 mm); Achsversetzung $a_v = 1^1/_2''$.

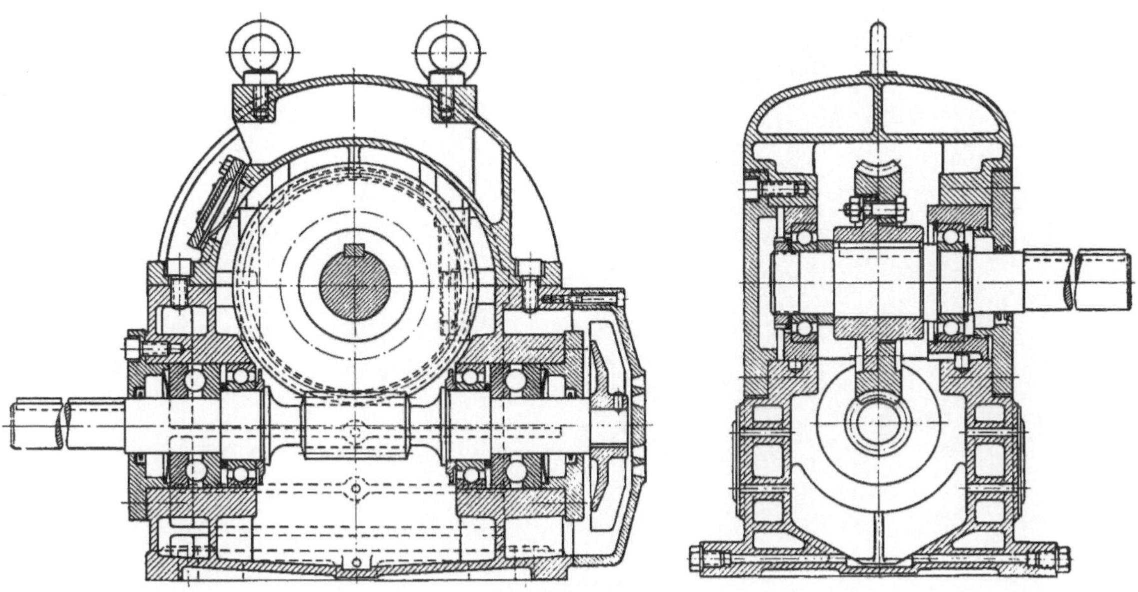

Abb. 5.35

Abb. 5.36

Abb. 5.35 u. 5.36. Schneckengetriebe für hohe Raumleistung mit Bläser. Das Gehäuse ist doppelwandig ausgeführt, die durch den Bläser angesaugte Luft wird durch den Mantel zur Kühlung geblasen (FLENDER, Bocholt).

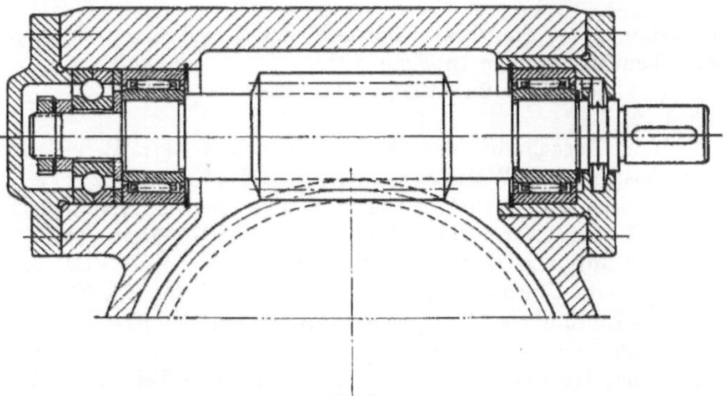

Abb. 5.37. Lagerung einer Schneckenwelle mit Nadellagern zur Aufnahme der radialen Belastung und eines Dreipunktlagers für die axialen Kräfte (Industriewerk Schaeffler).

Schrifttum.

[*2.00*] NIEMANN u. GLAUBITZ: Schrägverzahnte schmale Stirnräder. Z. VDI Bd. 93 (1951) S. 215.

[*2.01*] BUCKINGHAM, E.: Manual of Gear Design. Machinery. New York 1937.

[*2.02*] WEBER, CONSTANTIN: Formänderung und Profilrücknahme bei gerad- und schrägverzahnten Rädern. Antriebstechnik Heft 11. Braunschweig: Vieweg & Sohn.

[*2.03*] POCKRANDT, W.: Teilkopfarbeiten, 4. Aufl. Werkstattbücher Heft 5. Berlin/Göttingen/Heidelberg: Springer 1949.

[*2.04*] DUBBEL: Gegenlauf-Gleichlauf-Fräsen. Dubbel's Taschenbuch für den Maschinenbau, 11. Aufl. S. 610. Berlin/Göttingen/Heidelberg: Springer 1953.

[*2.05*] LINDNER: Die Beanspruchung von Schrägverzahnungen auf Walzenpressung. Industrie-Anz. Bd. 76 (1955) S. 77. Essen: Girardet.

[*2.06*] TRBOJEVICH, NIKOLA: Amer. Mach. Eur. Bd. 59 (1923) S. 647.

[*2.07*] KRUMME, WALTER: Die Berechnung von Kleinkegelrädern mit Zyklo-Palloid-Verzahnung. Z. VDI Bd. 97 (1955) S. 207.

[*2.08*] BÖTTCHER: Vom Spiralkegelrad zur zyklischen Pfeilverzahnung. Maschinenbau 1927 S. 103.

[*2.09*] OLIVIER: Théorie des engrenages. Amer. Mach. 1890.

[*2.10*] WEBER, CONSTANTIN: Belastungsgrenzen bei gerad- und schrägverzahnten Stirnrädern. Antriebstechnik Heft 5. Braunschweig: Vieweg & Sohn.

[*2.11*] LINDNER: Die Spanleistung des Wälzfräsers. Z. VDI Bd. 97 (1955) S. 877.

[*2.12*] TOUSSAINT: Das Hobeln von Pfeilrädern auf der Sykes-Zahnradhobelmaschine. Z. VDI Bd. 59 (1917) S. 306. — HOFER: Die Sykes-Doppelschraubenradschneidmaschine. Maschinenbau 1926 S. 705.

[*2.13*] LINDNER: Berechnung, Eigenschaften und Herstellung von Kegelschraubgetrieben mit Palloidverzahnung. Berlin: VDI-Verlag 1943.

[*2.14*] POHL: Zahnradschabmaschinen. Werkstattstechnik 1935 S. 436.

[*2.15*] NOLD: Zahnradschaben. Maschinenbau 1941 S. 377.

[*2.16*] HIERSIG, H. M.: Geometrie und Kinematik der Evolventenschnecke. Forschung Bd. 20 Heft 6.

[*2.17*] LINDNER: Welches Getriebe ist für winklige Achsen zu verwenden? Anz. Maschinenw. Bd. 64 (1942) Heft 37, S. 8.

[*2.18*] INGRISCH: Untersuchung der Eingriffsverhältnisse bei der Evolventenschnecke. Dissertation an der Deutschen Technischen Hochschule in Prag 1927.

[*2.19*] ALTMANN: Schraubengetriebe. Berlin: VDI-Verlag 1932.

[*2.20*] VDI-Forsch.-Heft 4.12.

[*2.21*] VOGEL: Die analytische Berechnung der Gewindedrehstähle usf. Werkstattstechnik 1933 S. 275.

[*2.22*] LINDNER: Die Spanleistung des Wälzfräsers. Z. VDI Bd. 97 (1955) S. 877.

[*2.23*] KLINGELNBERG: Technisches Hilfsbuch, 13. Aufl. S. 794. Berlin/Göttingen/Heidelberg: Springer 1953.

[*2.24*] The construction of Hindley worm gear. Amer. Mach. 1897, März, April.

[*2.25*] ALTMANN: Fortschritte auf dem Gebiet der Schneckengetriebe. Z. VDI Bd. 83 (1939).

[*2.26*] KECK, K. F.: Das Gleason-Unitool-Verfahren. Werkst. u. Betr. Bd. 89 (1956) S. 397.

[*2.27*] BÜRGER, K.: Ein neues Einflanken-Abrollprüfgerät für Zahnräder. Werkstattstechnik Bd. 36 (1942) S. 54.

[*2.28*] ZIEHER: Die Einzelfehler von Evolventen-Stirn- und -Kegelrädern im Fehlerschaubild der Ein- und Zweiflankenwälzprüfung. Werkstattstechnik u. Maschinenbau Bd. 42 (1952) S. 242.

[*2.29*] HAMPP: Wälzlager in Getrieben. Z. VDI Bd. 97 (1955) S. 861.

[*2.30*] HAGEN, W.: Die Oberflächengüte feinbearbeiteter Zahnflanken. Z. VDI Bd. 98 (1956) S. 319 bis 328.

Teil VII.

Tafel-Anhang.

Tafel XX.

Berechnungsbeispiel. Schrägzahngetriebe.

Getriebe 12/36: $N = 40\ \text{PS}$; $n_1 = 2000\ \text{Uml/min}$; Werkstoff 16 MnCr 5 gehärtet.
$\alpha_n = \alpha_0 = 20°$; $i = z_2/z_1 = 3$; Qualität 6 (DIN 3962).

Spalte	Nach Gl ( ) Abb. Tafel	Bez.	V-Getriebe (LF-Verzahnung)	O-Getriebe (DIN)
			A. Herstellungsabmessungen.	
			Gewählt: $c_b = 13,3$; Bd. I, S. 95; $b = 13,3 \cdot 3 = 40\ \text{mm}$	
1	(2.69)	m_n	$\sqrt[3]{\dfrac{43\,600 \cdot 40}{12 \cdot 150 \cdot 13,3 \cdot 2000}} = 0,318 \sim 3\ \text{mm}$	
2	3.08	β_0	$n_t = 1$; $\beta_0 \sim 14°$	$n_1 = 2$, $\beta_0 \sim 28°$
3	(3.27)	$z_{n1}; z_{n2}$	$13/\cos^3 14° = 13,15$; $z_{n2} = 3 \cdot 13,25 = 39,45$	$z_{n2} = 12/\cos^3 28° = 17,4$, $z_{n2} = 3 \cdot 17,4 = 52,2$
4	2.37	$x_1; x_2$	LF-Verzahnung bei $z_{n1} = 13,15$ $x_1 = 0,55$; $x_2 \sim 0$	$x_1 = 0$, $x_2 = 0$
5	(3.01)	α_{s0}	$\text{tg}\ a_{s0} = 0,3640/\cos 14° = 0,3755$; $\alpha_{s0} = 20° 35'$	$0,3640/\cos 28° = 0,4125$; $\alpha_{50} = 22° 25'$
6	(3.11)	α_{sb}	$\text{ev}\ \alpha_{sb} = 2\,(0,55 + 0)\,\text{tg}\,20° 35'/(12 + 36)$ $+ \text{ev}\,20° 35' = 0,02491$ $23° 34'$	$22° 25'$
7	(3.09)	a_{s0}	$(12 + 36)\,3/2 \cos 14° = 74,205$	$(12 + 36)\,3/2 \cos 28° = 81.46$
8	(3.12)	a_{sv}	$74,205 \cos 20° 35'/\cos 23° 34' = 75,79$	—
9		s_k	$0,2 \cdot 3 = 0,6$	$0,6$
10	(1.62 a)	h_{f1}	$3\,(1 + 0\,2 - 0,55) = 1,95$	$3\,(1 + 0,2) = 3,6$
11	(1.62 a)	h_{f2}	$3\,(1 + 0,2) = 3,6$	$3,6$
12	(1.62 b)	h_{k1}	$(75,79 - 74,21) + 3 \cdot 1 = 4,58$	$3,0$
13		h_{k2}	$(75,79 - 74,21) + 3\,(1 - 0,55) = 2,93$	$3,0$
14	(3.05)	d_{s01}	$3 \cdot 12/\cos 14 = 37,10$	$3 \cdot 12/\cos 28 = 40,77$
15		d_{s02}	$3 \cdot 37,10 = 111,3$	$3 \cdot 40,77 = 122,31$
16	(1.63)	d_{sk1}	$37,10 + 2 \cdot 4,58 = 46,26$	$40,77 + 2 \cdot 3 = 46,77$
17		d_{sk2}	$111,3 + 2 \cdot 2,93 = 117,16$	$122,32 + 2 \cdot 3 = 128,32$
			B. Grundwerte der Verzahnungseigenschaften (Überdeckung).	
18	(3.02)	d_{sg1}	$37,10 \cdot \cos 20° 35' = 34,73$	$40,77 \cdot \cos 22° 25' = 37,694$
19		d_{sg2}	$3 \cdot 34,73 = 104,19$	$3 \cdot 37,694 = 113,08$
20	(1.34)	α_{sk1}	$\cos \alpha_{sk1} = 34,73/46,26$; $\alpha_{sk1} = 41° 10,5'$	$37,694/46,77$ $36° 18'$
21		α_{sk2}	$= 104,19/117,16$; $\alpha_{sk2} = 27° 13'$	$113,08/128,32$ $28° 13'$
22	(1.65 b)	$\text{tg}\ \alpha_{su1}$	$(3 + 1)\,\text{tg}\,23° 34' - 3\,\text{tg}\,27° 13' = 0,2004$	$4\,\text{tg}\,22° 25' - 3\,\text{tg}\,28° 13' = 0,0402$
23	3.16	ε_p	$(\text{tg}\,41° 10,5' - 0,2004)\,12/2\pi = 1,298$	$(\text{tg}\,36° 18' - 0,0402)\,12/2\pi = 1,326$
24	(3.18 b)	ε_s	$40 \cdot \sin 14°/3\pi = 1,021$	$40 \sin 28°/3\pi = 1,984$
25	(3.19)	ε_g	$1,298 + 1,021 = 2.32$	$1,326 + 1,984 = 3.31$

Spalte	Nach Gl. ( ) Abb. Tafel	Bez.	V-Getriebe (LF-Verzahnung)	O-Getriebe (DIN)

C. Beanspruchung.

1. Biegungsfestigkeit.

Zahnstärkefaktor q_s a) Zahnstärke des Ritzels im Fuß (Normalschnitt).

Spalte	Nach Gl. ( )	Bez.	V-Getriebe (LF-Verzahnung)	O-Getriebe (DIN)
26	(3.31 a)	$r_{n g 1}$	$3 \cdot \cos 20° \cdot 13{,}15/2 = 18{,}54$	$3 \cdot \cos 20° \cdot 17{,}4/2 = 24{,}55$
27	I, S. 44 Zeile 13	$r_{n u 1}$ (r_i)	$d_{n\,0}/2 - m\,(1 - x_1) = 13{,}15 \cdot 3/2 - 3\,(1 - 0{,}55) = 18{,}37$	$16 \cdot 3/2 - 3 = 21$
28	(3.31 b)	$\cos \alpha_{n u 1}$	$r_{n u 1} \sim r_{n g 1}$, mithin $\alpha_{n u 1} = 0$	$r_n < r_{n g 1}$
29	(3.29)	$\mathrm{ev}\,\alpha_{n g 1}$	$2 \cdot 0{,}55\,\mathrm{tg}\,20°/13{,}15 + \pi/(2 \cdot 13{,}15) + \mathrm{ev}\,20° = 0{,}1557$	$\pi/(2 \cdot 17{,}4) + \mathrm{ev}\,20° = 0{,}1052$
30	(1.48 a)	$s_{n g 1}$	$0{,}1557 \cdot 2 \cdot 18{,}54 = 5{,}76$	$0{,}1052 \cdot 2 \cdot 24{,}55 = 5{,}2$
31	(1.48 b)	$s_{n u 1}$	$\sim 5{,}7$	$\sim 5{,}2 \cdot 21/24{,}55 \sim 4{,}4$

b) Zahnstärke des Rades im Fuß (Normalschnitt).
(Diese Nachrechnung im allgemeinen nicht erforderlich.)

Spalte	Nach Gl. ( )	Bez.	V-Getriebe (LF-Verzahnung)	O-Getriebe (DIN)
32		$r_{n g 2}$	$i \cdot r_{n g 1} = 3 \cdot 18{,}54 = 55{,}62$	$3 \cdot 24{,}25 = 72{,}75$
33	I, S. 44	$r_{n u 2}$	$d_{n\,0 2}/2 - m = 39{,}45 \cdot 3/2 - 3 = 56{,}2$	$52{,}2 \cdot 3/2 - 3 = 75{,}3$
34	(3.31 b)	$\cos \alpha_{n u 2}$	$55{,}62/56{,}2 = 0{,}991, \quad 7° 41'$	$72{,}75/75{,}3 = 0{,}966; \; 14°59'$
35	(3.29)	$\mathrm{ev}\,\alpha_{n g 2}$	$\pi/(2 \cdot 39{,}45) + \mathrm{ev}\,\alpha_0 = 0{,}05389$	$\pi/(2 \cdot 48) + \mathrm{ev}\,\alpha_0 = 0{,}04498$
36	(3.32)	$s_{n u 2}$	$(0{,}054704 - \mathrm{ev}\,7° 41') \cdot 2 \cdot 56{,}2 = 6{,}07$	$(0{,}04498 - \mathrm{ev}\,14° 54') \cdot 2 \cdot 75{,}3 = 5{.}86$

Maßgebend ist in beiden Fällen der schwächere Ritzelfuß.

c) Hebelarm u_s der Zahnkraft N.

Spalte	Nach Gl. ( )	Bez.	V-Getriebe (LF-Verzahnung)	O-Getriebe (DIN)
37	(3.39 b)	$\mathrm{tg}\,\alpha_{s N 1}$ $\alpha_{s N 1}$	$0{,}2004 + 2{,}5/12 \cos^2 20° 35' = 0{,}4382$ $23° 40'$	$0{,}0402 + 2{,}5/12 \cos^2 22° 25' = 0{,}2845$ $15° 53'$
38	Sp. 14	$2\,r_{s u}$	$d_{s 0 1} - 2 m_n\,(1 - x) = 37{,}1 - 2 \cdot 3\,(1 - 0{,}55) = 34{,}4$	$40{,}77 - 2 \cdot 3 = 34{,}77$
39		$r_{s N}$	$r_{s g}/\cos \alpha_{s N} = 34{,}73/2 \cos 23° 40' = 18{,}95$	$37{,}69/2 \cos 15° 53' = 19{,}5$
40	3.40	u_s	$18{,}95 - 34{,}4/2 = 1{,}75$	$19{,}5 - 34{,}77/2 = 2{,}1$

d) Zahnstärke im Angriffspunkt von N.

Spalte	Nach Gl. ( )	Bez.	V-Getriebe (LF-Verzahnung)	O-Getriebe (DIN)
41	(3.01)	$\alpha_{n N 1}$	$\mathrm{tg}\,\alpha_{n N 1} = \mathrm{tg}\,\alpha_{s N 1} \cos \beta_0 = 0{,}4382 \cdot \cos 14° = 0{,}4245; \; \alpha_{n N 1} = 23° 0'$	$0{,}2845 \cdot \cos 28° = 0{,}25; \quad 14° 2'$
42	Sp. 26	$r_{n N 1}$	$r_{n g 1}/\cos \alpha_{n N 1} = 18{,}54/\cos 23° = 20{,}15$	$24{,}55/\cos 14° 2' = 25{,}1$
43	(3.32)	$s_{n N 1}$	$(0{,}1557 - \mathrm{ev}\,23°)\,2 \cdot 20{,}15 = 5{,}3$	$(0{,}1052 - \mathrm{ev}\,14° 2')\,2 \cdot 25{,}1 = 5{,}09$
44	(1.49 a)	σ_n^0	$57{,}3 \cdot 5{,}3/18{,}54 = 16° 24'$	$57{,}3 \cdot 5{,}09/24{,}55 = 11° 51'$
45	(3.42)	q_s	$\dfrac{3}{5{,}7} \cdot \cos\left(23 - \dfrac{16° 24'}{2}\right) \times \sqrt{\left[\dfrac{6}{5{,}7} \cdot 1{,}75 - 4 \cdot \mathrm{tg}\,14°48'\right]^2} + 3{,}06 = 0{,}97$	$\dfrac{3}{4{,}4} \cdot \cos\left(14° 2' - \dfrac{11° 51'}{2}\right) \times \sqrt{\left[\dfrac{6}{4{,}4} \cdot 2{,}1 - 4 \cdot \mathrm{tg}\,8° 7'\right]^2} + 3{,}06 = 2{,}9$

e) Größe der Biegungsbelastung.

Spalte	Bez.		
46	v	$37{,}1/1000 \cdot \pi \cdot 2000/60 = 3{,}885$	m/sek
47	u_s	$N \cdot 75/v = 40 \cdot 75/3{,}885 = 773 \qquad f_t = 7\,\mu$ (DIN 3962)	kg

Spalte	Nach Gl. ( ) Abb. Tafel	Bez.	V-Getriebe (LF-Verzahnung)	O-Getriebe (DIN)
48	(3.35) 3.13	N_d	$\dfrac{6{,}6 \cdot 3{,}885\,(773 + 40 \cdot 7 \cdot 1{,}115)}{6{,}6 \cdot 3{,}885 + \sqrt{773 + 40 \cdot 7 \cdot 1{,}115}} \cdot \dfrac{1}{\cos 20° 34'} = 509$	$\dfrac{6{,}6 \cdot 3{,}89\,(773 + 40 \cdot 7 \cdot 0{,}92)}{6{,}6 \cdot 3{,}89 + \sqrt{773 + 40 \cdot 7 \cdot 0{,}92}} \cdot \dfrac{1}{\cos 22°25'} = 493$ kg
49		N	$509 + 773/\cos 14° \cos 20° 35' = 1360$	$493 + 773/\cos 28 \cos 22° 25' = 1440$ kg
50	(3.37)	c_v	$\sqrt{2{,}32} - (6/8)^2 = 1{,}0$	$\sqrt{3{,}31} - (6/8)^2 = 1{,}26$
51a	(3.25)	l_b	$2 \cdot 1{,}298 \cdot 3 \cdot \pi/\sin (2 \cdot 14°) = 52$	$2 \cdot 1{,}326 \cdot 3 \cdot \pi/\sin 56° = 30{,}2$ mm
51b	(3.41)	b_t	$52 + 2 \cdot 3 = 58{,}0 \rightarrow 40/\cos 14 = 41{,}3$	$30{,}2 + 6 = 36{,}2 \rightarrow 40/\cos 28 = 45{,}3$
52	(3.44)	v	$\dfrac{b_t \cdot m_n \cdot \sigma_D \cdot c_v}{N \cdot q_s \cdot \beta_k} = \dfrac{41{,}3 \cdot 3 \cdot 80 \cdot 1{,}0}{1360 \cdot 0{,}97 \cdot 2{,}85} = 2{,}65$	$= \dfrac{36{,}2 \cdot 3 \cdot 80 \cdot 1{,}26}{1440 \cdot 2{,}9 \cdot 2{,}85} = 0{,}92$ unzureichend

2. Walzenpressung (bezogen auf α_{ei}).

Spalte	Nach Gl. ( ) Abb. Tafel	Bez.	V-Getriebe (LF-Verzahnung)	O-Getriebe (DIN)
53	(1.71 a)	$\operatorname{tg} \alpha_{sei_1}$	$\operatorname{tg} 41° 10{,}5' - 2\pi/12 = 0{,}352$	$\operatorname{tg} 36° 18' - 2\pi/12 = 0{,}2096$
54	(1.65 a)	$\operatorname{tg} \alpha_{sea_2}$	$(1 + 1/3)\,\operatorname{tg} 23° 34' - 1/3 \cdot 0{,}352 = 0{,}4640$	$1{,}333 \cdot \operatorname{tg} 22° 25' - 1/3 \cdot 0{,}2096 = 0{,}48$
55	(3.03 a)	$\operatorname{tg} \beta_g$	$\operatorname{tg} 14° \cdot \cos 20° 35' = 0{,}242;\quad 13° 36'$	$\operatorname{tg} 28° \cdot \cos 22° 25';\quad 26° 12'$
56	(3.33)	$1/\varrho_{ni}$	$2 \cdot \cos 13° 36'\,(1/0{,}352 + 1/3\,(0{,}464))/34{,}73 = 1/5{,}02$	$2 \cdot \cos 26° 12'\,(1/0{,}2096 + 1/3(0{,}48))/37{,}69 = 1/3{,}85$
57	(3.38 a)	p_{max}	$60{,}6\,\sqrt{1360/(52 \cdot 1{,}0 \cdot 5{,}02)} = 138 < 180$ v (Sp. 52) und p_{max} gestatten kleineres Getriebe, z. B. 11/33	$60{,}6\,\sqrt{1440/(30{,}2 \cdot 1{,}26 \cdot 3{,}85)} = 191 > 180$ Zulässiger Wert überschritten

3. Wärmestau.

Spalte	Nach Gl. ( ) Abb. Tafel	Bez.	V-Getriebe (LF-Verzahnung)	O-Getriebe (DIN)
58	(3.45 a)	c_{wd}	$(509 \cdot \cos 14° + 773)/773 = 1{,}638$	$(493 \cdot \cos 28° + 773)/773 = 1{,}56$
59	(3.45 b)	c_{wr}	$0{,}2\,(1/12 + 1/36) = 0{,}022$	$0{,}022$
60	(3.46)	N_n	$3 \cdot 12 \cdot 40/10\,(1{,}638 + 0{,}022) = 87 > 40$ Sicherheit $87/40 = 2{,}18$	$3 \cdot 12 \cdot 40/10\,(1{,}56 + 0{,}022) = 90 > 40$

Tafel XXI.

Berechnung eines Kegelrades für Flanken mit Archimedischer Spirale.

Gegeben: Achswinkel $\delta = 90°$; $z_1/z_2 = 14/56$; $m_n = 10$; $\alpha_n = 20°$; $\mathrm{tg}\,\delta_1 = 14/56$; $\delta_1 = 14°\,2'$; $\delta_2 = 90° - 14°\,2' = 75°\,58'$.

Nach der Zahlentafel zu Gl. (3.76) S. 35 ist $\beta_m = 42°\,31'$ zu wählen.

Stirnmodul $m_{sm} = 10/\cos 42°\,31' = 13{,}57$.

Planradzähnezahl $z_p = 56/\sin 75°\,58' = 57{,}723$; $r_{pm} = 57{,}723 \cdot 13{,}57/2 = 392$;

$c/\omega_p = 392 \cdot \mathrm{ctg}\,42°\,31' = 428$.   (3.74)

Zahnbreite $b = 80$ gewählt.

$r_{pi} = 392 - 80/2 = 352$; $r_p = 392 + 80/2 = 432$

$\mathrm{tg}\,\beta_i = 352/428 = 0{,}823$; $\mathrm{tg}\,\beta_a = 432/428 = 1{,}01$ (3.74)

$\beta_i = 39°\,27'$ $\beta_a = 45°\,17'$

$\varphi_i = 0{,}823$ $\varphi_a = 1{,}01$

$\varepsilon_s = 432\,(1{,}01 - 0{,}823)\cos 45°\,17'/10\pi = 1{,}82$ (3.67)

Die Fräserform bestimmt sich für das Ritzel zu: $z_{n_1} = 14/\cos 14°\,2' \cos^3 39°\,27' = 31{,}3$ (3.69)

für das Rad; $z_{n_2} = 56/\cos 75°\,58' \cos^3 39°\,27' = 500$.

Tafel XXII.

Kegelradgetriebe mit Tangentenzähnen. Abb. 3.64.

Gegeben: Achswinkel $\delta = 90°$; $z_1/z_2 = 16/64$; $m_s = 4{,}5$; $b = 35$; $\alpha_n = 20°$.

Lfd. Nr.	Gl.	Bez.		
1	(2.05b)	δ_1; δ_2	$\mathrm{tg}\,\delta_1 = 16/64$; $\delta_1 = 14°\,2'$	$\delta_2 = 90° - 14°\,2' = 75°\,58'$
2	(3.05)	d_o	$d_{01} = 4{,}5 \cdot 16 = 72$	$d_{02} = 4{,}5 \cdot 64 = 288$
3	(2.05d)	z_p	$64/\sin 75°\,58' = 65{,}961$	
4	(2.09a)	r_p	$288/2 \sin 75°\,58' = 148{,}43$	
5	(3.85)	σ_p^0	$1{,}1 \cdot 360/65{,}961 = 6°\,1'$	
6	(3.84b)	β_a	$\mathrm{ctg}\,\beta_a = 1/(1 - 35/148{,}43)\sin 6°\,1' - \mathrm{ctg}\,6°\,1' = 2{,}992$; $\beta_a = 18°\,29'$	
7	(3.81)	r_e	$148{,}43 \cdot \sin 18°\,29' = 47$	
8		r_i; r_m	$r_i = 148{,}43 - 35 = 113{,}43$; $r_m = 148{,}43 - 35/2 = 130{,}93$	
9	(3.83)	β_i	$18°\,29' + 6°\,1' = 24°\,30'$	
10	(3.81)	β_m	$\sin\beta_m = 47/130{,}93$; $\beta_m = 21°\,2'$	
11	(3.87)	l_z	$47\,(\mathrm{ctg}\,18°\,29' - \mathrm{ctg}\,24°\,30') = 37{,}5$	
12	(3.69)	z_n	$z_{n_1} = 16/\cos 14°\,2' \cos^3 21°\,2' = 20{,}32$; $z_{n_2} = 64/\cos 75°\,58' \cos^3 21°\,2' = 305$	

Zum Ausgleich der Zahnstärken kann eine Seitenverschiebung q angewendet werden, so daß die Zahnstärke am Ritzel auf den Wert $s_{01} = t/2 + q$ steigt und am Rad sich auf $s_{02} = t/2 - q$ verringert.

Tafel XXIII.

Berechnung eines Spiralkegelrad-Getriebes mit Palloidverzahnung.

$z_2/z_1 = 8/32$; $\delta = 90°$; $n_1/n_2 = i = 1500/375$ $N = 80$ PS. Einsatzstahl gehärtet. $m_n = 5$.
Bezeichnungen Abb. 381.

Spalte	Nach Gl.( ) Abb. Tafel	Bez.		Benennung
			A. Hauptmaße.	
1	(2.05 a)	δ_1	$\operatorname{ctg}\delta_1 = 32/8$; $\delta_1 = 14°02'$ (Nur Hilfsgröße) Für schiefwinklige Achsen, $\delta \neq 90°$, Gl. (2.01 a)	
2	(3.95 c)	$\delta_{p1}\,\delta_{p2}$	$\delta_{p1} = 14°02' - 1°37' \sim 12°30'$; $\delta_{p2} = 90° - \delta_{p1} = 77°30'$	
3	3.59	z_p	$32/\sin 77°30' = 32{,}777$	
4		r_g	$z_p/2 \cdot m_n = 32{,}777 \cdot 5/2 = 81{,}44$	mm
5	S. 47 3.81	r_{pi}	$r_g + g = 81{,}44 + 8 = 89{,}44$ Fräserdurchm. d_{0F} nach Gl. (3.95 a) beachten.	mm
6		b	$r_{pi}/2{,}5 \sim 35 < 10\,m_n = 50$	mm
7		r_p	$89{,}44 + 35 = 124{,}44$; $r_{pm} = 89{,}44 + 35/2 = 106{,}94$	mm
8		d_{s02}	$2\,r_p \sin\delta_{p2} = 2 \cdot 124{,}44 \cdot \sin 77°30' = 242{,}98$	mm
9		m_{s0} d_{s01}	$243/32 = 7{,}59$; $d_{s01} = 7{,}59 \cdot 8 = 60{,}75$	mm
10	3.81	d_{m1}	$d_{01} - b\sin\delta_{p1} = 60{,}75 - 35\sin 12°30' = 53{,}2$	mm
			B. Verzahnung.	
11	(3.90) (3.01)	β α'_{m0}	$\cos\beta_i = 81{,}44/89{,}44$; $\beta_i = 24{,}5°$; $\cos\beta_m = 81{,}44/106{,}94$; $\beta_m = 40°22'$ $\cos\beta_\alpha = 81{,}44/124{,}44$; $\beta_\alpha = 49°5'$; $\operatorname{tg}\alpha'_{m0} = \operatorname{tg}\alpha_{n0}/\cos\beta_m$; $\alpha'_{m0} = 25°33{,}$	
12	(3.70) 2.28	z_{nm} x	$z_{nm1} = 8/\cos^3 40°22' \cos 12°30' = 13{,}73$. Für Profilverschiebung bei α'_{m0} wählen $z_x = 13{,}73 \left(\dfrac{\sin 25°33'}{\sin 20°}\right)^2 = 22$. Nach Abb. 2.28 $x_1 = +0{,}35$; $x_2 = -0{,}35$	mm
13	(2.10a)	d'_m	Auf dem Ergänzungskegel Schrägverzahnung mit $\beta_m = 40°22'$ $d'_{m1} = d_m/\cos\delta_{p1} = 53{,}2/\cos 12°30' = 54{,}5$; $d'_{m2} = 212{,}8/\cos 77°30' = 980$	mm
14	(1.62a) (1.62b)	h_F h_k	$h_{F1} = 5\,(1 + 0{,}2 - 0{,}35) = 4{,}25$; $h_{F2} = 5\,(1 + 0{,}2 + 0{,}35) = 7{,}75$ $h_{k1} = 5\,(1 + 0{,}35) = 6{,}75$; $h_{k2} = 5\,(1 - 0{,}35) = 3{,}25$	mm
15		d'_{mk} d'_{mg}	$d'_{mk1} = 54{,}5 + 2 \cdot 6{,}75 = 68$; $d'_{mk2} = 980 + 2 \cdot 3{,}25 = 987$ $d'_{mg1} = 54{,}5 \cos 25°33' = 49{,}1$; $d'_{mg2} = 980 \cdot 0{,}902 = 883$	mm
16	(1.34)	α'_{mk}	$\cos\alpha'_{mk1} = 49{,}1/68 = 0{,}722$; $\alpha'_{mk1} = 43°47'$; $\cos\alpha'_{mk2} = 883/987$; $\alpha'_{mk2} = 26°37'$	
17	(1.67)	ξ z_{m1}	$\xi = h_{k2}/m'_{sm}$; $m'_{sm} = 5/\cos\beta_m = 6{,}57$; $\xi = 3{,}25/6{,}57 = 0{,}495$ $8/\cos 14°2' = 8{,}2$	
18	(3.67)	ε_{pm} ε_s; ε_g	$(\operatorname{tg} 43°47' - \operatorname{tg} 25°33')\,8{,}2/2\pi + 0{,}495/\pi \sin 25°33' \cos 25°33' = 1{,}033$ $\varepsilon_s = r_p\,(\beta_a - \beta_i)\cos\beta_a/m_n\pi = 124{,}44\,(0{,}8567 - 0{,}4212)\,0{,}655/5\pi = 2{,}2$ $\varepsilon_g = 2{,}2 + 1{,}03 = 3{,}23$. Phasenwinkel $(\varphi_a - \varphi_i) \to (\beta_a - \beta_i)$	

Spalte	Nach Gl. ( ) Abb. Tafel	Bez.		Benennung

C. Biegefestigkeit im Normalschnitt.
Zahnstärkefaktor q_s
a) Zahnstärke im Ritzel.

Spalte	Nach Gl./Abb./Tafel	Bez.		Benennung
19	Sp. 12	r_{n01}	$5 \cdot 13{,}72/2 = 34{,}3; \quad r_{ng1} = 34{,}3 \cdot \cos 20° = 32{,}2$	
20	I. S. 44	r_{pu1}	$34{,}3 - 5\,(1 - 0{,}35) = 31{,}05$	
21	(3.29)	$\mathrm{ev}\,\alpha_{ng1}$	$2 \cdot 0{,}35 \cdot \mathrm{tg}\,20°/13{,}73 + \pi/(2 \cdot 13{,}73) + \mathrm{ev}\,\alpha_0 = 0{,}14815$	
22	(1.48)	s_{ng1}	$0{,}14815 \cdot 2 \cdot 32{,}2 = 9{,}53$	
23	(1.48b)	s_{nu1}	$9{,}53 \cdot 31{,}05/32{,}2 = 9{,}18$	mm

b) Hebelarm u_s der Zahnkraft N.

Spalte	Nach Gl./Abb./Tafel	Bez.		Benennung
24	I. S. 73		$i' = i^2 = 16$	
25	(1.65b)	α_{su1}	$\mathrm{tg}\,\alpha_{su1} = (16 + 1)\,\mathrm{tg}\,25°33' - 16\,\mathrm{tg}\,26°37' = 0{,}1084$	
26	(3.39b)	α_{sN1}	$\mathrm{tg}\,\alpha_{sN1} = 0{,}1084 + 2{,}5/8{,}2\,\cos^2 25°33' = 0{,}487; \quad \alpha_{sN1} = 25°58'$	
27	Sp. 13	r_{sN}	$d'_{mg}/2\,\cos\alpha_{sN1} = 49{,}1/2\,\cos 25°58' = 27{,}4$	
28		r_{su}	$= 1/2\,(d'_{m1} - 2\,m_n\,(1 - x)) = (54{,}5 - 2 \cdot 5\,(1 - 0{,}35))\,1/2 = 24$	
29		u_s	$27{,}4 - 24 = 3{,}4$	mm

c) Zahnstärke im Angriffspunkt N, Normalschnitt.

Spalte	Nach Gl./Abb./Tafel	Bez.		Benennung
30	(3.01) Sp. 26	α_{nN}	$0{,}487 \cdot \cos 40°22' = 0{,}372; \quad \alpha_{nN1} = 20°24'$	
31	Sp. 19	r_{nN1}	$r_{ng1}/\cos\alpha_{nN1} = 32{,}2/\cos 20°24' = 34{,}4$	mm
32	Sp. 21 (3.32)	s_{nN1}	$2 \cdot 34{,}4\,(0{,}14815 - \mathrm{ev}\,20°24') = 9{,}1$	mm
33	(1.49a)	$1/2\,\sigma_n^0$	$1/2 \cdot 57{,}3 \cdot 9{,}1/34{,}4 = 7°36'$	
34	(3.42)	q_s	$\dfrac{5}{9{,}18}\cos(20°24' - 7°36')\sqrt{\left[\dfrac{6 \cdot 3{,}4}{9{,}18} - 4\,\mathrm{tg}\,12°48'\right]^2 + 3{,}06} = 1{,}15$	

d) Biegungsbelastung

Spalte	Nach Gl./Abb./Tafel	Bez.		Benennung
35	Sp. 10	$v; U_s; N$	$v = \dfrac{d_{m1} \cdot \pi \cdot n_1}{1000 \cdot 60} = \dfrac{53{,}2 \cdot \pi \cdot 1500}{1000 \cdot 60} = 4{,}18; \quad U_s = \dfrac{80 \cdot 75}{4{,}18} = 1437;$ $N_s = \dfrac{1437}{\cos 40°22'} = 1890$	m/sek kg
36	(3.35) 3.13	$N_d; N$	Für Qualität 5 bei $d_{m2} = 212{,}8$ nach DIN 3962 $f_t = 7\,\mu$ $N_d = \dfrac{6{,}6 \cdot 4{,}18\,(1890 + 35 \cdot 7 \cdot 0{,}7)}{6{,}6 \cdot 4{,}18 + \sqrt{1890 + 35 \cdot 7 \cdot 0{,}7}} = 778; \quad N = 1890 + 778 = 2668$	kg
37	(3.37)	c_v	$\sqrt{3{,}23} - (5/8)^2 = 1{,}4$	
38	(3.25)	l_b	$2 \cdot 1{,}033 \cdot 5 \cdot \pi/\sin(2 \cdot 40°22') = 32{,}9$	mm
39	(3.41) (3.91)	$b_t; l_2$	$b_t = l_b + 2\,m_n = 42{,}9; \quad l_2 = (\mathrm{tg}^2\,49°5' - \mathrm{tg}^2\,24{,}5°)\,81{,}44/2 = 45{,}6$ Von den beiden Werten b_t und l_2 ist der kleinere zu verwenden.	mm
40	(3.44)	v	$(42{,}9 \cdot 80 \cdot 5 \cdot 1{,}4)/(2668 \cdot 1{,}15 \cdot 2{,}85) = 2{,}74$	

Tafel XXIV.

Rechnungsbeispiel für Schraubenräder.

Getriebe vom Motor zur Steuerwelle. $\psi = 90°$; $z_1/z_2 = 28/14 = 2$; $m_n = 10\,\text{mm}$; $\alpha_n = 20°$.

Konstruktiv für beide Räder gleicher Wälzkreisdurchmesser gefordert: $r_{s01} = r_{s02}$.

Gl.	
(4.12)	$\beta_1 = \psi = \beta_2 = 90° - \beta_2$
(4.13c)	$z_1/z_2 = r_{s01}\cos\beta_1/r_{s02}\cos\beta_2 = \operatorname{ctg}\beta_1 = 2$
	$\beta_1 = 26°\,33'\,54''$; $\beta_2 = 63°\,26'\,6''$
(3.27)	$z_{n1} = z_1/\cos^3\beta_1 = 39{,}1$; $z_{n2} = z_2/\cos^3\beta_2 = 156{,}4$
	Daher Profilverschiebung $x_1 = x_2 = 0$; sonst wie bei Schrägzahnrädern.
(3.01)	$\operatorname{tg}\alpha_{s01} = \operatorname{tg}\alpha_n/\cos\beta_1$; $\alpha_{s01} = 22°\,8'\,27''$; $\operatorname{tg}\alpha_{s02} = \operatorname{tg}20°/\cos 63°\,26'\,6''$; $\alpha_{s02} = 39°\,11'$
	$m_{s1} = m_n/\cos\beta_1 = 11{,}18$; $m_{s2} = 22{,}36\,\text{mm}$; $r_{s01} = 11{,}18 \cdot 28/2 = 156{,}5 = r_{s02}$ [mm]
	$a_v = r_{s01} + r_{s02} = 313{,}0$; $h_k = m_n = 10\,\text{mm}$

Tafel XXV.

Werte c_w der Gl. (4.49a).

Werkstoff		Flankenform	
Schnecke	Rad	A, N, K, E	Hohlfläche
Stahl gehärtet, geschliffen	Cu-Sn-Bronze	1,0	0,837
	Al-Legierung	1,072	0,900
	Gußeisen	1,117	0,932
Stahl gehärtet, ungeschliffen	Cu-Sn-Bronze, Zn-Legierung	1,082	0,908
	Al-Legierung, Sintereisen	1,162	0,974
	Gußeisen	1,195	1,00
Gußeisen ungeschliffen	Cu-Sn-Bronze	1,072	0,900
	Gußeisen	1,153	0,963

Tafel XXVI.

Werte c_{sp} nach Gl. (4.50) [kg/mm²]. (Nach HIERSIG.)

Rad	Schnecke	
	ungehärtet	gehärtet geschliffen
Cu-Sn-Bronze	0,24	0,50
Al-Legierung	0,15	0,32
Zl-Si-Legierung	—	0,34
An-Legierung	0,13	—
Sintereisen	0,12	0,32
Gußeisen	0,10	0,20

(bei Al-Legierung, Sintereisen, Gußeisen: v_g bis $2\,\text{m/sek}$)

Tafel XXVII.

Werte c_f und $(0{,}85\,\pi\,c_f)$ der Gl. (4.51).

Rad	Zahnform					
	A, N		K, E		Hohlfläche	
	c_f	$(0{,}85\,\pi\,c_f)$	c_f	$(0{,}85\,\pi\,c_f)$	c_f	$(0{,}85\,\pi\,c_f)$
Cu-Sn-Bronze	2,40	6,42	3,00	8,00	4,00	10,7
Al-Legierung	1,15	3,08	1,43	3,82	1,90	5,08
Al-Si-Legierung, Zn-Legierung, Sintereisen	0,76	2,03	0,95	2,54	1,27	3,39
Gußeisen Ge 1291	1,05	2,80	1,30	3,47	1,73	4,63

Tafel XXVIII.

Rechnungsbeispiel für einen Schneckentrieb.

Leistung $N_1 = 10$ PS. Stahlschnecke gehärtet und geschliffen.

Fall a) $n_1 = 1450$ U/min; $i = 14$; stoßfreier Dauerbetrieb.
Hohlflankenform, Gehäusekühlung durch Bläser (Abb. 5.36).
Schneckenrad: Cu–Sn-Schleuderbronze.

Fall b) $n_1 = 930$ U/min; $i = 30$.
Flankenform K, keine besondere Kühlung.
Schneckenrad: Grauguß.

Spalte	Nach Gl. ( ) Abb. Tafel	Bez.	Fall a	Fall b	Benennung
1	(4.49 a) 4.76 XXV	a	$1{,}08 \cdot 0{,}837 \cdot 32 \cdot \sqrt{10} \geq 91{,}4 \sim 100$	$1{,}38 \cdot 1.117 \cdot 53 \cdot \sqrt{10} \geq 258{,}3$	mm
2	4.77	$z_{2\,min}$	~ 39 (Vorl. Annahme $\mathrm{tg}\,\gamma_0 \sim 0{,}30$)	$\sim 52 + 4 = 56$	
3		$z_2,\ z_1$	$42;\quad 42/14 = 3$ gg.	$60;\quad 60/30 = 2$ gg.	
4	(4.60)	d'_{m1} (Vorläufig	$2 \cdot 100/(1 + 42/10) = 38{,}5$	$2 \cdot 258{,}5/(1 + 60/12) = 86$	mm
5		d'_{02}	$2 \cdot 100 - 38{,}5 = 161{,}5$	$2 \cdot 258{,}5 - 86 = 431$	mm
6	(1.16)	m_a	$161{,}5/42 \sim 4{,}0$	$431/60 \sim 8{,}0$	mm
7		d_{02}	$4 \cdot 42 = 168$	$8 \cdot 60 = 480$	mm
8		d_{m1}	gewählt 40	85	mm
9		n_2	$1450/14 = 103{,}6$	$930/30 = 31$	U/min
10	(1.81)	M_{d2}	$71\,620 \cdot 10/103{,}6 = 6910$	$71\,620 \cdot 10/31 = 23\,150$	cmkg
11		U_2	$2 \cdot 6910/16{,}8 = 823$	$2 \cdot 23\,150/48 = 964$	kg
12	(4.23)	$\mathrm{tg}\,\gamma_0$ γ_0	$3 \cdot 4{,}0/40 = 0{,}30$ $16° 42'$	$2 \cdot 8{,}0/85 = 0{,}18825$ $10° 40'$	
13	(4.24 a)	m_n	$4{,}0 \cdot \cos 16° 42' = 3{,}83$	$8{,}0 \cdot \cos 10° 40' = 7{,}86$	mm
14		α_a	gewählt $20°$	$15°$	
15	(4.53 c)	P_b	$823 \cdot \sqrt{\mathrm{tg}^2\,20° + 0{,}3^2} = 388$	$964 \cdot \sqrt{\mathrm{tg}^2\,15° + 0{,}18825^2} = 315$	kg
16		d_{f1}	$40 - 2{,}32 \cdot 4{,}0 = 30{,}7$	$85 - 2{,}32 \cdot 8 = 66{,}4$	mm
17	(4.54)	l_1	$\sqrt[3]{5200 \cdot 3{,}07^4 \cdot 4{,}0/388} \leq 16{,}8$	$\sqrt[3]{5200 \cdot 6{,}6^4 \cdot 8.5/315} = 63{,}8$	cm
18		d_{k1}	$40 + 2 \cdot 3{,}8 = 47{,}6$	$85 + 2 \cdot 8 = 101$	mm
19		d_{k2} (Mittelschnitt)	$168 + 2 \cdot 4 = 176$	$480 + 2 \cdot 8 = 496$	mm
20	(4.55 a)	A_{l1}	823	964	kg
21	(4.55 b)	A_{v1} *	$823/2 \cdot \sqrt{(0{,}364 + 4{,}0/16{,}8)^2 + 0{,}3^2} = 277$	$964/2 \cdot \sqrt{(0{,}268 + 85/63{,}8)^2 + 0{,}188^2} = 214$	kg
22	(4.57 a)	A_{l2}	$823 \cdot 0{,}3 = 247$	$964 \cdot 0{,}188 = 182$	kg
23	(4.57 b)	A_{v2} *	$823/2 \cdot \sqrt{(0{,}364 + 0{,}3 \cdot 16{,}8/17)^2 + 1} = 500$	$964/2 \cdot \sqrt{(0{,}268 + 0{,}188 \cdot 48{,}0/64{,}0)^2 + 1} = 522$	kg

* Für die Lagerentfernungen l_1 und l_2 sind die wirklich vorhandenen Werte aus der Konstruktionszeichnung einzusetzen.

Tafel XXIX.

Ermittelung des Eingriffsfeldes einer 4-gängigen Spiralschnecke (Form A) .

Gegeben: Schnecken- und Radabmessungen, $\alpha_a = 20°$.

a) Ermittelung der Eingriffslinie für Stirnschnitte mit den Abszissen $\pm\, x = 0{,}1\, t_a\, \mathrm{ctg}\,\alpha_a$, $\pm\, 2\, x$ usw. Gezeichnet für $3\, x$ und $7\, x$. $O_1B = r_g = H/2\,\pi\, \mathrm{ctg}\,\alpha_a$ nach Gl. (4,29), da hier $\alpha_a = 90° - \beta'$ ist und wobei $H = 4\, t_a$. Von C im Achsschnitt Vielfache von x beiderseits abtragen, ergibt die Stirnebenen $+ 1$; $+ 2$ usw. Von C im Stirnschnitt auf O_1C Vielfache von $y = 0{,}1\, t_a$ auf Mittellinie O_1C nach unten und oben abtragen, ergibt Punkte P_1 usw. Für Eingriffslinie des Stirnschnittes $+ 3$ von P_1 die Strecke $3\, y$ nach Q_{13} auftragen. Senkrechte auf Mittellinie in Q_{13} schneidet BP_1 in R_{13}, Tangente (gestrichelt) von dort an Mittenkreis r_m ergibt Berührungspunkt, durch ihn und O_1 gezogene Grade ergibt auf dem zu P_1 gehörigen Kreis r_1 Eingriffspunkt P_{13}''.

Zieht man von B eine Tangente an den Mittenkreis und den Halbmesser von O_1 durch diesen Berührungspunkt, so schneidet er die Tangente in C an den Mittenkreis im Punkte E, dem Schnittpunkt aller Eingriffslinien.

b) Eingriffslinie im Achsschnitt. Durch den Stirnschnitt werden Achsparallele-Hilfsebenen I usw. gelegt (gezeichnet $- I$ bis $- IV$). Die im Stirnschnitt gezeichnete Eingriffslinie kann punktweise in den Achsschnitt übertragen werden. Schnittpunkt der Hilfsebene $- I$ mit Eingriffslinie $+ 7$ ergibt im Abszissenabstand $+ 7$ des Achsschnittes dort einen Punkt der Achseingriffslinie $- I$.

c) Feld-Grundriß. Die Hilfsebenen z. B. $- I$ bis $- IV$ sind in den Grundriß zu übertragen. Dann lassen sich auch die Profilpunkte des Eingriffs jeder Hilfsebene in den Grundriß projizieren, z. B. Punkt H_r auf Ebene $- I$ im Stirnschnitt. Er wird (gestrichelt) auf die Mittellinie O_2C des Achsschnittes übertragen, von da auf dem zugehörigen Radkreis auf Achseingriffslinie $- I$ und von dort in dem Grundriß auf Ebene $- I$. Auf diese Weise wird das Eingriffsfeld im Grundriß punktweise ermittelt.

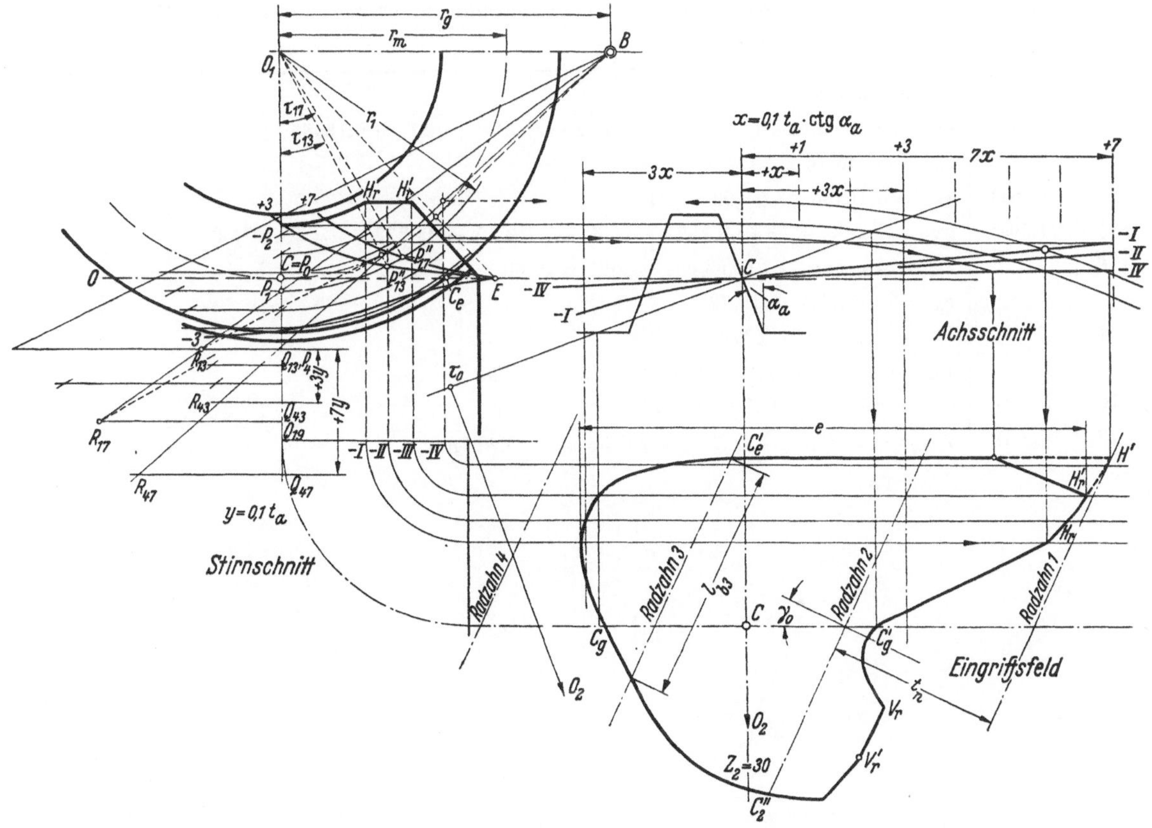

d) Ermittelung der Berührungslänge $\Sigma\, l_b$. Die Radzähne sind um t_n voneinander entfernt, ihre Richtung ist durch die Steigung γ_0 der Schnecke bestimmt.

Der Radzahn 1 steht kurz vor dem Eingriff, Rad 2 und Rad 3 greifen mit den Längen l_{b2} bzw. l_{b3} ein. Diese Längen sind strichpunktiert eingezeichnet. Man erhält für die zur Bestimmung der Eingriffsdauer notwendige Mindest-Eingriffslänge demnach hier $\Sigma\, l_b = l_{b2} + l_{b3}$.

Tafel XXX a.

Messung der Zahnstärke s_{n0} mit Zahnmeßschieblehre.

$z = 12$; $x = 0{,}55$; $m_n = 3$; $\beta_0 = 14°$; $\alpha_0 = 20°$;   Toleranz e 6.

	Sollwert:	
1	(3.27)	$z_n = 12/\cos^3 14° = 13{,}15$
2		$d_{n0} = 3 \cdot 13{,}15 = 39{,}45$
3	(5.00)	$\widehat{\sigma_{n0}} = 1/13{,}15 \cdot (3{,}14 + 2 \cdot 0{,}55 \, \mathrm{tg}\, 20°) = 0{,}2695$
4		$\sigma_{n0} = 15° \, 26'$
5	(5.01a)	$s_{n0} = 39{,}45 \sin 1/2 \, (15° \, 26') = 5{,}297 \text{ mm}$
6	(5.01b)	$q = 3[1 + 13{,}15/2 \, (1 - \cos 1/2 \, (15° \, 26')) + 0{,}55] = 4{,}83 \text{ mm}$

Für Toleranz e 6 gelten nach Din 3963 die Abmaße $\begin{array}{l} -0{,}044 \\ +0{,}066 \end{array}$

Daher Sollwert von s_{n0} zwischen: $\begin{cases} 5{,}297 - 0{,}066 = 5{,}231 \\ 5{,}297 - 0{,}044 = 5{,}253 \end{cases}$

Tafel XXX b.

Messung der Lückenstärke s_l
und damit der Zahnstärke durch eingelegten Dorn oder Kugel.

Beispiel wie oben im Falle a. Kugelhalbmesser $r'_k = 2{,}00 \text{ mm}$; Meßwert von $r_{ma} : r''_{ma} = 21{,}65 \text{ mm}$; Sollwert des Außendurchmessers r_{ma}:

1	(3.27)	$z_n = 12/\cos^3 14° = 13{,}15$
2	(3.29)	$\mathrm{ev}\, \alpha_{ng} = 2 \cdot 0{,}55 \cdot \mathrm{tg}\, 20°/13{,}15 + \pi/(2 \cdot 13{,}15) + \mathrm{ev}\, 20° = 0{,}16485$
3		$r_{ng} = 3 \cdot 13{,}15/2 \cdot \cos 20° = 18{,}53$
4	(1.48a)	$s_{ng} = 0{,}16485 \cdot 2 \cdot 18{,}53 = 6{,}11$
5	(1.50a)	$\mathrm{ev}\, \alpha_m = 2{,}00/18{,}53 + 6{,}11/(2 \cdot 18{,}53) - \pi/13{,}15 = 0{,}0338$; $\alpha_m = 25° \, 58'$
6		$r'_m = r_{ng}/\cos \alpha_m = 18{,}53/\cos 25° \, 58' = 20{,}60$
7		$r_n = 3 \cdot 13{,}15/2 = 19{,}72$
8	(5.04)	$(r_n - r_0) = 19{,}72 \, \mathrm{tg}^2 14° = 1{,}226$
9		$r_m = r'_m - (r_n - r_0) = 20{,}60 - 1{,}226 = 19{,}374$
10	(5.02)	$r_{ma} = 19{,}374 + 2{,}00 = 21{,}374$
12	(5.03)	$\Delta s_l = -2 \, (21{,}65 - 21{,}374) \, \mathrm{tg}\, 25° \, 58' = -0{,}268 \text{ mm}$

Sachverzeichnis.